日本海軍歴代主要飛行艇の塗装とマーキング

© Shigeru Nohara

F-5号飛行艇　横須賀海軍航空隊　昭和８年８月　神奈川県/横浜沖

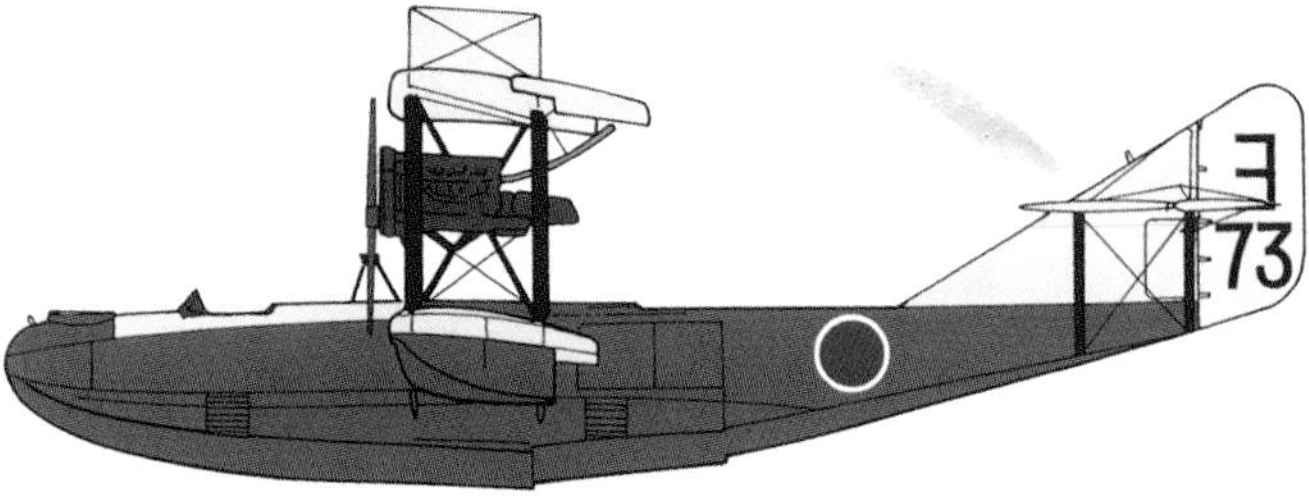

一五式飛行艇改一〔H1H2〕　横須賀海軍航空隊　昭和５年頃　神奈川県/横須賀

八九式飛行艇〔H2H1〕　横須賀海軍航空隊　昭和10年頃　神奈川県/横須賀

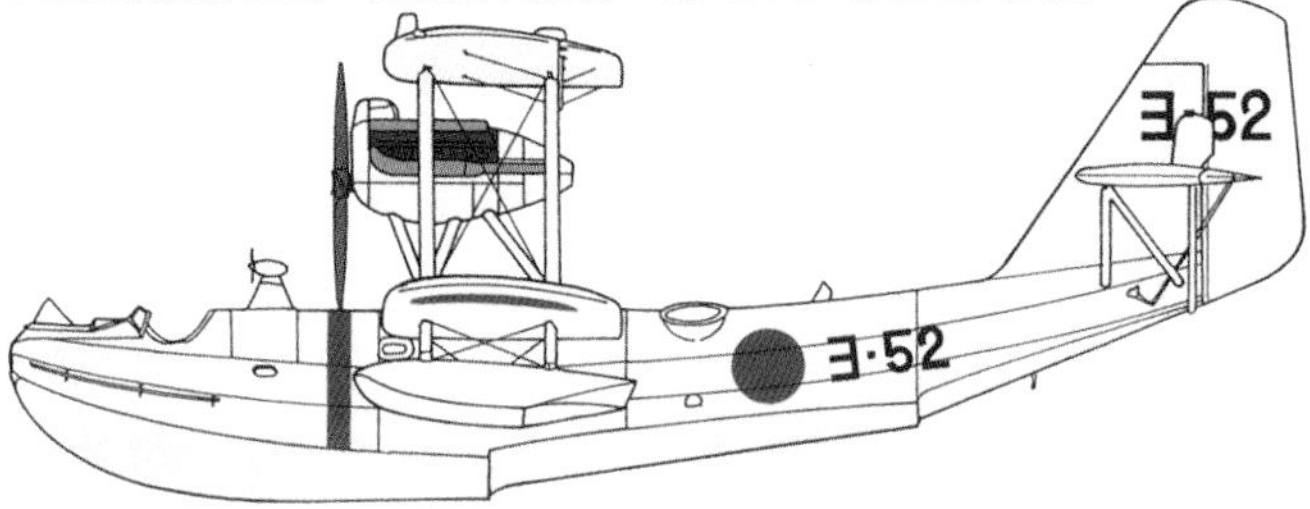

合板外皮防水塗装　羽布張り（バフ）　銀色（アルミニウムドープ）　緑黒色（D_2）　灰色（J_3）

九一式一号飛行艇〔H4H1〕　横須賀海軍航空隊　昭和10年頃　神奈川県/横須賀

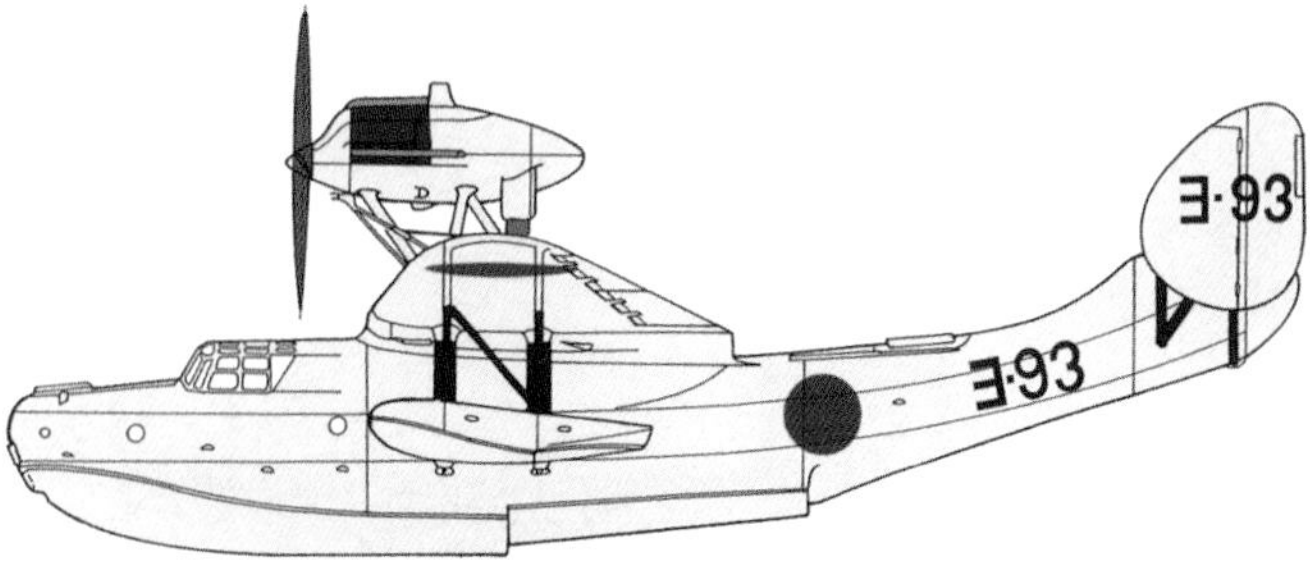

九七式飛行艇二三型〔H6K5〕　横浜海軍航空隊　昭和16年　マーシャル諸島

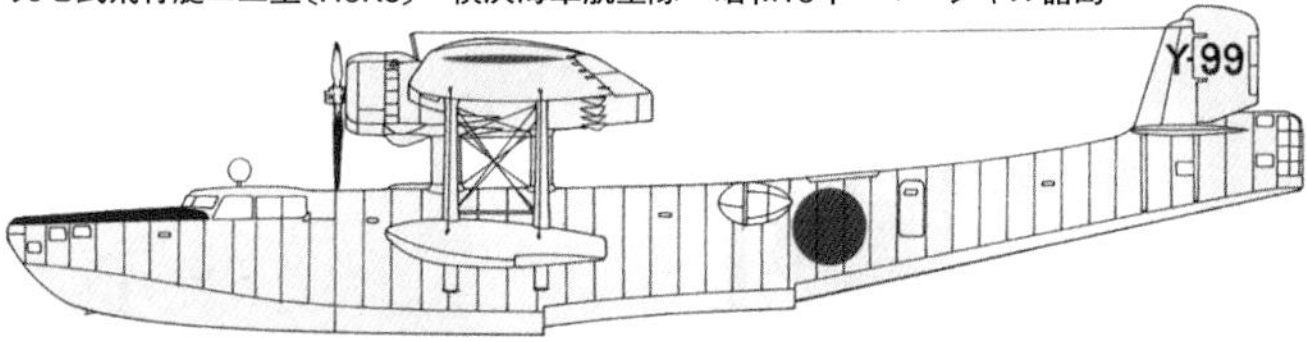

九七式飛行艇二三型〔H6K5〕　東港海軍航空隊　昭和17年　ソロモン諸島

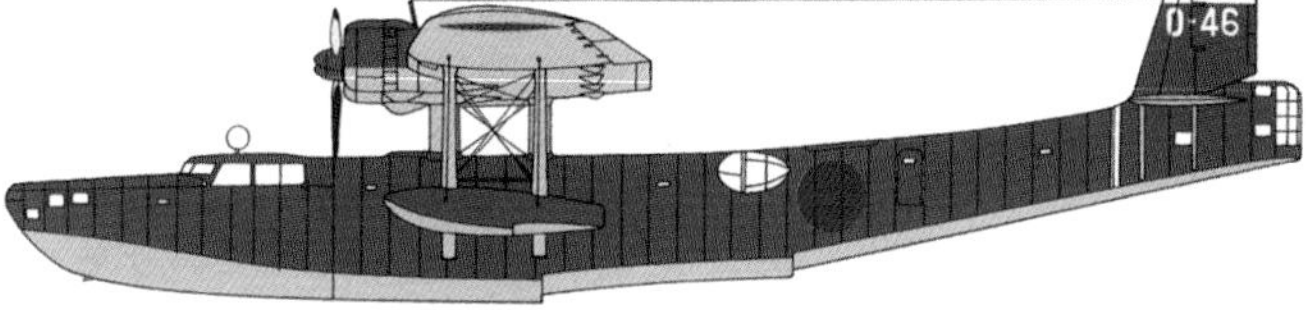

九七式飛行艇二三型〔H6K5〕　第九〇一海軍航空隊　昭和19年　内地
※図では表現していないが、電探装備機である。

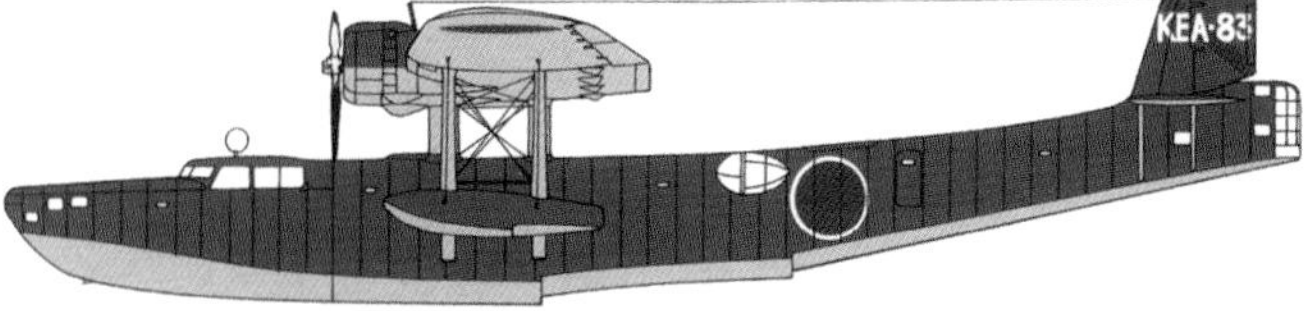

二式飛行艇一二型〔H8K2〕 託間海軍航空隊 昭和19年 香川県/託間

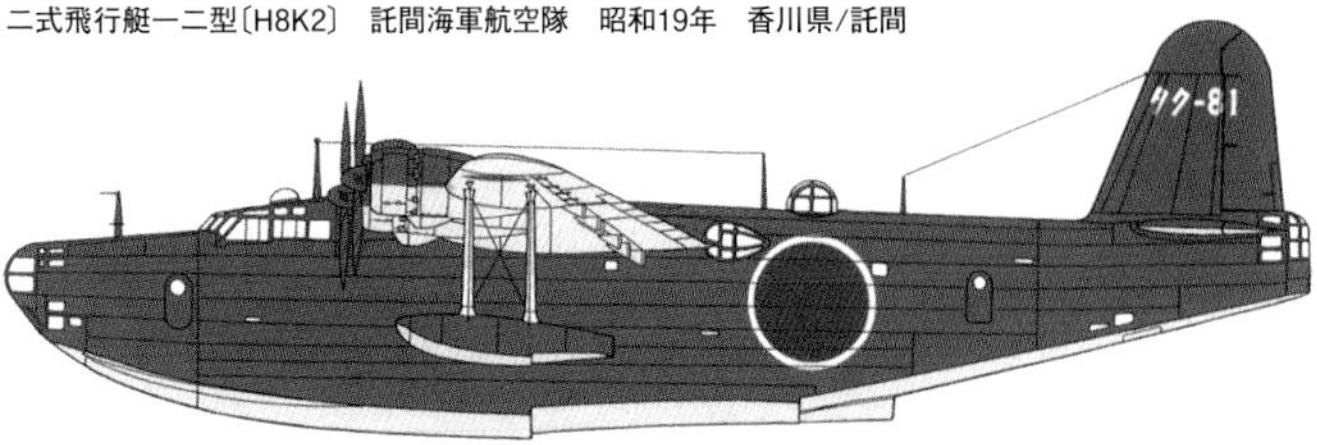

二式飛行艇一二型〔H8K2〕 第八〇一海軍航空隊 昭和20年 鹿児島県/鹿児島湾

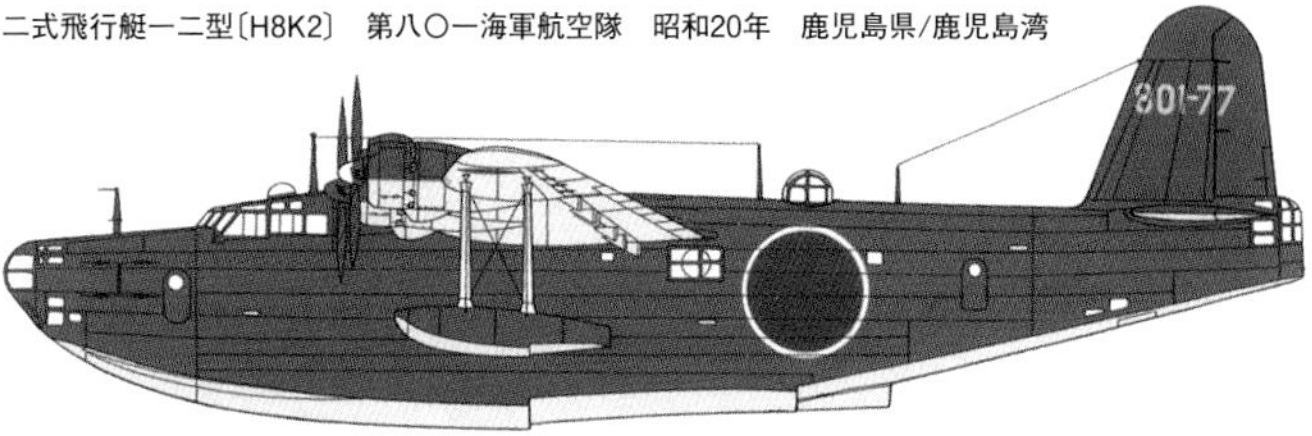

二式練習用飛行艇一一型〔H9A1〕 託間海軍航空隊 昭和18年 香川県/託間

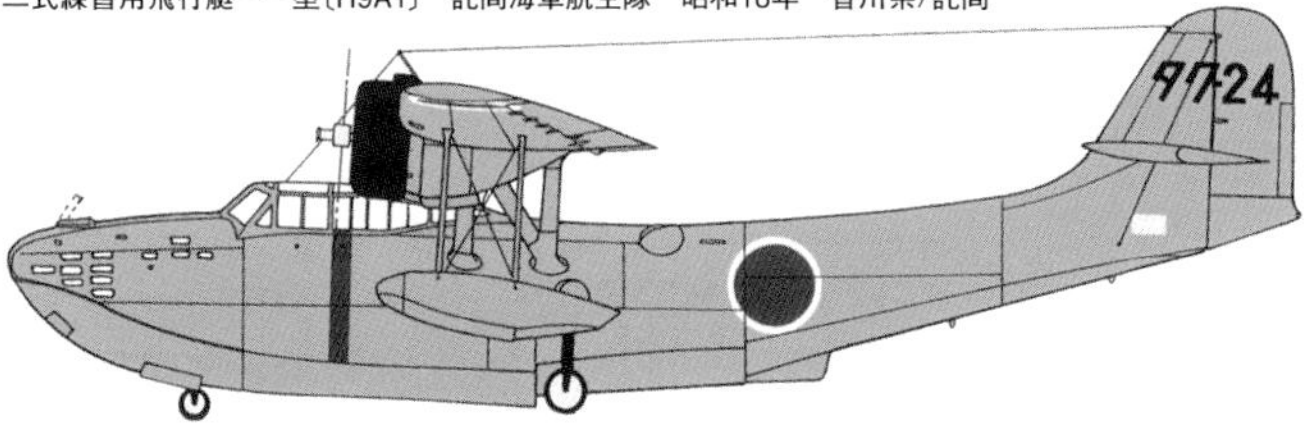

輸送飛行艇「晴空」三二型〔H8K2-L〕 第一〇二一海軍航空隊 昭和19年 内地

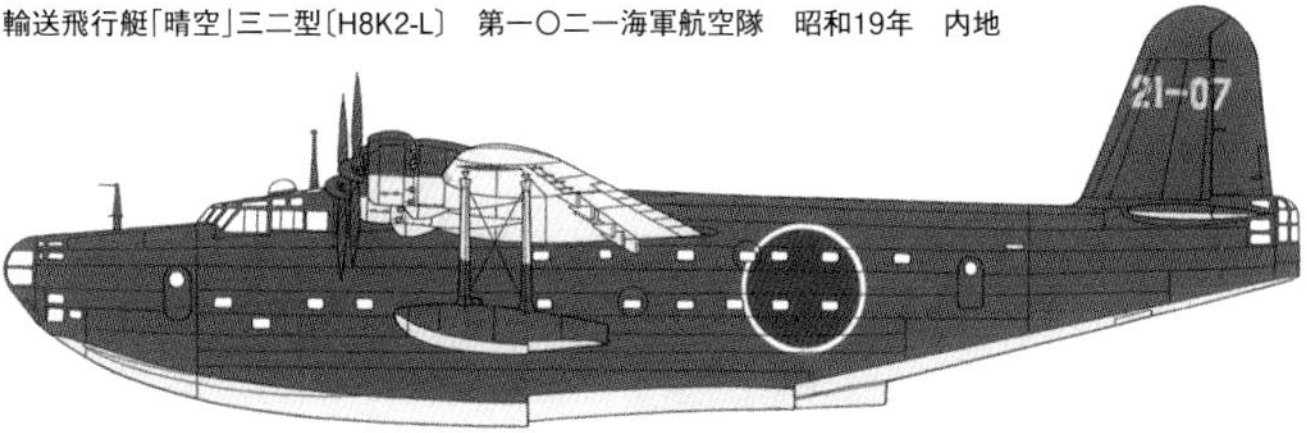

二式飛行艇一二型“426”号機のディテール写真集

▶1980年にアメリカから返還され、東京・お台場の『船の科学館』が復元を行ない、2003年末まで同館敷地内に屋外展示されていた、もと託間航空隊所属の二式飛行艇一二型〝426〟号機。

▲艇首右側。ビーム重荷を常識外の値である1170kg/m³に設定したため、艇底から乗員室天井までは7mもあり、異様なほど背高の艇体となった。

▶正面下方から仰ぎ見た艇体。艇底の左右2条の突起が、世界にも類のない波押さえ装置、通称“かつおぶし”である。左、右の台車は地上移動用。艇首先端部の丸いパッチの部分には、本来なら九九式二十粍一号旋回機銃が突き出していた。

▼乗員室風防左側。副操縦員席と、その後方の同乗者席の側面窓は、前後にスライドして開くようになっている。

▼艇首下面の左側“かつおぶし”を、後方から見る。その突起具合が把握できる。飛沫の抑制効果は大だった。

▲右写真より、いくらか後退した位置に立ち、正面を見る。窓が多く、意外に明るい乗員室である。正操縦員席のすぐ後方に指揮官（機長）席があり、副操縦員席のうしろは同乗者席、手前左のテーブルは航法地図などを広げる際に使う。手前右の画面外が無線士席となる。

▲操縦員席を正面に向けて見る。正（右）、副（左）操縦員席の前に、太い槓桿でつながった操縦輪（ハンドル）が付いている。総重量25トンの巨体を人力で操縦するには、２人がかりでも相当の力を要したろう。上方は発動機関係の操作レバー部。

▼乗員室の後部右側。左手前の椅子は無線士席、その向こうが機関士席で、四発機を示す、４個ずつ並ぶ計器板とレバー類が見える。

▲艇体内の第20番肋骨付近より後方を見る。左、右の窓は側方銃座で、その向こう、一段高くなった部分が、後上方二十粍動力銃塔部。床の左、右に弾倉収容ケースがある。

▶艇体内後部を艇尾に向けて見る。手前右の開放部が乗降口で、そのすぐ向こうの突起は便器。奥には二十粍動力銃架の一部も見え、天井近くを通るのが弾倉運搬機。

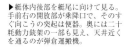

▶左前上方から見た、艇体前半部。飛行艇設計に長じた川西航空機の意気込みが、その洗練された各部処理に明確に表れているのが、実感できるアングルだ。乗員室天井の半卵形突起は、天測航法用ドーム。

▲艇体後部右側の日の丸標識付近。艇底の突起は、第二ステップ直後に付く安定ヒレ。

▲艇体左側を後方より見る。右下の艇底に第二ステップが見えている。

▲艇体右側を前方より仰ぎ見る。"R" はほとんどなく、切り立った壁のように映る。その艇体断面の肩にあたる部分に主翼が付く。

◀艇尾付近の下から前方に向けて仰ぎ見る。このあたりの艇底は、シンプルな山形断面になっている。側面下部に小窓がある部分の艇底に見えるハッチは、予備銃の射撃孔。

▶後方正面に近い位置から見た、艇底第二ステップ直後に付く水中安定ヒレ。

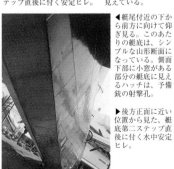

▲左外側発動機ナセルを真下から見る。被せてあるネットは鳥害防止用。先端が裁ち切り状になっている潤滑油冷却空気取入口には、本来、整形用の木片が付く。

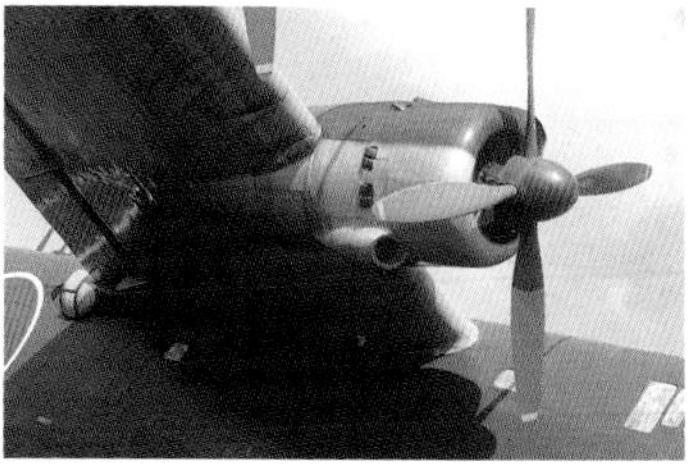

▲右内側発動機ナセル。プロペラは、日本海軍実用機中最大の直径3.9mで、お馴染みのハミルトン式油圧可変ピッチ機構をもつ4翅だ。

▶主翼の切損を恐れ、取り外して別途館内に展示されていた、左、右外側の『火星』二二型発動機。複列14気筒としては最大級の1850hpを出し、二式飛行艇に高性能をもたらした。

▼左側補助浮舟を内側より見る。前、後2本の支柱と、その間に対角線状に2本、内、外に各2本の緊締張線を張って強度を確保している。

▼左主翼下面全体。前、後縁ラインが平行に写っているのは、広角レンズ撮影のせい。補助浮舟支柱の付根が、ちょうど前、後主桁の通る位置。

▶左補助浮舟を真うしろより見る。断面形と浅めの一段ステップがよくわかる。

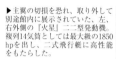

▶艇体後部右側、および尾翼全体。垂直尾翼のマーキングは、オリジナルに忠実に記入し直したもので、"T"は託間空の所属を、その上の菊水マークは、沖縄作戦参加を示す。

▼艇尾銃座窓右側。本来は、ここから九九式二十粍一号旋回機銃が突き出していた。

▲艇体後部右側の、予備銃座用明かり取り窓。左側も同じ。白線と番号は、艇体肋骨位置を示す。

▼平成15（2003）年12月17日、23年間にわたって保管・展示を行ってきた『船の科学館』から、海上自衛隊に移管されることになった、426号機の譲渡式風景。現在、本機は鹿児島県・鹿屋基地の資料館敷地内に屋外展示中。

NF文庫
ノンフィクション

日本の飛行艇

野原 茂

潮書房光人新社

日本の飛行艇——目次

第一章　世界の飛行艇興亡史　7

第二章　日本海軍飛行艇の系譜　61

第三章　九六式水偵、九七式飛行艇、二式飛行艇の機体構造　152
第一節　九六式水上偵察機　152
第二節　九七式飛行艇　171
第三節　二式飛行艇　218
二式飛行艇の機体細部写真集　250

第四章　日本海軍飛行艇の塗装とマーキング／使用部隊概史　264

日本の飛行艇

第一章　世界の飛行艇興亡史

今日、軍、民を問わず、航空分野において飛行艇という機種名は、死語と化しつつある。わずかに、わが国の海上自衛隊が救難機US-2を極く少数保有し、実数は不明だが、中国海軍が、SH5と称する四発の国産哨戒機を現用しているのみである。

第一次世界大戦末期から、第二次世界大戦直後までのおよそ30年間にわたり、他の水上機、陸上機に伍して、目覚しく発達してきた飛行艇が、なぜ、急速に存在価値を失い、消え去っていったのか？

それは、陸上機の飛躍的な発達が直接の要因と考えられた。もともと、飛行艇の最大の長所は、滑走（水）距離に制限がなく、陸上機ではとうてい不可能と思えるような超大型機でも、離着水に危険が少なかったことである。2例をあげれば、1929年に初飛行したドイツのドルニエDoX（12発機で総重量56トン）、1938年に初飛行したイギリスの、ショート〝メイヨ〟親子飛行艇（四発機を上、下に結合――総重量約27トン）などは、当時の陸上機では絶対に離陸不可能な機体だった。

しかし、第二次世界大戦直前ころになると、レシプロエンジンの出力が2000hpに達し、これを4～6基搭載するような大型陸上機の開発もはじまり、これらが離発着できる、長い滑走路を有する飛行場の建設技術も向上したことが、飛行艇の運命を決した。

　こうした多発大型陸上機は、飛行艇の独壇場だった長距離洋上哨戒任務にも、充分使用でき、もとより、飛行性能面において、陸上機に抗し得ない飛行艇は、急速にとって代わられた。

　第二次世界大戦後、アメリカ、イギリス、ソビエトが、ジェット飛行艇を試作し、陸上機に対抗できるかどうかテストしたが、運用面に大きな問題があり、早々に実用化を断念した。

　残る市場は、民間の長距離航路とみられたが、この分野でも、戦後すぐに優れた多発大型陸上旅客機が出現し、それらはターボプロップ、次いでジェットとつぎつぎに動力更新して性能向上、旅客飛行艇の出る幕はほとんどなかった。

　こうして、航空界から消え去ったかにみえた飛行艇が、戦後20年以上も経って、日本の海上自衛隊にて復活、対潜哨戒飛行艇としての高い能力を示し、世界各国に大きな反響を呼んだことは記憶に新しい。

　かつて、旧海軍の九七式、二式飛行艇という大型四発機を生んだ、川西航空機の後身、新明和工業が、昭和42（1967）年に初飛行させたPS－1がそれである。

　しかし、一次的に脚光は浴びたものの、その後、アメリカから購入した陸上四発ターボプロップ機、ロッキードP－3Cにとって代わられ、1980年代末にすべて第一線を引退した。現在は、PS－1を救難機に転用したUS－1Aの改良型US－2が、少数現役に就いているのみである。

いずれにせよ、飛行艇なる機種が、世界の航空分野から消え去る運命にあるのはまぎれもない事実であり、昔のように興隆するようなことは、まずないであろう。

本書は、旧日本海軍の飛行艇にスポットを当てた書であるが、それらが、世界各国の飛行艇発達史のなかで、どのようなレベルにあったのか？　それを理解するためにも、巻頭にて各国飛行艇の概略に触れておくのも必要であろうと考え、一項を設けたしだいである。

●軍用飛行艇の揺籃期

１９０３年に、アメリカのライト兄弟が、史上最初の動力飛行に成功してから、わずか7年後の１９１０年3月28日、フランス人アンリ・ファーブルが製作した、おもちゃのような小型飛行機が、板製のフロートを付けて水上からの離水に成功、航空機の

〈カーチス　F型　データ〉
全幅：13.76m、全長：8.48m、全高：3.42m、自重：844kg、全備重量：1116kg、エンジン：カーチスOXX液冷Ｖ型８気筒（100hp）×１、最大速度：111km/h、上昇力：高度700mまで10分、実用上昇限度：1372m、航続時間：5.5hr、武装：――、爆弾：――、乗員：２名。

カーチスＦ型飛行艇

〝水場〟への進出に先鞭をつけた。

このファーブル水上機の成功から1年後、こんどは、アメリカのライト兄弟のライバルだったグレン・カーチスが、胴体をボートのように成形した複葉機で水上からの離水に成功し、世界最初の飛行艇として注目された。

カーチスF型と呼称された本飛行艇は、アメリカ海軍航空隊に採用されて、合計140機以上も量産され、事実上、世界最初の軍用飛行艇の栄誉にも浴した。

折りからの第一次世界大戦勃発にともない、F型は〝大戦当事国〟のイギリス海軍にも採用されたが、ライセンス生産する段階までには至らなかった。

もっとも、アメリカとて第一次世界大戦には参戦（1917年4月）したものの、本土から遠かったこともあり、海軍航空隊の派遣は見送られた。したがって、カーチスF型飛行艇も、本国内で主に訓練に使用されたのみである。

いっぽう、ヨーロッパで飛行艇開発に先鞭をつけたのは、〝航空先進国〟のひとつフランスで、1912年3月に、パイロット兼技術者の草分けの一人、F・ドゥノーが、自作の複葉小型飛行艇を製作し、セーヌ川から離水に成功し、ヨーロッパ最初の飛行艇として注目された。

その後、ドゥノーはレヴェクという名の人物と共同出資して、飛行艇製作会社を設立し、『ドゥノー・レヴェク飛行艇』の名称で各国に売り込んだ。

そして、オーストリア／ハンガリーから3機、デンマークから2機、スエーデンから1機、計6機の発注を得て、それぞれの海軍航空隊にて哨戒／訓練機として使われた。

しかし、多分に〝個人趣味〟の域を出なかったドゥノー・レヴェク社は、そのあとにつづく新型飛行艇を造り出せず、消滅してしまう。

ドイツ、フランス、イギリスに伍して、1910年代のヨーロッパに〝大国〟として君臨していたオーストリア／ハンガリー帝国は、アドリア海に面する長い海岸線をもっていた関係で、飛行艇の開発に〝目覚める〟のも早かった。

首都ウィーンに所在した航空機製作所、ヤコブ・ローナー工場は、1913年に『E型』と称する、単発複座の多用途飛行艇を完成させた。

E型は、わずか85hpのエンジンを上、下翼間に固定した小型機だったが、木製のスマートな形態の艇体に象徴されるように、性能は良好で、海軍航空隊に採用され、第一次世界大戦勃発直後の1914年8月、オーストリア／ハンガリー帝国機として、最初の実戦参加を果たしている。

E型を非武装の練習機にしたのがS型で、約200機生産された他、エンジンを140～180hpに出力アップしたL型（160機生産）、3座化した偵察型R型なども生産され、1915年以降、アドリア海方面で広く活躍した。

1915年5月、L型飛行艇の1機が、敵対するイタリアに鹵獲されたことから、事態は思いもよらぬ方向へと発展する。

すなわち、同機の高性能に感嘆したイタリア海軍は、マッキ社に命じて忠実なるコピー機の製作を行なわせ、早くも6月には『L‒1』と呼称した機体を完成させる。

L‒1は、エンジンが国産のイソッタ・フラスキニ150hp、機銃を同じくレヴェリ7・7㎜に変更した以外は、L型とまったく同じである。現代ならば、〝海賊版〟として法的懲罰対象になってしまうが、当時、しかも戦時下とあっては、似たような例が他でも平然とまかり通った。

L‒1は好評を博し、計139機つくられて、翌1916年秋まで前線に配備された。アドリア海をはさんで、設計を同じくする機体が、敵味方

マッキM.5戦闘飛行艇 二面図

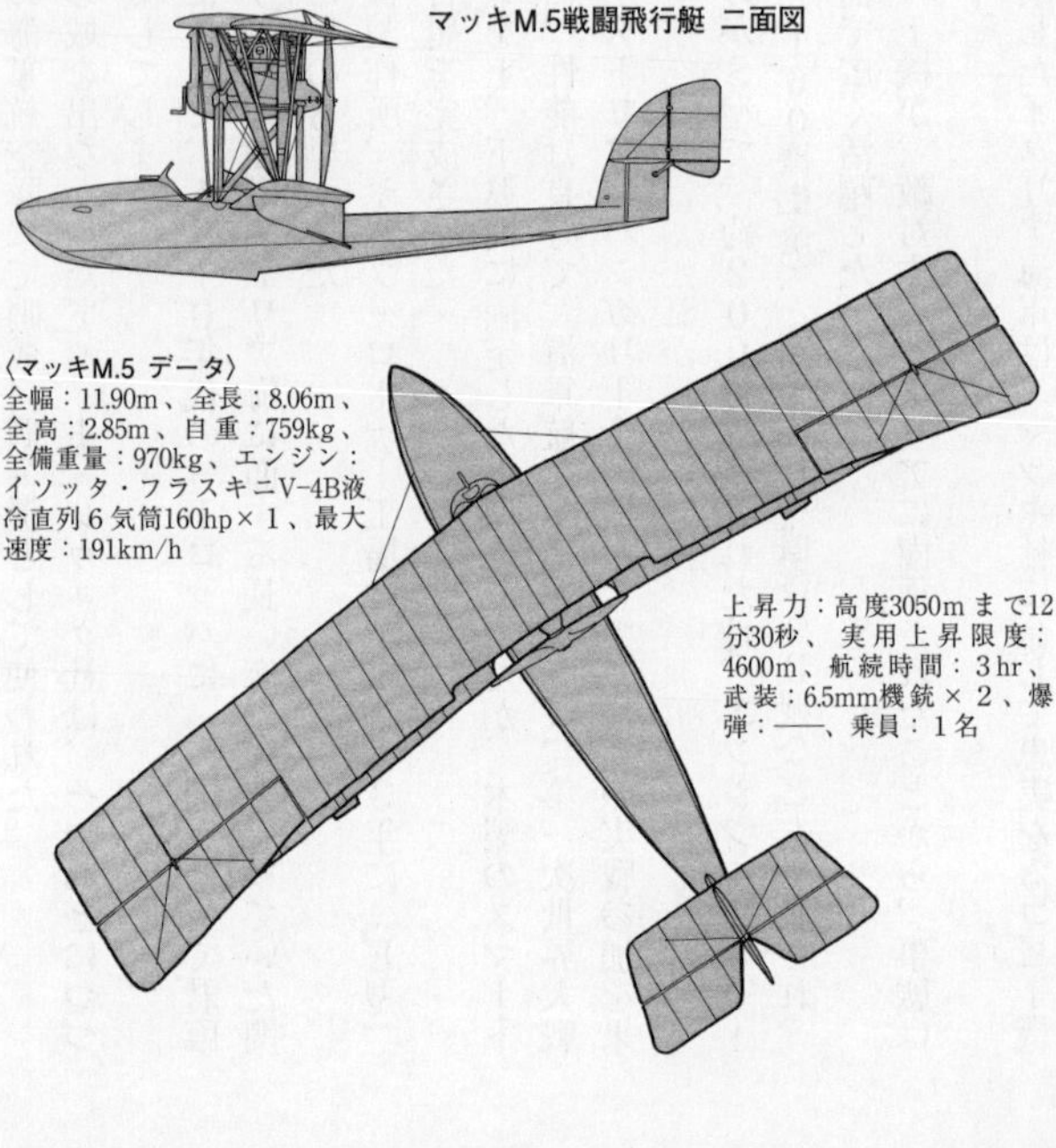

〈マッキM.5 データ〉
全幅：11.90m、全長：8.06m、全高：2.85m、自重：759kg、全備重量：970kg、エンジン：イソッタ・フラスキニV-4B液冷直列6気筒160hp×1、最大速度：191km/h

上昇力：高度3050mまで12分30秒、実用上昇限度：4600m、航続時間：3hr、武装：6.5mm機銃×2、爆弾：――、乗員：1名

双方に存在し、銃火を交えたのである。

マッキ社は、小改良型のL-2（10機製作）、多用途型のM.3（200機生産）を経て、1917年には機体をひとまわり小型化し、乗員を1名にしたM.5を完成させた。M.5は、運動性能と上昇力が著しく向上し、他国では例がない戦闘飛行艇として配置され、爆撃機を護衛してアドリア海を横断、オーストリア／ハンガリー沿岸まで侵攻し、陸上戦闘機とも空中戦を交えている。

休戦までに計240機生産され、海軍の5個飛行中隊が本機を装備した。あとにも先にも、飛行艇を戦闘機として用いたのはイタリア海軍だけであり、きわめてユニークな存在といえる。

●洋上哨戒機としての大型飛行艇分野の確立

1910年代に入ると、欧、米航空界では、だれが最初に大西洋横断飛行を成し遂げるか、ということに関心が集まった。

1913年、イギリスの新聞『デイリー・メール』がスポンサーとなり、1万ポンドの賞金を付けた大西洋無着陸横断飛行が公募された。

これに名乗りをあげた1人が、アメリカの富豪ロッドマン・ワナメイカー氏で、同氏は横断飛行が可能な超大型飛行艇の製作を、当時、この分野では世界をリードしていたカーチス社に発注した。

『アメリカ』号と命名された機体は、１５０hpのエンジン２基を搭載する、全幅29m、全長14m、総重量５トンに達する大型機になるはずだったが、翌１９１４年７月に第一次世界大戦が勃発したために、イベントそのものが中止となってしまい、陽の目を見なかった。

しかし、設計をすべてボツにするのを惜しんだカーチス社は、これを軍用飛行艇に転換し、改めて『H型』の社内名称により作業を進めることにした。

この情報は、イギリス海軍にもいち早く知らされ、１９１６年には〝本家〟アメリカ海軍に先がけて、『H12』の名称により生産発注が出された。

１９１７年に入り、『大アメリカ号』と命名されたH12は、イギリス海軍に一定数就役し、大西洋方面での対Uボート哨戒任務などに従事したのだが、性能はともかくとして、凌波性（滑水時の波切り状態）にやや難があることが指摘された。

そこで、フェリクストゥ基地に所在した海軍航空工廠に、艇体設計の変更を命じ、あわせて、エンジンをイスパノスイザに換装した機体を試作した。

工廠の所在地を、そのまま機体名称に冠し、新たにフェリクストゥF.２と命名された改修機は、性能、実用性、凌波性いずれもが向上、イギリス海軍は１７０機もの多数を生産発注し、１９１７年11月から就役させた。

F.２は部隊での評価も高く、大西洋、北海方面におけるUボート狩り、飛行船攻撃などに活躍、イギリス海軍大型飛行艇の運用ノウハウ確立に、大きな功績を残した。F.２につづき、フェリクストゥは改良型のF.３、F.５へと発展した。

いっぽう、イギリス海軍に先を越されてしまったアメリカ海軍は、１９１８年になって、ようやくＦ．５に準じた機体を『Ｈ16』の名称により採用、カーチス社に１２４機、海軍航空工廠に１５０機生産発注した。

このＨ16が就役を本格化したころには、すでに第一次世界大戦が終結してしまっており、実戦参加は叶わなかったが、アメリカ海軍は大型哨戒飛行艇の重要性に気付き、ひきつづき、フェリクストゥＦ．５Ｌに準じた、自国製リバティ液冷Ｖ型12気筒エンジン（４００hp）を搭載する改良型を、そのままＦ－５Ｌの名称で採用。航空工廠に４８

カーチス
F-5L 二面図

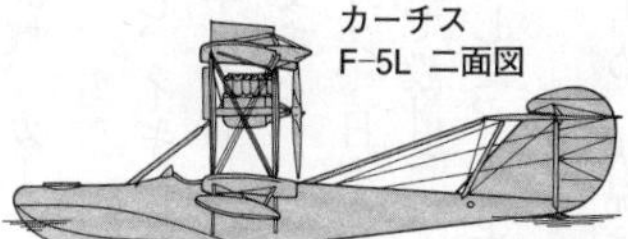
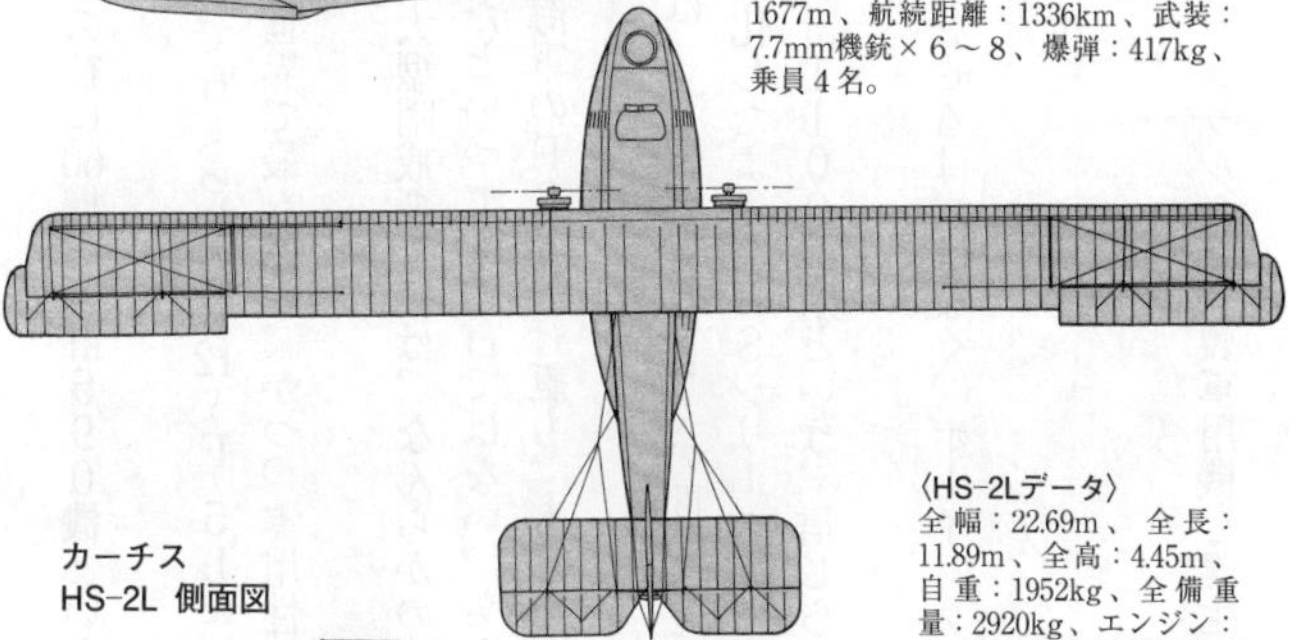

〈F-5Lデータ〉
全幅：31.68m、全長：15.04m、全高：5.72m、自重：3958kg、全備重量：6174kg、エンジン：リバティ12A液冷Ｖ型12気筒（400hp）×２、最大速度：145km/h、上昇力：高度671mまで10分、実用上昇限度：1677m、航続距離：1336km、武装：7.7mm機銃×６～８、爆弾：417kg、乗員４名。

カーチス
HS-2L 側面図

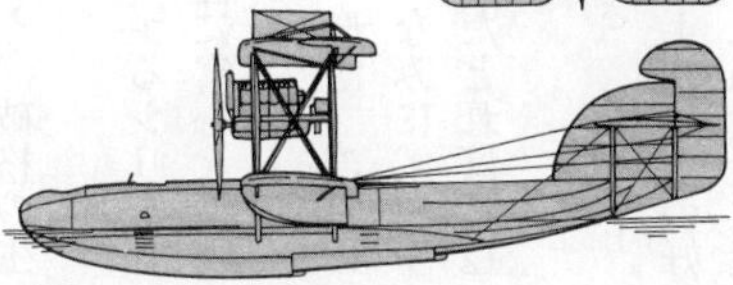

〈HS-2Lデータ〉
全幅：22.69m、全長：11.89m、全高：4.45m、自重：1952kg、全備重量：2920kg、エンジン：リバティ液冷Ｖ型12気筒（375hp）×１、最大速度：132km/h、上昇力：高度700mまで10分、実用上昇限度：1586m、航続距離：832km、武装：7.7mm機銃×１、爆弾：208kg、乗員２～３名。

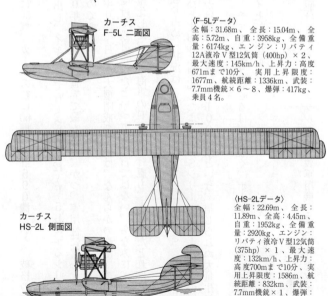

0機、カナディアン航空機会社に50機、カーチス社に60機、合計590機という、破格の生産数を発注した。

こうして、カーチス社が生み出し、イギリスで育てられたH12～F-5Lに至るシリーズは、1910年代末から1920年代を通し、世界で最も優れ、かつ、実用性に富む大型哨戒飛行艇の嚆矢《こうし》として君臨したのである。

以後に出現したアメリカ、イギリス、日本の大型哨戒飛行艇は、なんらかの形で、このH12～F-5Lシリーズの影響を受けて設計されたといっても過言ではない。ちなみに、イギリス・ショート社のF-5を国産化した、日本海軍のF5号飛行艇も、もとをたどればH12に行き着く。

カーチス社の〝飛行艇分野独り占め〟状況は、その後もしばらくの間つづき、H12～F-5シリーズを単発化し、機体をひとまわり小型化したようなHSシリーズも、より以上の好成績をおさめ、1920年代にかけて、各型合計1100機余という、信じられぬ大量生産が行なわれた。

もちろん、これだけの数をカーチス1社がこなせるはずはなく、ボーイング社をはじめ民間5社、海軍工廠が分担してライセンス生産した。

●近代的単葉飛行艇の出現

第一次世界大戦中、世界に先駆けて全金属（ジュラルミン）製軍用機を誕生させたドイツだが、敗戦国になって連合国側から軍事航空の一切を禁じられ、航空先進国の〝看板〟も降ろしたかに見えた。

しかし、各メーカーの技術者たちは、不屈の精神をもって生き残り策を講じ、スイスやスエーデン、イタリアなどに分工場を設立し、ここで民間機を中心に設計、製作を行ないつつ、技術力の錬磨に務めたのである。

そんなメーカーのひとつ、ドルニエ社は、戦時中の全金属製機設計術を生かし、１９２２年、イタリアに設立した出資会社で、ＤｏＪ〝Ｗａｌｌ《ヴァール》〟と命名した、革新的な全金属製単葉飛行艇を完成させた。

Ｗａｌｌは、細くスマートな艇体に、大きな矩形の単葉主翼をパラソル形態に取り付け、その主翼中央部上面に、２基の液冷エンジンを前、後向きにおさめたナセルを固定、主翼下方の艇体両側には、水上滑走時の安定を確保するためのスポンソンを張り出すなど、従来までの飛行艇設計概念にとらわれない、斬新な形態が注目を浴びた。

Ｗａｌｌの性能は、最大速度２２０㎞／ｈ、航続距離２２００㎞と優れ、当時、栄華を誇っていたアメリカ海軍のカー

▲ドルニエ社の最初の成功作“Wall”。写真は、川崎航空機がライセンス生産した、民間旅客飛行艇仕様の１号機。昭和５（1930）年10月に完成し、日本航空輸送会社で使われた。

チスH12～F-5、HSシリーズのそれを大きく凌ぎ、複葉羽布張り構造機との〝格〟の違いを見せつけた。

もっとも、母国ドイツでは軍用機として使えず、さりとて平時では、諸外国海軍からの発注も多くは望めないため、民間旅客飛行艇仕様に直してセールスすることにした。これは成功し、スペイン、イタリア、オランダ、日本などからライセンス生産をふくめて約３００機のオーダーを得、ドルニエ社も大いに潤い、会社経営の基礎固めが出来た。

Ｗａｌｌの成功で自信を深めたドルニエ社は、１９２６年、当時世界のだれも考えつかぬような巨大飛行艇の設計、製作に着手した。

ドルニエの秘密機という意味で、ＤｏＸ（ドックスと読ませた）と命名された機体は、全長40ｍの艇体に、全幅48ｍ、面積４５０㎡という巨大な単葉主翼を、肩翼配置に結合し、その主翼上面に、串型配置に空冷エンジン２基をおさめたナセルを６個、１列に並べる12発（！）の破天荒な飛行艇だった。

◀１９２９年７月、完成直後にコンスタンス湖上に巨体を浮かべる、ドルニエＤｏＸ１号機。この時点では、翼上の12基のエンジンは、空冷『ジュピター』（５２５hp）だった。

上下３層に仕切られた艇体は、むしろ〝船〟と形容したほうが相応《ふさわ》しく、最上部に乗員室、中部に客室、最下部に燃料タンク室を配した。

将来は、軍用に使うことも考えられたが、1926年という時期を考えれば、当面、大西洋横断航路用の民間旅客機として売り出すのが当然だった。

艇体はもちろん全金属製だったが、主翼も全金属製にすると、とてつもない大重量になってしまうため、骨組みはともかく、表面外皮の大半を、あえて羽布張りにした。

乗員は計14名、3区画に仕切られた客室には、テーブルを囲んで4つの豪華なソファーを配したファースト・クラス席もあり、エコノミーをふくめて計66名を収容定員とした。

長時間飛行に備え、上層階には展望室、バー、喫煙室、さらには報道記者席まで用意されており、まさに空飛ぶ豪華客船といってもよい。

前例のない巨大機だけに、ドルニエ社もその製作には非常な苦労を強いられたが、3年後の1929年なかば、スイスと国境を接するコンスタンス湖の、同国側湖畔に設けた工場にて、1号機が完成し、湖上にその勇姿を浮かべた。

そして、約4ヵ月後の10月21日、その威容を全世界に誇示するため、報道関係者、各国著名人、一般公募者などあわせて150名の乗客を詰め込み、コンスタンス湖を豪快に離水、低高度を52分間にわたって初飛行することに成功した。

当時、民間定期航空路に就役していた、双発の大型旅客機でさえ、乗客20数名収容がせいぜいだったことを考えれば、このDoXの収容能力が、いかに桁外れだったかがわかり、世界中に衝撃をあたえたのもうなずけよう。

ドルニエDox 1 号機 三面図

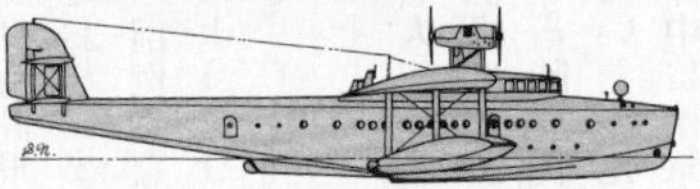

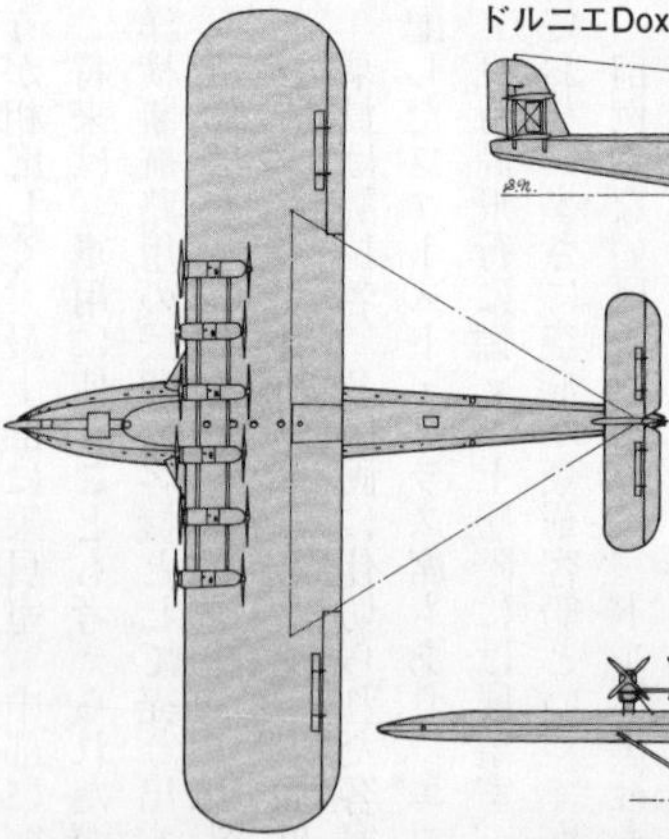

〈Dox 1 号機 データ〉
全幅：48.00m、全長：40.90m、全高：10.10m、自重：29500kg、全備重量：52000kg、エンジン：カーチス“コンカラー”液冷Ｖ型12気筒(640hp) ×12、最大速度：210km/h、巡航速度：175km/h、上昇力：高度1000mまで14分、実用上昇限度：3200m、航続距離：2800km、乗員14名、乗客66名（定員)。

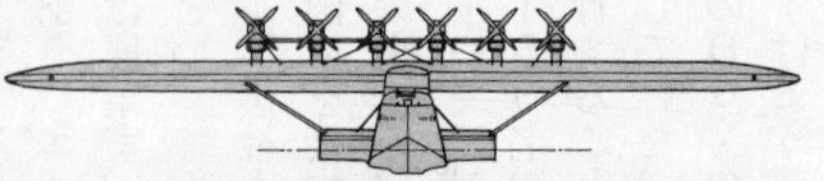

▶客船の操舵室を思わせる、DoX 1 号機の操縦室。左、右に大きな操縦輪があり、それぞれの手前に操縦席がある。向かって左がパイロット、右がコ・パイロット席となる。前方の計器板には数個の計器しかないが、12基分のエンジン関係計器は、後方の機関士席にまとめて配置してある。それにしても、総重量52トンもの巨体を、２名のパイロットが人力で操縦するのだから、相当の力を必要としただろう。

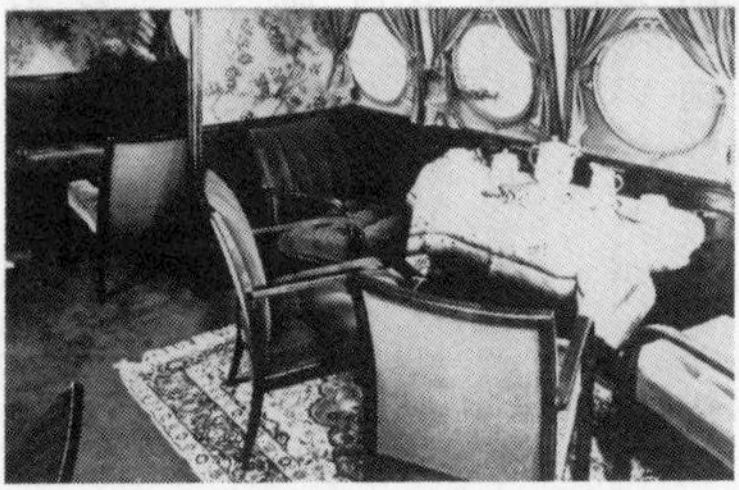

◀これも、豪華客船の一等客室を思わせる、DoX 1 号機のファースト・クラス・キャビン。床には絨毯まで敷いてある。むろん、軍用として使う場合には、内装は一新して簡素にされただろう。

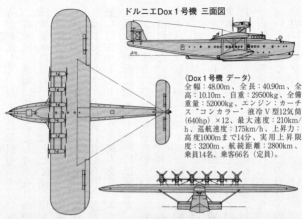

もっとも、ＰＲ面では成功したＤｏＸだったが、実用機として用いるにはいくつかの問題点も判明した。

まず第一は、やはりエンジン出力の絶対的な不足。そもそも前例のない12発としたのは、大出力エンジンがなかったためだが、1号機の５００hp級空冷エンジンでは、巡航速度が１７０㎞／ｈどまりで、とても大西洋横断航路に使えなかった。

そこで、アメリカから急ぎカーチス〝コンカラー〟液冷V型12気筒エンジン（６４０hp）を輸入してこれに換装し、改めて北、南米大陸訪問飛行のイベントを行なった。しかし、それでも巡航速度が目立って向上したわけではなく、運航コストが高くつき、採算がとれないなどの理由もあり、各国航空会社の反応は低かった。

わずかに、イタリアのＳＡ航空から2機のオーダーがあり、１９３２年に引き渡されたが、結局は定期航路に就役しないまま、空軍によるテストをうけたのみで、スクラップ処分された。

●アメリカ単葉飛行艇の傑作

ドルニエＷａｌｌの出現は、それまで〝飛行艇王国〟を自負していたアメリカにも大きな刺激をあたえ、１９３０年代に入ると、シコルスキー、ダグラス、コンソリデーテッド社などで、単葉飛行艇の試作が相次いだ。

もっとも、シコルスキーＰＳ／ＲＳや、ダグラスＲＤなどは、制式採用されたとはいうも

コンソリデーテッドPBY-3
カタリナ 三面図

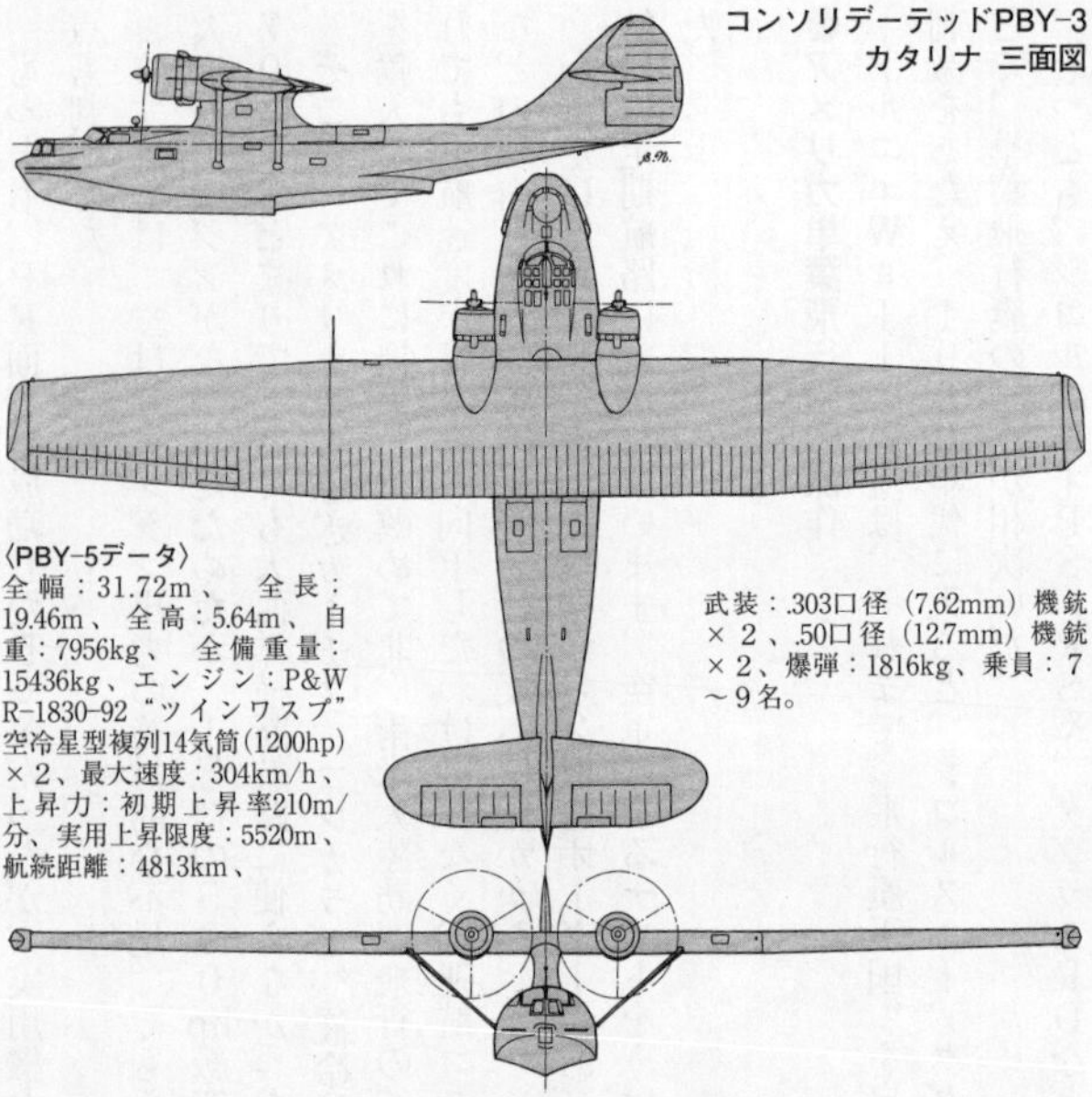

〈PBY-5データ〉
全幅：31.72m、全長：19.46m、全高：5.64m、自重：7956kg、全備重量：15436kg、エンジン：P&W R-1830-92“ツインワスプ”空冷星型複列14気筒(1200hp)×2、最大速度：304km/h、上昇力：初期上昇率210m/分、実用上昇限度：5520m、航続距離：4813km、

武装：.303口径（7.62mm）機銃×2、.50口径（12.7mm）機銃×2、爆弾：1816kg、乗員：7～9名。

◀1937年10月から就役した2番目の生産型、PBY-2Aカタリナ飛行艇。飛行性能面においては平凡だったが、実用性の高さは折り紙つきで、歴代飛行艇中の最多生産を記録した。

のの、設計的には〝珍妙〟といってよい機体で、単葉形態のメリットを生かしていたとは言い難い。

そんななかで、コンソリデーテッド社が1933年に試作着手し、1935年に初飛行させたPBY『カタリナ』は、アメリカ海軍最初の全金属製単葉飛行艇として、世界に誇れる機体だった。

背丈の低いスマートな艇体に、簡潔な支柱を介して取り付けた直線整形の大面積主翼、その主翼前縁に、接近して配置された2基のエンジンナセル、離水後は、翼端側に引き上げて収容する補助フロートなど、空気力学的にも一歩進んだ設計が素晴らしかった。

PBYは飛行性能的には平凡だったが、アメリカ海軍はただちに制式採用して、1936年10月から部隊配備を開始した。以後、改良を加えた各型がつぎつぎに生産発注され、最終的には、1945年4月までに合計3281機もの多数が引き渡され、歴代飛行艇中No.1の生産数に輝いた。

PBYの戦歴は多彩だが、とりわけ、太平洋戦争におけるミッドウェー海戦時の哨戒、『ブラック・キャット』と通称

▶低空を編隊飛行する、スーパーマリン〝サザンプトン〟飛行艇。いかにもイギリスらしい、保守的設計の複葉双発艇である。1920年代の同国製飛行艇としては最も多い、計84機生産された。

された、夜間索敵攻撃部隊の活躍であろう。

PBYの優れた汎用能力のひとつに、水陸両用型が存在したことがあげられる。艇体両側に主脚、同下面に前脚を収納式に追加し、任務と状況に応じ、水上、陸上いずれでも離発着できる能力をもたせたのである。日本海軍ではついぞ実用化しなかった着想だ。

●複葉に固執するイギリス飛行艇

カーチス飛行艇の改良版、フェリクストゥF.2～F.5シリーズで、大型哨戒飛行艇の基礎を固めたイギリスは、1920年代にショート社、ブラックバーン社、スーパーマリン社などの飛行艇専門メーカーが台頭して、それなりの機体をつぎつぎに就役させ、アメリカに次ぐ〝飛行艇王国〟を築き上げた。

とりわけ、1925年に初飛行した、スーパーマリン社のサザンプトン、1928年に初飛行したショート社のラングーン、および、シンガポールは、いずれも複葉主翼と支柱固定のエンジンという、旧態依然とした設計ながら、それなりに空気力学的な洗練を施しており、性能、実用性ともに過不足なく、それぞれ84機、6機、37機が生産され、中東、東南アジアの植民地を中心に配備され、『大英帝国』の外廓の防備に貢献した。

サザンプトンは、日本海軍も、昭和2（1927）年に研究用に1機購入しており、ショート社には、ラングーン、シンガポールの設計をベースにした機体の開発を委託、九〇式二号飛行艇として制式兵器採用するなど、イギリス流複葉大型飛行艇の影響を強くうけた。

フランスも、ショート社のカルカッタ（ラングーンの民間仕様）のライセンス生産権を買い、部分的な改設計を施したうえで、ブレゲー社がBr521の名称で31機を生産、海軍哨戒飛行隊に配備した。

しかし、1930年代なかばごろになっても、依然として複葉形態に固執するイギリスは、台頭著しいドイツ、アメリカ、日本の飛行艇に比較して、いささか見劣りしたのは否めない。

スーパーマリン社が、1933年に初飛行させた、オーストラリア向けの単発複葉飛行艇『シーガルV』は、各部を洗練しているとはいえ、基本設計は、1920年

▶イギリスのショート〝カルカッタ〟飛行艇をベースに、フランスのブレゲー社が独自に改良設計を施し、同国海軍に採用された、ブレゲーBr521〝ビゼルト〟。計36機生産され、第二次世界大戦まで使われた。

◀超クラシカルな形態、構造ながら第二次世界大戦を通して実用されつづけた、スーパーマリン〝ウォーラス〟。水陸両用に加え、カタパルト射出も可能という、使い勝手のよさも大いに功を奏した。

代のそれと変わらなかった。

イギリス海軍も、この機体をカタパルト射出可能な艦載哨戒・救難機として採用、改めて『ウォーラス』の名称で生産発注した。

ウォーラスの最大速度は、新幹線よりも遅い210km／h、巡航速度にいたっては150km／hという〝超低速〟で、戦闘機はおろか、双発爆撃機などと遭遇しても撃墜されてしまう危うさだった。

ところが、ヨーロッパ戦域では、敵対した枢軸国側に、まともな海洋航空戦力が存在せず、ウォーラスのような骨董機さえも〝鳥なき里のコウモリ〟よろしく、縦横に働けたのである。

環境の違いというのは恐ろしい。

ただ、ウォーラスも単なる骨董機ではなく、前述したカタパルト射出能力に加え、車輪付きの水陸両用機という使い勝手の良さは、褒めてやるべきだろう。戦艦からカタパルト発進して、航空母艦の飛行甲板に着艦するような〝芸当〟は、他国の飛行艇には真似できなかった。

こんなところが重宝がられたのか、ウォーラスは、じつに第二次世界大戦末期の1944年1月まで生産がつづき、総計746機もの多数がつくられた。〝恐れ入りました〟という以外にない。

ウォーラスの手応えに気を良くしたスーパーマリン社は、1938年度の次期哨戒・救難飛行艇要求仕様に基づき、ウォーラスのエンジンを、190hpほどアップしたブリストル

❶艇首防御機銃（7.7mm）、❷繋留金具、❸錨巻き上げ器、❹操縦桿、❺パイロット、❻コ・パイロット方向舵ペダル（折りたたみ位置）、❼コ・パイロット用操縦桿（収納位置）、❽ボート・フック、❾主脚操作レバー、❿航法士用机、⓫航法士、⓬無線士、⓭梯子（収納位置）、⓮ビルジ・ポンプ、⓯海上錨、⓰特設防御機銃（7.7mm）収納位置、⓱ジュリー・ストラット（収納位置）、⓲後部防御機銃座（7.7mm）、⓳翼端フロート、⓴水中舵、および尾輪、㉑昇降舵、㉒方向舵、㉓補助翼、㉔ブリストル"ペガサスⅥ"空冷星型9気筒エンジン（775hp）、㉕陸上離発着用車輪収納位置、㉖燃料タンク収納部、㉗エンジンナセル、㉘オイル・パイプ、㉙艇体側面鈑、㉚ロッキング・フック、㉛主脚柱、㉜主翼（下翼）本体、㉝錨

スーパーマリン ウォーラスMk.Ⅰ 機体内部構造図

陸上発着用主脚出し入れ要領

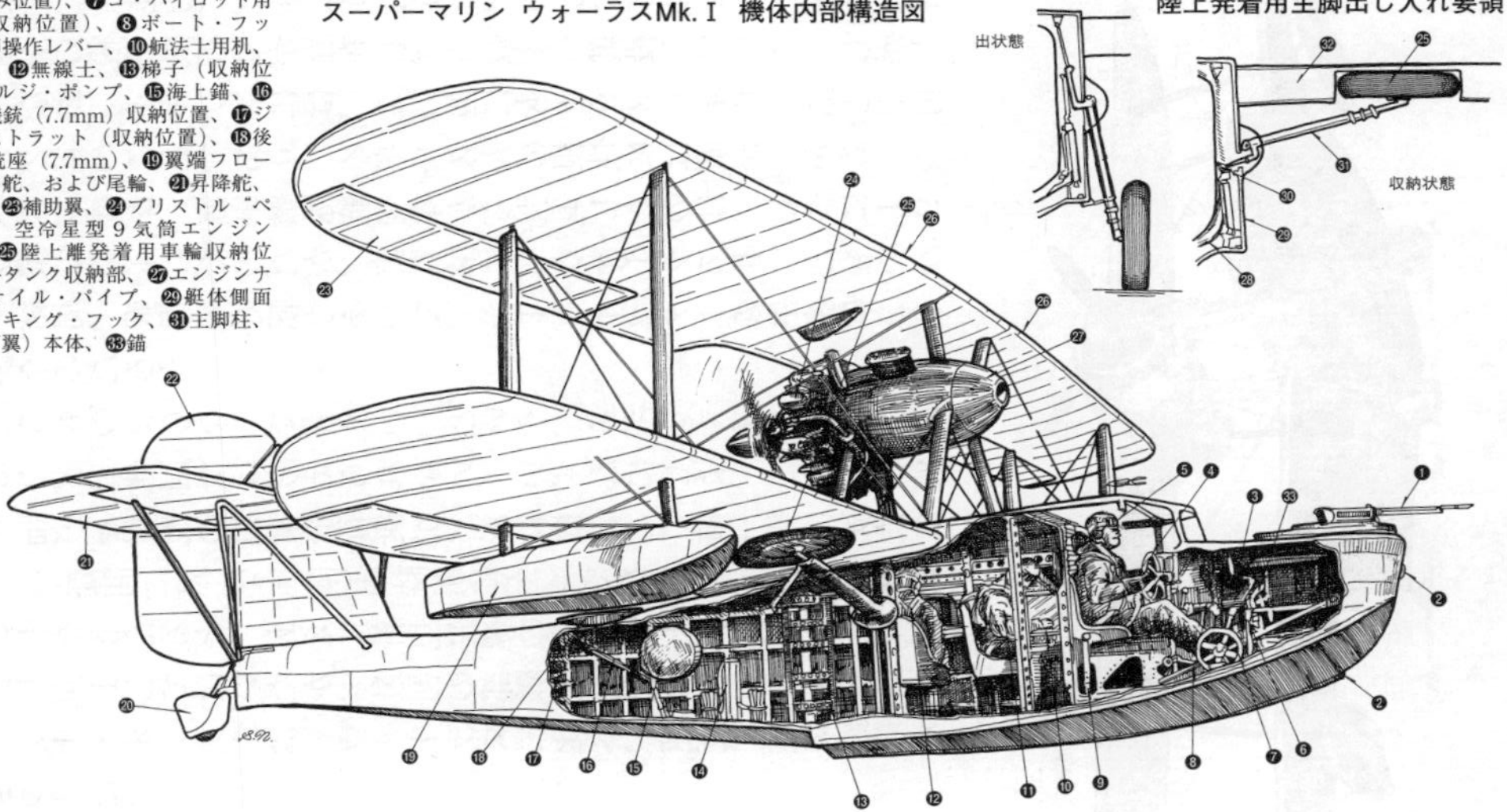

〈ウォーラスMk.Ⅰ データ〉
全幅：13.97m、全長：11.35m、全高：4.65m、自重：2223kg、全備重量：3266kg、エンジン：ブリストル"ペガサスⅥ"空冷星型9気筒（775hp）×1、最大速度：217km/h、上昇力：初期上昇率320m/分、実用上昇限度：5640m、航続距離：966km、武装：7.7mm機銃×2～3、爆弾：345kg、乗員：3名。

『マーキュリー』に更新、艇体、主、尾翼に相応の洗練を施した『シー・オッター』を完成、9月には早くも初飛行にこぎつけた。

シー・オッターは、ウォーラスに比べ、速度、航続距離が少し向上してはいたが、最初の部隊就役が1943年ということを考えると、あえて新規生産の意義があったのかどうか（?）疑問に思える。この時期に至ってなお、最大速度260km／h程度の複葉飛行艇が、新鋭機として第一線に就役するなど、他国では考えられない。いずれにせよ、これが〝使えるものならなんでもよい〟という、イギリス式兵器活用流儀なのだろう。

結局、戦況の好転もあって、シー・オッターの生産は290機で終了したのだが、実質的に〝ウォーラスII〟ともいうべき本機が、海軍艦隊航空隊から引退したのは、じつに1952年のことであり、イギリス人の根性には頭が下がる。

なお、イギリスには、この他にも1930年代を通して何種かの複葉飛行艇が存在し、少数ずつ就役している。しかし、設計、性能的にどうこう言うほどのものではなく、解説は省

▼ウォーラスの後継機、スーパーマリン“シー・オッター”。エンジンと、その取付法が異なる程度の差しかない。

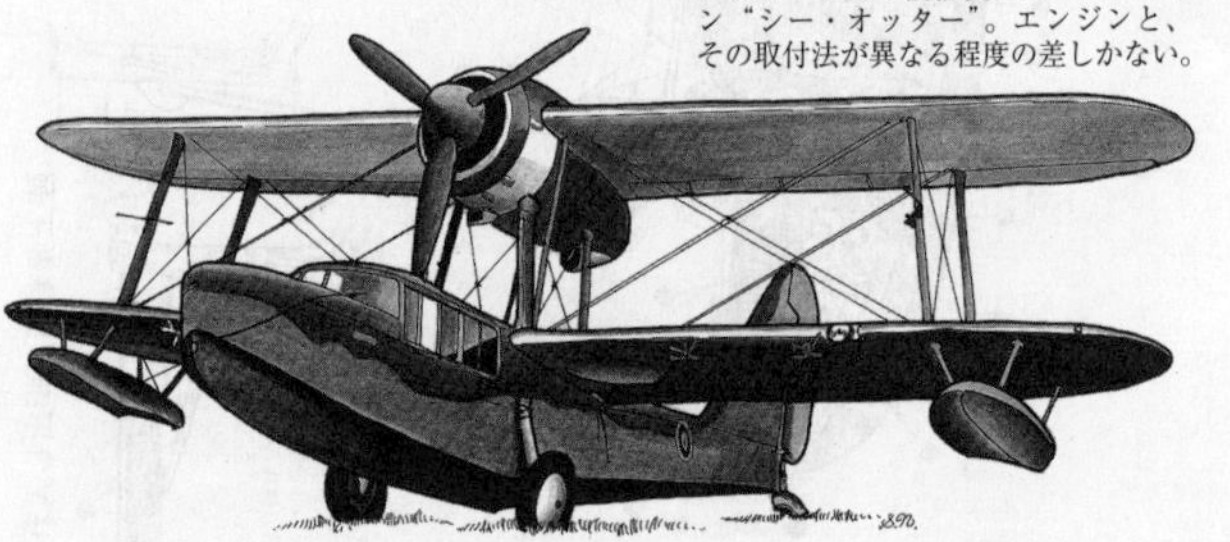

きたい。

●ドイツの飛行艇事情

領土の北辺に海岸線をもつとはいえ、基本的に大陸国家のドイツでは、イギリスほどに軍用機としての飛行艇の存在価値は高くなかった。

ところが、ヒトラー総統の対外侵略の野望もあって、1935年の再軍備宣言後は、大西洋方面での活動を視野に入れた、哨戒飛行艇の必要性が高まり、空軍から各メーカーに開発要求が出された。

そして、1938年に最初の軍用飛行艇として就役したのが、ドルニエ社のDo18だった。本艇は、再軍備宣言前の1934年に、国営ルフトハンザ航空会社が、大西洋横断航路用の郵便輸送機として発注したものを、哨戒機に転用した機体である。

基本設計は、傑作『Wal』のそれを踏襲し、各部を相応に洗練、エンジンは燃費に優れるユモJumo205液冷ディーゼルを搭載したことがポイントだった。

Do18の実用性は申し分なかったのだが、いかんせん、巡航

▶再軍備宣言後に最初の軍用飛行艇となったDo18。外部が洗練されているとはいえ、その基本設計が、傑作〝Wal〟のそれを踏襲していることは、ひと目でわかる。

速度が200km／h程度では、イギリスの陸上哨戒機と遭遇した場合でも、容易に捕捉・撃墜されてしまう危険が高く、大戦初期をのぞいて哨戒任務を退き、北海、大西洋沿岸部での救難、連絡などに使われたのみに終わった。生産数も100機程度と少ない。

期待に反したDo18に代わり、ドイツ空軍の哨戒飛行艇要求を、最初に満たしたのは、〝造船屋〟のブローム・ウント・フォス社製Bv138である。

設計着手はDo18とほぼ同じ1934年春だったが、エンジン選定のモタつきなどもあって作業は遅れ、ようやく1号機の初飛行にこぎつけたのは、3年後の1937年7月だった。

造船屋の作だけに、Bv138の設計は変わっていて、艇体は主翼中央下にぶら下がるように付き、三基のディーゼルエンジンの左、右外側ナセルから後方にブームを伸ばし、その後端内側に水平尾翼をわたすという奇抜なものだった。日本流に表記すると〝中央短胴双側胴〟形態という処理法だ。

1号機をテストしてみると、その奇抜な形態が災いしてか、速度、航続距離などはともかく、水上滑水、飛行中の安定がきわめて悪く、とても実用に耐えないと判定された。

そこで、設計陣は艇体、主翼、双ブームなどを全面的に改設計した新原型機を1939年2月に完成させ、改めて空軍のテストをうけた。

結果はまずまずで、指摘された欠陥はほぼ実用上差し支えない程度に改善されたことが確認され、ただちに採用。量産発注の手続きがなされ、翌1940年4月から各沿岸航空飛行隊、海上偵察飛行隊への配備がはじまった。

Ｂｖ１３８の巡航速度は２３５㎞／ｈにとどまり、陸上哨戒機と遭遇しても捕捉・撃墜されてしまう危うさだったが、大戦中期ころまでは、連合軍側にもその脅威となるような勢力はまだ少なく、期待に応える働きをみせた。

とりわけ、ノルウェー沿岸部に展開し、その航続距離の大きさ（最大５０００㎞）を生かし、北大西洋から北極に近いバレンツ海、カラ海（ソビエト北方）方面にかけて哨戒飛行を実施した部隊の活動が白眉。この方面では、海軍のＵボート（潜水艦）と連携し、連合国からソビエトに向けて援助物資を運ぶ、輸送船団の発見、追跡に大きな功績を残した。

しかし、１９４３年後半以降、連合国側の対空、対潜警戒網が充実してくると、Ｂｖ１３８をふくめたドイツ洋上哨戒機の活動はしだいに困難となり、翌年には実質的にその任務を停止した。

Ｂｖ１３８の生産数は、各型合計２７９機と少なく、これは、そのままドイツ哨戒飛行艇の需要規模を示している。

Ｄｏ18が初飛行した直後、ドルニエ社は隣国オランダから、とくに航続性能を優先した、三発哨戒飛行艇の開発を受注した。

▶時化気味の沿岸基地から、哨戒任務に出るため、豪快に水しぶきを上げて滑水する、ブローム・ウント・フォスＢＶ１３８。ディーゼルエンジンの三発というのもさることながら、中央短胴双ブームという形態も、飛行艇としてはきわめて珍しい。

当時オランダは、東インド諸島（現インドネシア）を植民地として収めており、この方面で使用する飛行艇を欲していたのである。航続性能を優先したのもそのためだ。

ドルニエ社は、Ｄｏ24と命名して設計に着手、１９３７年7月、初飛行にこぎつけた。基本的にはＤｏ18の形態を踏襲したが、艇体は３ｍほど長く、尾部をピンと上方にハネ上げた側面形にするなど、空気力学的洗練は相応に施してあった。

最も大きな違いはエンジン配置で、三発ということもあるが、空冷星型９気筒（アメリカからの輸入品ライトサイクロンR-１８２０——８７５hp）を、主翼前縁に一列に並べたこと。また、艇体後部上面の防御銃座の射界を妨げぬよう、垂直尾翼を２枚にしたことも、外観上の目立つ〝進歩〟といえる。

Ｄｏ24の最大速度は３００km／h、航続距離は最大３０００kmを示したので、オランダ海軍も満足して採用を決定、最初の11機を除き、以降は同国内の２社でライセンス生産することになった。

ところが、皮肉なことに、第二次世界大戦が勃発すると、

◀前掲のＢＶ１３８と同じ三発だが、ずっとオーソドックスな印象をうける、ドルニエＤｏ24Ｔ。細長い艇体と、ピンとハネ上がった艇尾に付く、双垂直尾翼がスマートだ。Ｄｏ18の近代化版という表現がピッタリ。

オランダはドイツ軍の侵攻対象となり、わずか5日間の戦闘で降伏、占領下に収められてしまう。

このときまでに、Ｄｏ24は25機まで完成しており、その大半は東インドにすでに配備されていたが、少数はドイツ軍により接収され、新たにＤｏ24Ｎと命名して、空軍籍に編入された。

ドイツ空軍には、すでにＢｖ１３８が就役していて、あえて三発飛行艇の新型を必要としなかったのだが、Ｄｏ24Ｎは、Ｂｖ１３８よりも60㎞／ｈも速く、設計的にも勝って実用性も高いことが確認された。

そこで、空軍は、エンジンを自国製のブラモ３２３Ｒ空冷星型９気筒（１０００hp）に換装し、防御武装を強化、装備品の変更などを骨子とした改良型をドルニエ社に発注、Ｄｏ24Ｔの名称で採用することにした。

Ｄｏ24Ｔは１９４２年に入って就役が本格化し、主にフランス西部、地中海、および黒海沿岸方面で活動した。もっとも、戦況の推移もあって、Ｄｏ24Ｔは、Ｂｖ１３８のような長距離洋上哨戒には使われず、沿岸近くの哨戒、輸送、救難、連絡などに従事した。

Ｄｏ24Ｔは、本家ドルニエ社が他機種の開発、量産などに忙殺さ

▲ドルニエ社最後の飛行艇となったDo26。再びディーゼルエンジンを登用した四発型だったが、民間機として設計されたため、軍用に向かず、６機つくられたのみに終わった。

れて余裕がなかったため、占領下のオランダ（170機）、フランス（48機）のみで生産され、合計218機という意外に少ない数で終了した。

ドルニエ社は、Do24につづき、民間の長距離郵便飛行艇として、四発型のDo26、Do24の改良型Do318を受注・試作したものの、第二次世界大戦の推移により飛行艇そのものの存在価値が薄れ、量産に入ることなく終わっている。このDo318をもって、約30年間にわたったドルニエ飛行艇の開発史が終焉した。

●フランス、イタリア、ソビエトの飛行艇事情

ヨーロッパの列強国として、一定の海軍戦力を保持したフランスとイタリアも、飛行艇の開発にはそれなりの努力を傾注した。

しかし、1920～1930年代を通して、適当な自国産高出力エンジンに恵まれず、設計技術的にも精彩を欠いたこともあって、〝これは〟と言えるほどの優秀機を生み出せなかった。

それは、両国が採用した飛行艇の外観にも明確に表われており、1931年に最初の原型機が初飛行した、フランスのラテコエール300～302シリーズは、ドイツのDo18に似た形態を採ったものの、安定性を欠き、事故を頻発して、わずか7機つくられたのみにとどまった。

1920年代後半から1930年代はじめにかけて、様々な積荷状態における速度、上昇

高度、航続距離の世界記録を樹立し、広く名を知られたイタリアのサボイア・マルケッティS55だが、原設計は1923年と古く、軍用飛行艇としての真価は、ちょいと怪しかった。

形態も風変わりで、全木製の大きな単葉主翼に、フロート代わりの艇体2つをブラ下げ、主翼上面から後方に2本のパイプ状支柱を伸ばし、その後端に尾翼を付けた。その支柱と尾翼、主翼は、複葉機と同じ張線で緊締されている様が、妙にアンバランスである。エンジンは、液冷V型イソッタ・フラスキニ（400～750hp）を、前後に2基、それぞれ牽引、推進式

▲設計、性能的には大したことなかったが、その特異な外観と、派手な長距離デモンストレーション飛行で、世界に名を売った、サボイア・マルケッティS55。

▲古色蒼然という形容詞がピッタリの、イタリア海軍カント501飛行艇。これで第二次世界大戦に参加するのは、ちょっと無謀だった。

にひとつのナセルに収め、主翼中央上面に木材をヤグラ状に組んで固定してある。

S55は、約200機生産され、1930年代末までの長期にわたって現役にとどまったが、それは、本艇に代わるべき後継機が、なかなか出現しなかったが故《ゆえ》である。

くたびれかけたS55に代わり、1936年から就役しはじめたのが、カント501単発飛行艇だ。外観は、パラソル翼形態のスマートな飛行艇に見えるが、主、尾翼は木製骨組みに羽布張り外皮で、複葉機の設計概念から脱却しきれていなかった。その主翼と艇体の間が異様に離れており、前縁から伸びたエンジンナセルを、つっかえ棒のような斜支柱で支えるなど、やはり、イタリア流の奇抜さが感じられる。

性能的には、S55と比較してそれほど向上していないが、第二次世界大戦にイタリアが参戦(1940年6月)したとき、約200機が就役しており、1943年9月に降伏するまで、主力飛行艇として使われた。

実績も、これといっためぼしいものはなかったようで、その外観に比例(?)して、安定性、実用性も芳しくなかったらしい。

国土の北、東がすべて海に面しているとはいえ、気候的に一年の過半が雪と氷に閉ざされるという事情もあって、ソビエトは陸軍大国というイメージが強く、飛行艇にはあまり縁がなさそうに思える。

しかし、黒海やバルチック海方面でヨーロッパ諸国と国境を接するということもあって、飛行艇の開発にも一定の努力は傾注した。

ソビエトが、最初に量産した飛行艇は、革命後すぐに航空機設計者として頭角を現わした、D・P・グリゴロビッチ技師の手になる、M5と称した小型単発複葉機で、多分にカーチスF、ローナーLを参考にしたような外観をしていた。M5は、第一次世界大戦中に約300機生産され、1917年の共産主義革命を経て、1920年代後半まで哨戒、連絡、救難任務などに使われた。

1930年代には、飛行艇設計を得意とするG・M・ベリエフ技師の設計局が台頭し、1932年10月には、単発単葉形態のMBR-2を初飛行させた。MBRは、海軍短距離偵察機の略で、設計局の頭文字を冠したBe2という名称も使われる。

MBR-2は、木製艇体に、シンプルな直線テーパー主翼（金属製だが部分的に羽布張り外皮）を肩翼配置に取り付け、その主翼中央部上面に支柱を介して、液冷V型エンジン（500〜830hp）を推進式に固定するという、変哲もない平凡な外観をしていた。

性能も、最大速度200〜240km／h、巡航速度160km／h、航続距離650〜800kmと凡庸だったが、安定性に優れ、使い勝手もよいなど、実用面の評価が高く、1942年にかけて、じつに1300機もの多数がつくられ、第二次世界大戦を通して、ソビエト海軍飛行艇隊の主力機として君臨した。

時代的には、日本海軍の九一式飛行艇と同じであり、それが第二次世界大戦期まで第一線機として通用したという点に、太平洋とヨーロッパの戦闘環境の違いが実感できる。

ベリエフ設計局は、MBR-2につづき、似たような基本設計のMDR（海軍長距離偵察機）-5、KOR（艦載偵察機）-2、-8、MBR-7などの飛行艇をつぎつぎに試作するが、いずれも、MBR-2に代えて大量生産するほどの成功作にはならなかった。

1943年1月、ベリエフ設計局は、全幅33mに達するガル型主翼に、2250hpの大出力空冷18気筒エンジンASh72を2基固定する、双発長距離哨戒飛行艇LL-143の設計に着手した。

このASh72エンジンは、のちにアメリカのB-29爆撃機をコピーした、ツポレ

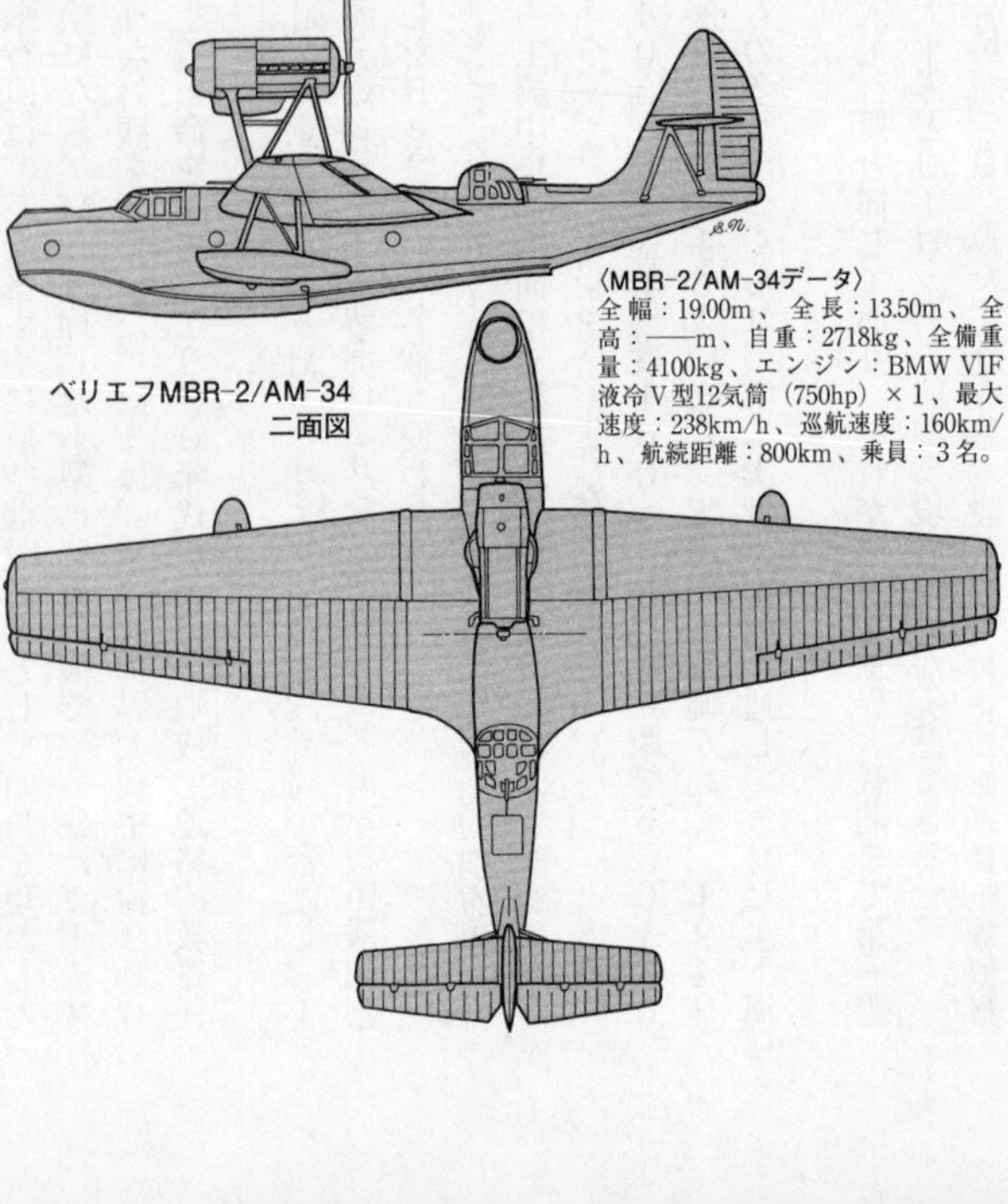

ベリエフMBR-2/AM-34
二面図

〈MBR-2/AM-34データ〉
全幅：19.00m、全長：13.50m、全高：——m、自重：2718kg、全備重量：4100kg、エンジン：BMW VIF液冷V型12気筒（750hp）×1、最大速度：238km/h、巡航速度：160km/h、航続距離：800km、乗員：3名。

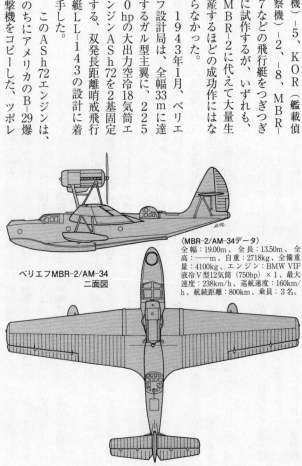

フTu-4が搭載するASh73と同系の、ソビエト最大出力のレシプロエンジンである。

LL-143は、最大速度400km/h、航続距離5000km（最大）の性能を予定し、当局も大きな期待をかけたのだが、試作が難航し、1号機が完成したのは大戦終結後の1945年9月となり、間に合わなかった。

戦後、しばらくの間、実用化は見送られていたが、1949年になってようやく初飛行、各部を改修したうえで、Be6の名称で量産に入ることになり、およそ200機つくられ、1950年から部隊就役した。

ベリエフのようにメジャーな存在ではなかったが、1930年代に、ソビエトの飛行艇設計局として名を連ねたのが、I・V・チェトベリコフ技師を頭にしたチーム。

1931年度の、海軍長距離偵察機の要求に基づいて設計した最初の大型四発飛行艇が、MDR-3の名称で採用され、極く少数ではあるが生産された。

MDR-3は、全幅32m、全長約22m、総重量約14トンの堂々たる〝体躯〟を誇ったが、単葉形態はともかく、搭載したBMW Ⅵ液冷V型12気筒エンジン（680hp）では、四発にしてもいかにもパワー不足で、最大速度210km/h、巡航高度2000mまでの上昇時間が40分も要するなど、飛行性能は低く、早々に第一線から退いたらしい。

チェトベリコフの名を少し広めたのは、1936年に初飛行したARK（北極圏偵察機）-3と命名された小型双発飛行艇だろう。名称どおり、厳しい気候条件の北極海方面で用いることを前提に設計された、ユニークな機体である。

全金属製の艇体に、全幅約20mの木金混製単葉主翼を肩翼配置に取り付け、その主翼中央上面に、M25空冷エンジン（710〜730hp）を、牽引、推進式に2基固定していた。内翼下面にぶら下げた補助フロートは木製である。

性能的には、最大速度320km/h、高度1000mまでの上昇時間3分30秒、航続時間最大7時間と平凡ではあったが、極く少数が生産され、大戦中も船団護衛任務などに使われた。

ソビエト空軍の爆撃機設計を主に担当した、N・ツポレフ技師を頭にした設計局も、1920年代以降、水上機、飛行艇の開発に手を染め、1931年1月には、最初の飛行艇ANT-8／MDR-2を初飛行させた。

本艇は、BMW Ⅵ液冷V型12気筒エンジン（680hp）2基を、肩翼単葉主翼の上面に支柱を介して固定した、全幅23・7m、全長17・3m、全備重量約7トンの全金属製中型双発飛行艇だったが、性能、実用

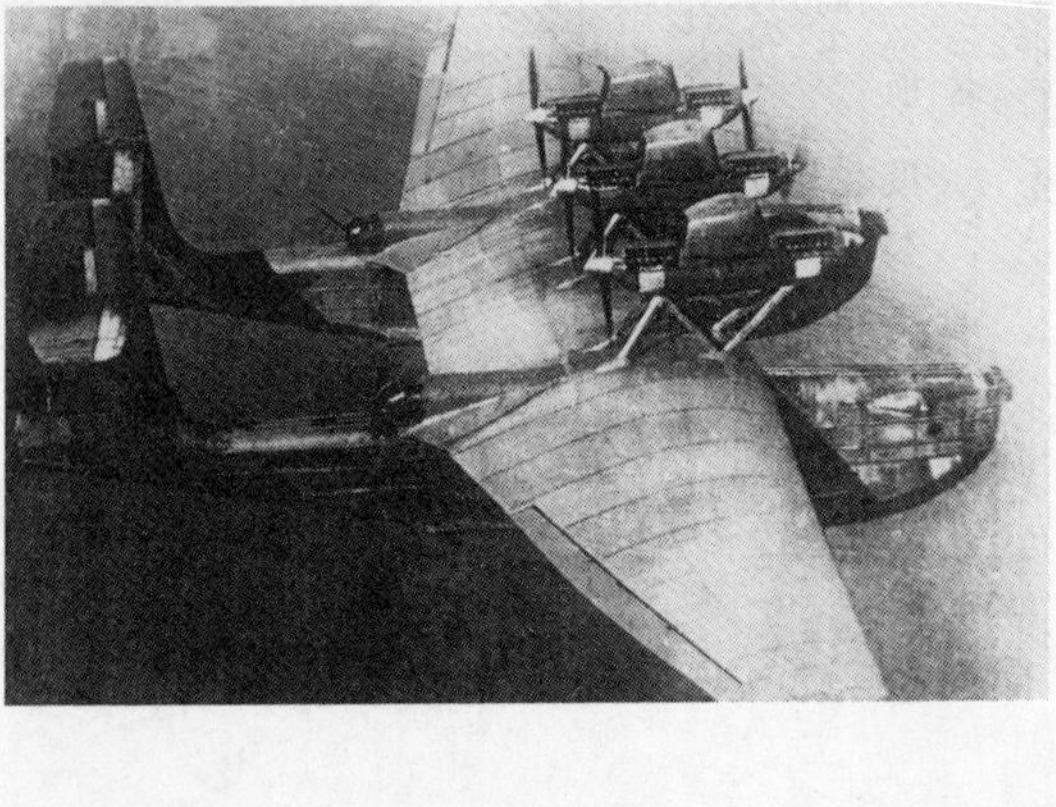

◀タンデム配置のエンジン2基を収めたナセルを、主翼上に3つ並べ、艇体2つを結合したような、双子式飛行艇といえる奇怪な外観をもつ、ツポレフANT-22／MK-1。

性ともに平凡で、軍用機としての使用は見送られた。

1934年8月に完成させた、2作目の飛行艇、ANT-22／MK-1は、2つの艇体を全幅51mの巨大な単葉主翼でつなぎ、その上に牽引、推進式に2基のM-34R液冷V型12気筒エンジン（820hp）を収めたナセルを3つ並べた、総重量33・5トンに達する六発巨人機で、関係者のド肝を抜いた。

海軍は、本艇を〝空飛ぶ巡洋艦〟に見たて、長距離哨戒・爆撃機として使う構想をもっていたらしいが、いかんせん、巨体の割にエンジンの出力不足は覆いようがなく、最大速度は233km／h、巡航速度に至っては180km／hという鈍速で、とても実戦機として役立ちそうになく、試作のみに終わった。

ツポレフは、ANT-22と時期を同じくして、同じM-34Rエンジン三発のANT-27／MDR-4、さらに、1937年にはGR14K空冷エンジン（810hp）四発の、ANT-44／MTB-2偵察／爆撃飛行艇をそれぞれ試作したが、当局の評価は低く、やはり試作のみで終わっている。どうやら、ツポレフは〝水モノ〟は不得手だったようだ。

●飛行艇の最後の輝き

ヨーロッパと太平洋に、大戦勃発の気配が漂った1930年代末、列強国の飛行艇開発熱のボルテージも高まり、日本、アメリカ、イギリス、ドイツの各国で、四発以上の大型飛行艇の試作が相次いだ。

日本海軍では、第二章で詳述するように、昭和13（1938）年に、のちの二式飛行艇原型となる、十三試大型飛行艇が設計着手され、その前年末には、傑作PBY『カタリナ』を生んだ、アメリカのコンソリデーテッド社が、四発のPB2Y『コロネード』を初飛行させた。

PB2Yは、十三試大艇に比べて少し小ぶりで、全幅35m、全長24m、総重量30トン、出力1200hpのR-1830空冷14気筒エンジン4基を備え、最大速度360km／h、巡航速度225km／h、航続距離3700kmの性能を示した。

ただ、艇体や主、尾翼の設計が精彩を欠き、動きも鈍重だったことが海軍の不興を買い、PBYに遠く及ばない、210機の生産にとどまった。

その裏には、同じコンソリデーテッド社の陸軍向け四発重爆撃機B-24『リベレーター』が、最大5600kmもの大航続力を誇り、洋上哨戒爆撃機としても、PB2Yをはるかに凌ぐ能力をもっていたことも影響している。

実際、海軍はB-24をPB4Y-1の名称で977機、その改良発展型PB4Y-2を740機も調達している。これは、はからずも、飛行艇が陸上大型機にとって代わられ、存在価値を失ったことを示している。

低評価に泣いたPB2Yとは対照的に、1937年10月、海軍からPBYより大型、かつ凌波性の高い次期哨戒爆撃飛行艇として試作発注され、1939年2月に初飛行した、マーチン社のPBM『マリナー』は、恵まれた処遇をうけた。

コンソリデーテッドPB2Y-5“コロネード”三面図

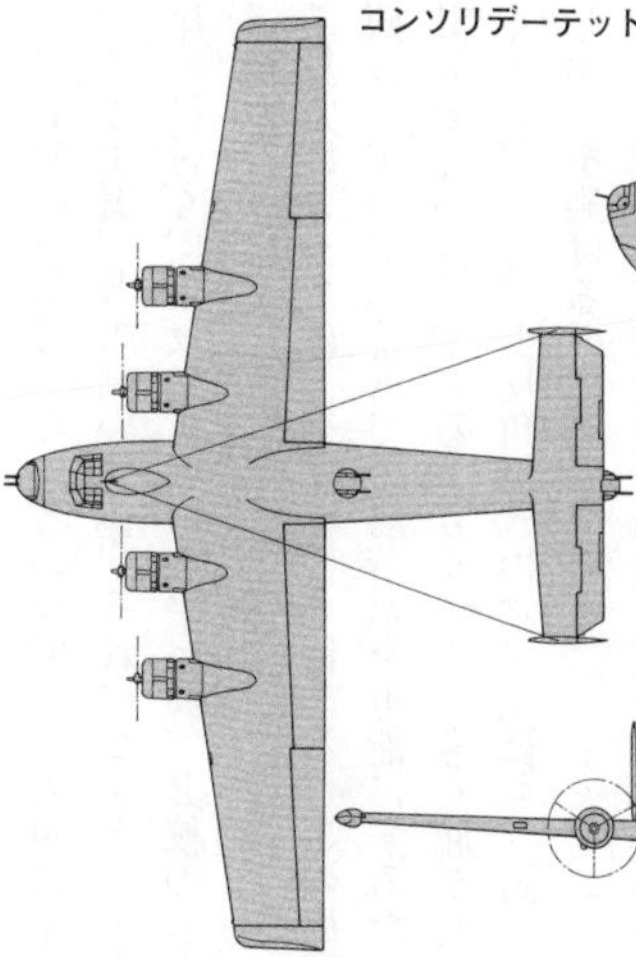

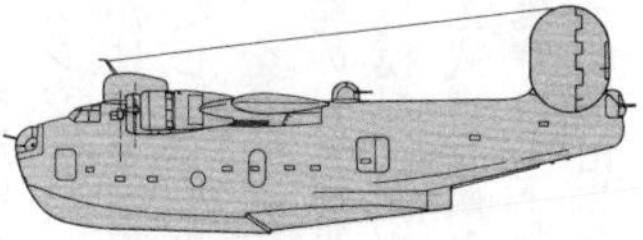

〈PB2Y-3データ〉
全幅：35.07m、全長：24.17m、全高：8.38m、自重：18584kg、全備重量：30872kg、エンジン：P&W R-1830-88“ツインワスプ”空冷星型複列14気筒（1200hp）×4、最大速度：342km/h、上昇力：初期上昇率134m/分、実用上昇限度：6130m、航続距離：2398km、武装：.50口径（12.7mm）機銃×8、爆弾：5448kg、乗員：10名。

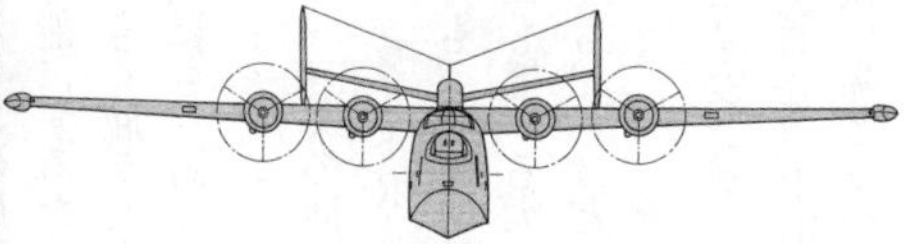

▲PBY“カタリナ”の拡大版ともいえる、コンソリデーテッドPB2Y“コロネード”。堂々たる風格の四発大型飛行艇だったが、その大重量の割りにエンジン出力が低く（1200hp）、設計もいまひとつ精彩を欠いたこともあって、性能は低く、少数生産に終わった。

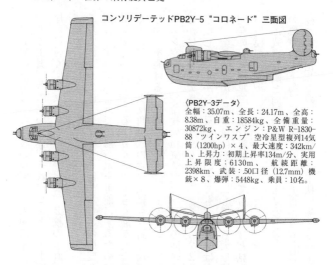

ＰＢＭの特徴は、なんといっても、大胆に屈折したガル形態の主翼、背の高い艇体、それにピンとハネ上げた艇体尾部に付く、上反角付きの水平尾翼、２枚の垂直尾翼であろう。

見方によっては〝奇怪〟とも言える、この風変わりな外観は、すべて、荒海での離着水を可能にするために採った、計算ずくの設計である。ガル翼の大きく屈折した部分に付くエンジンも、上反角付きの水平尾翼も、高く飛び散る波しぶきを避けるのに適している。

エンジンは、空冷複列14気筒だが、日本の同級よりもはるかに出力の大きい（１９００hp）、ライトR-２６００を搭載した。だから、双発とはいっても、ＰＢＭは全幅約36m、全長約24m、総重量は26トンにも達する大型機であり、四発の日本海軍二式飛行艇と比べても、さほど見劣りしない規模だ。

二式飛行艇と同様、当初はポーポイジング（水上滑水時の艇首の上下動）に悩まされ、主力量産型ＰＢＭ-３の就役が本格化したのは、１９４２年秋以降とやや出遅れたが、

◀見てくれは決して良くないが、余裕ある大サイズ、完備された諸艤装、強力な射撃、爆撃兵装など、実用面に優れ、大戦後半のアメリカ海軍主力飛行艇として活躍した、マーチンＰＢＭ〝マリナー〟。写真はＰＢＭ-３。

PBM-3C艇体内部配置図

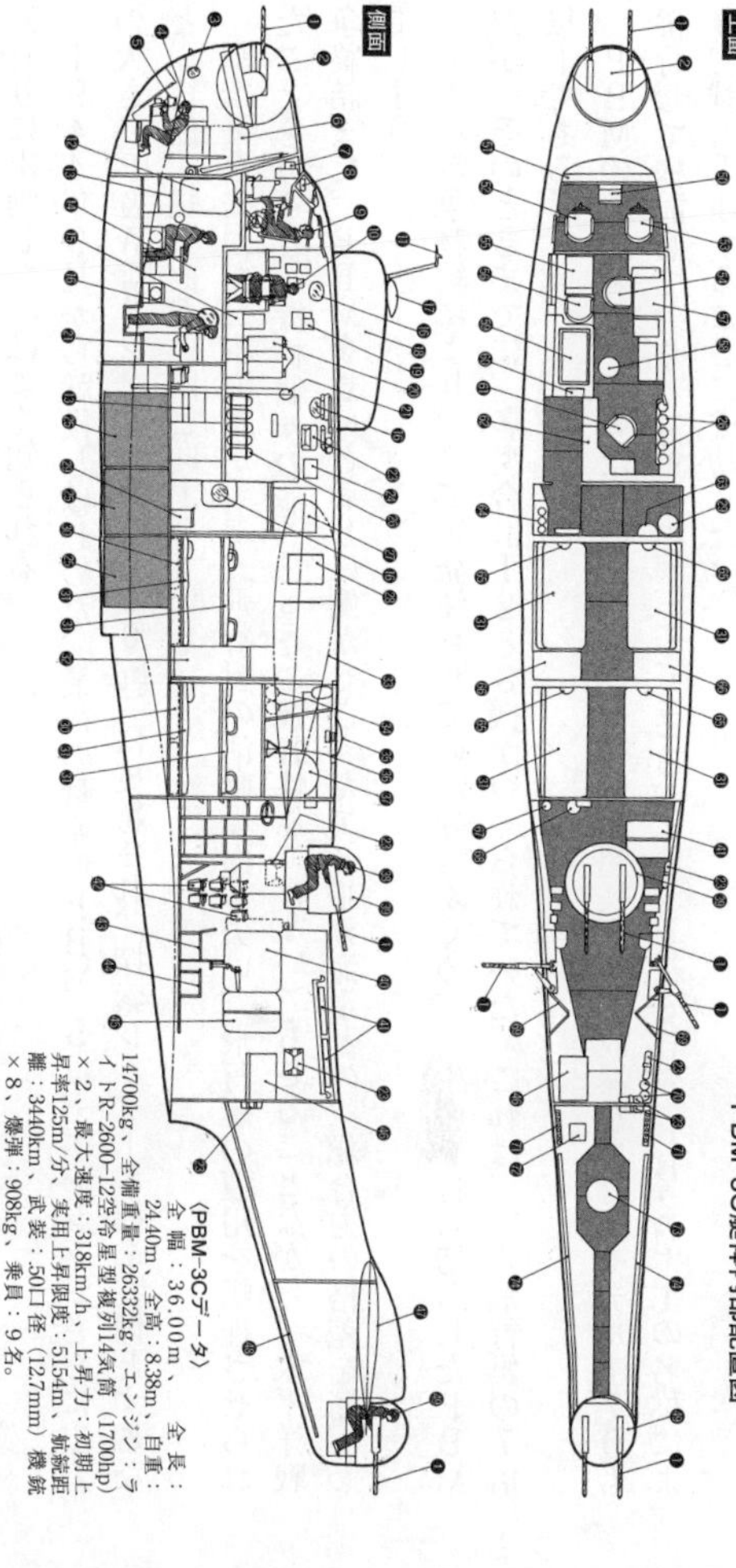

〈PBM-3Cデータ〉
全幅：36.00m、全長：24.40m、全高：8.38m、自重：14700kg、全備重量：26332kg、エンジン：ライトR-2600-12空冷星型複列14気筒（1700hp）×2、最大速度：318km/h、上昇力：初期上昇率125m/分、実用上昇限度：5154m、航続距離：3440km、武装：.50口径（12.7mm）機銃×8、爆弾：908kg、乗員：9名。

❶ブローニングM2.50口径（12.7mm）機銃、❷艇首動力旋回銃塔、❸爆撃手用ピックアップ窓、❹爆撃手、❺爆撃照準器（ノルデン）、❻係留作業用扉、❼スペリー自動操縦装置、❽雷撃照準器、❾パイロット、❿無線士、⓫ピトー管、⓬主乗降扉、⓭梯子、⓮調理室、⓯無線機キャビネット、⓰左舷灯、⓱方向探知器用アンテナ、⓲ASG-1レーダー・ドーム、⓳無線機、⓴送信機、㉑流し台、㉒無線機用垂下アンテナ・リール、㉓パラシュート・パック、㉔機関士用データ・ケース、㉕燃料タンク、㉖酸素ボンベ、㉗フライト・デッキ・ヒーター、㉘防氷液タンク、㉙トイレ、㉚衣類収納つり綱、㉛寝台（ベッド）、㉜ロッカー、㉝主翼位置、㉞非常用消波器、㉟観測ドーム、㊱航法士用観測コンパス収納部、㊲補助動力装置、㊳上部銃手、㊴上部動力旋回銃塔、㊵側方銃座扉、㊶作業用足場収納部、㊷12.7mm機銃弾予備弾倉、㊸銃手席、㊹側方銃手用台座、㊺側方扉（防弾板）、㊻パラシュート吊光弾収納箱、㊼水平尾翼位置、㊽歩行板、㊾後部銃手、㊿操縦装置基部、(51)主計器板、(52)パイロット席、(53)コ・パイロット席、(54)無線士席、(55)レーダー受信機、(56)レーダー手席、(57)無線士用机、(58)航法士席、(59)航法士用チャート机、(60)航法士用書棚、(61)機関士席、(62)機関士席計器板、(63)手洗器、(64)燃料補給器、(65)寝台灯、(66)衣類収納庫、(67)煙幕装置、(68)海水蒸留器、(69)側方扉開位置、(70)パラシュート吊光弾投下筒、(71)浮き灯収納部、(72)味方識別装置（I.F.F）、(73)床扉、(74)給弾装置

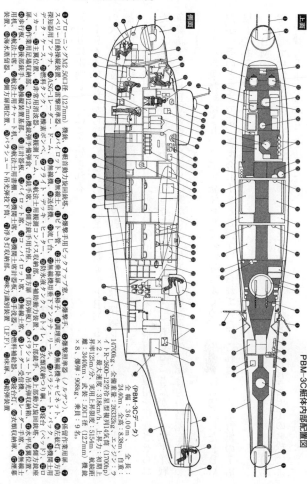

その強力な武装、雷・爆撃兵装を武器に、太平洋、大西洋両戦域にて目覚しい活躍をみせた。

とりわけ、太平洋戦争末期には、PBMによる、日本のシー・レーンに対する攻撃が威力を増し、昭和20（1945）年春には、九州西方沿岸にまで飛来するようになった。要請をうけた、有名な『紫電改』装備の三四三航空隊が、兵力の一部を割いて、このうるさいPBM狩りに出動したのはよく知られる。

1944年9月から就役しはじめた、最後の量産型PBM-5は、エンジンがさらに出力の大きいP&W R-2800（2100hp）に更新され、探索レーダーも標準装備とするなど、性能、艤装面が一段と向上している。

制空権を失った日本海軍が、二式飛行艇の活動場面も失い、飛行艇の運用を頓挫させられたことを思うと、機材個々の能力（単なる飛行性能ではない）もさることながら、太平洋戦争終結まで、PBMを思いどおりに働かせきったアメリカ海軍との、総合力の格差を痛感してしまう。

太平洋戦争終結により、すでに発注されていた分もふくめて、生産を打ち切られたPBMだが、そのときまでに、各型合計1288機がつくられていた。これは、二式飛行艇の7倍以上である。

PBMの構想を練っていたころ、マーチン社は、超長距離哨戒爆撃飛行艇モデル170も併行して検討しており、海軍に提案したところ、1938年8月、PB2M-1の名称により、試作受注することに成功した。

とにかく、ＰＢ２Ｍの構想は壮大で、全幅約61ｍ、全長約36ｍ、総重量はじつに66トン近いという空前の巨人機だった。エンジンは、のちに陸軍四発超重爆ボーイングＢ－29が搭載したのと同型の、ライトＲ－３３５０空冷星型複列18気筒（２２００hp）４基で、その巨体を牽引することにしていた。

さすがに、Ｒ－３３５０をもってしても、ＰＢ２Ｍの最大速度は３５０㎞／ｈ程度にとどまり、実用上昇限度も４４００ｍと低かったが、持ち味の航続距離は、８０００㎞近くにおよんだ。これは、アメリカ本土西海岸を発進して、日本本土までノンストップで到達できるほどの距離である。

艇体そのものの設計は、とりわけ斬新なものではなく、ＰＢＭの拡大版と言える。ただし、主翼はガル翼ではない。

しかし、空前の巨大機ゆえに、マーチン社もその製作には手こずり、１号機が初飛行したのは、じつに４年後の１９４２年７月のことだった。

しかし、現下の第二次世界大戦は、これほど巨大な哨戒爆撃飛行艇を必要とせず、さらに、陸軍Ｂ－24などの陸上大型機が、充分に転用できることも確認されたため、ＰＢ２Ｍは、その大

▲全幅約61ｍ、全長約36ｍ、総重量66トンという、空前の巨大飛行艇として開発された、マーチンPB2M-1“マース”の豪快な離水シーン。

きな搭載量を生かした、輸送飛行艇に変更されることになった。

長期におよぶ実用テストを経て、1945年1月、海軍は新たにJRM-1の名称で20機を生産発注した。記号の〝JR〟は多用途輸送機を示す。

だが、7ヵ月後には第二次世界大戦が終結してしまい、JRMの必要性も薄れたために、6機製作したところで残りはキャンセルされてしまった。戦後、事故で失われた1号機を除く5機が、朝鮮戦争時に輸送任務に従事、ただ一度の実戦を経験した。

なお、アメリカ海軍には、前記した各飛行艇以外に、1937年初飛行の小型双発輸送飛行艇、グラマンJRF『グース』が存在した。戦闘機設計をメインにしたグラマン社にしては異色の機種で、平凡な設計だが、安定性、実用性に富み、使い勝手が良いうえに、車輪式降着装置をもち、水陸両用という点も重宝された。大戦中に計345機生産されたほか、戦後には新たに民間仕様が生産を継続されるなど、〝長寿〟を全うした。

このJRFのエンジンをパワー・ダウンし、〝廉価版〟にしたのがJ4F『ウィジョン』で、1940年6月に初飛行し、1945年2月までに計156機生産されたほか、民間仕様の人員輸送型G-44が、戦後にかけて計118機つくられており、このクラスの飛行艇としては成功作だった。

その他、戦前に民間旅客飛行艇として開発され、大戦中海軍に徴傭された、シコルスキーS42、S43、VS44、マーチンM130、ボーイング314などもあったが、これらについての解説は省く。

アメリカ、日本に比較し、全金属製単葉飛行艇の開発に遅れをとったイギリスは、1937年10月になってショート社が、ようやく『サンダーランド』と命名した四発飛行艇を初飛行させて、なんとか面目を保った。

サンダーランドは、少なからず鈍重なイメージのする背高い艇体に、平凡なテーパー主翼を肩翼配置に結合した、全幅約34m、全長約26m、総重量26トンの大型機だった。2年遅れて初飛行する、日本海軍二式飛行艇にほぼ匹敵するサイズ、重量である。

エンジンは、出力1060hpのブリストル『ペガサス』空冷星型9気筒としたので、艇体サイズ、重量からすれば、やや出力不足だった。そのせいか、最大速度は340km/h、海面上昇率220m/分、実用上昇限度4500mと低かった。出力1530hpの『火星』一〇型系を搭載した、二式飛行艇一一型と比較するのは酷だが、設計の良否も影響していて、性能的には、かなり見劣りするのは否めない。

それでも、敵対するドイツには、まともな海洋航空戦力が存在しないので、安定、実用性に富むサンダーランドは、充分に

▶手頃な雑用小型飛行艇として重宝された、グラマンJRF〝グース〟。1937年に初飛行し、戦後まで生産がつづいた長寿機だ。

使用価値があると判断され、制式採用ののち、１９３８年６月より就役をはじめた。第二次世界大戦開戦時点では、沿岸航空隊（コースタル・コマンド）３個飛行隊に、計27機が配備されていた。

１９４０年1月30日、第２２８飛行隊のサンダーランドが、ドイツ海軍のUボート（潜水艦）をはじめて撃沈する殊勲をあげ、対潜哨戒機としての能力を誇示し、輸送船団の護衛には、欠かせない存在であることを実証した。

戦争の激化とともにサンダーランドの需要も急増し、１９４５年10月にようやく生産が終了したときには、各型合計７２１機という膨大な数がつくられていた。

設計も性能も格段に優れながら、わずか１７０機余の少数生産にとどまり、これといった華々しい実績も残せずに終わった二式飛行艇とは、対照的な生涯だった。軍用機の成否は、たんに設計、性能の良さだけでは決まらない。それを如実に示す好例のひとつがサンダーランドだった。

サンダーランドの成功をうけ、イギリス空軍は、本機の後継機として、ショート社に『シェットランド』を試作発注し

◀結果的に、イギリス空軍唯一の実用四発大型飛行艇となった、ショート〝サンダーランド〟。写真は、大西洋上を航行する味方輸送船団の周辺を哨戒飛行する、第２１０飛行隊のMK.Ⅰ。

ショート“サンダーランド”Mk.Ⅰ 機体内部構造図

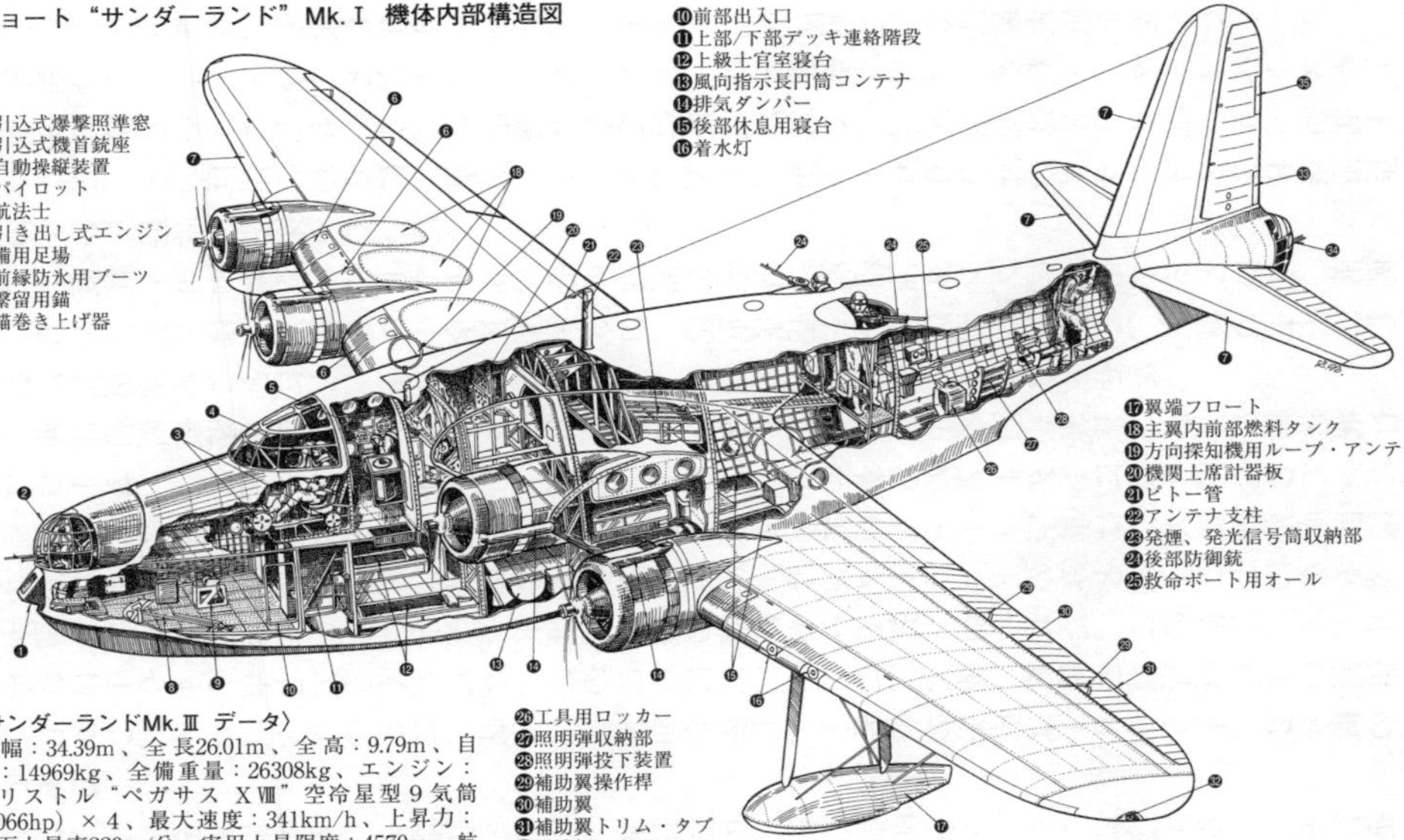

①引込式爆撃照準窓
②引込式機首銃座
③自動操縦装置
④パイロット
⑤航法士
⑥引き出し式エンジン整備用足場
⑦前縁防氷用ブーツ
⑧繋留用錨
⑨錨巻き上げ器
⑩前部出入口
⑪上部/下部デッキ連絡階段
⑫上級士官室寝台
⑬風向指示長円筒コンテナ
⑭排気ダンパー
⑮後部休息用寝台
⑯着水灯
⑰翼端フロート
⑱主翼内前部燃料タンク
⑲方向探知機用ループ・アンテナ
⑳機関士席計器板
㉑ピトー管
㉒アンテナ支柱
㉓発煙、発光信号筒収納部
㉔後部防御銃
㉕救命ボート用オール
㉖工具用ロッカー
㉗照明弾収納部
㉘照明弾投下装置
㉙補助翼操作桿
㉚補助翼
㉛補助翼トリム・タブ
㉜翼端灯
㉝方向舵バランス・タブ
㉞尾部銃座

〈サンダーランドMk.Ⅲ データ〉
全幅：34.39m、全長26.01m、全高：9.79m、自重：14969kg、全備重量：26308kg、エンジン：ブリストル“ペガサス XⅧ”空冷星型9気筒(1066hp)×4、最大速度：341km/h、上昇力：海面上昇率220m/分、実用上昇限度：4570m、航続距離：4828km、武装：7.7m機銃×8～11、12.7mm機銃×2、爆弾：最大2250kg、乗員11名。

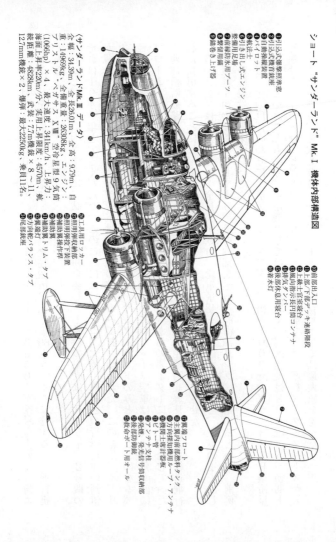

である。

た。本機は、出力２５００hpの、ブリストル『セントーラス６６０』空冷星型複列18気筒エンジン４基を装備する、全幅45・７m、全長33m、総重量60トン（！）に達する巨大飛行艇である。

しかし、その巨大さゆえに、試作には長期を要し、１号機の完成は１９４５年、２号機のそれは１９４７年と大きく遅れた。このころには、すでに、大戦の終結と飛行艇自体の価値が薄れていたため、シェットランドは、２機の試作のみで打ち切られた。この結果、イギリスが実用し得た、国産の近代的単葉大型飛行艇は、サンダーランドのみということになる。

Ｂｖ１３８とＤｏ24Ｔの両機で、飛行艇隊を構成していたドイツ空軍は、大戦勃発直前にブローム・ウント・フォス社が、国営ルフトハンザ航空からのオーダーにより開発していた、大西洋横断航路用の六発巨大旅客飛行艇Ｂｖ２２２を、超長距離哨戒爆撃、および輸送飛行艇に転用することにし、１９４０年９月、１号機の初飛行にこぎつけさせた。

Ｂｖ２２２は、全幅46ｍ、全長36・５ｍ、総重量48トンに達する巨艇で、主翼の主桁はじつに直径１ｍの鋼管状にしてあり、その内部を燃料、潤滑油タンクに利用するという。前例のない構造設計を採っていた。

ただ、その巨体のわりに、搭載したエンジンが、出力１０００hpのブラモ３２３Ｒ空冷星型９気筒ということもあり、軍用機としては性能が低く、巡航速度は３９０㎞／h、初期上昇率は１４４ｍ／分にとどまった。もっとも、航続距離だけは、燃料タンク・スペースが大きいこともあり、最大６０００㎞と、ヨーロッパ飛行艇としては最大値を誇った。

正規乗員は10名で、上、下2層に仕切られた艇体内の下層に、武装兵士なら16名を収容し得た。旅客機として設計されたわりには、収容人数が少なく、コスト・パフォーマンスはきわめて低い。

Bv222は、1942年5月から就役し、低性能のため哨戒よりも輸送任務を中心に使われたが、試作2、4号機が、イギリス空軍のアブロ『ランカスター』四発爆撃機と大西洋上で遭遇し、銃撃戦のすえに2機とも撃墜されるという〝事件〟もあったりして、

▲ドイツ空軍に就役した、最後の飛行艇ブローム・ウント・フォスBv222A。しかし、戦況の悪化は、このような大型飛行艇の存在価値を奪ってしまい、少数生産に終わった。

〈Bv222Aデータ〉
全幅：46.00m、全長：36.575m、全高：10.90m、自重：28575kg、全備重量：45640kg、エンジン：BMW-Bramo323R-2空冷星形9気筒1200hp×6、最大速度：390km/h、航続距離：6100km、武装：7.92mm機銃×2、13mm機銃×1、20mm機銃×2、乗員：6名、兵士16名収容可能。

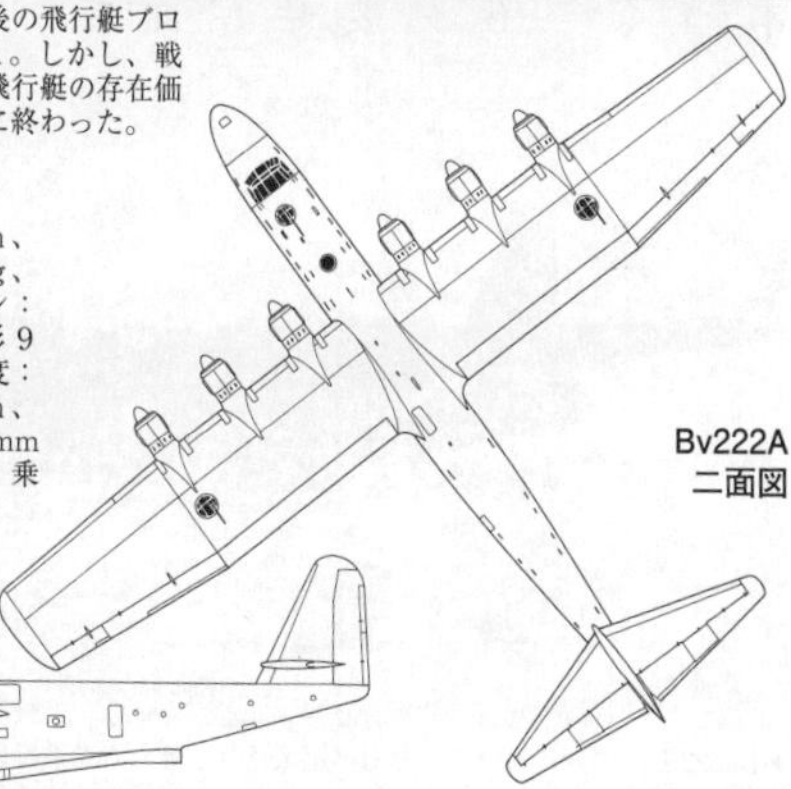

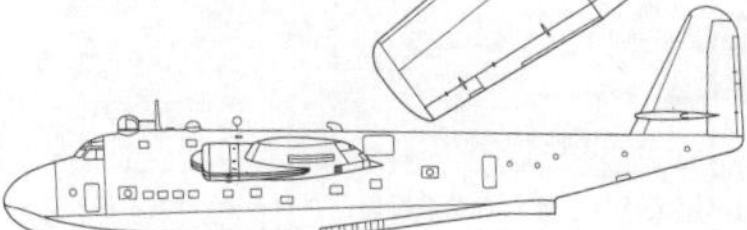

Bv222A
二面図

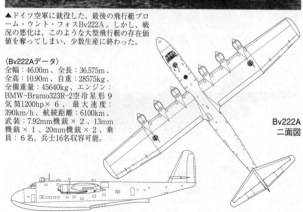

その存在価値は揺らぎ、結局、13機の生産で打ち切られてしまった。〝大きいことはいいことだ〟の格言もほどほどに、という戒めである。

それでも、ドイツ空軍は懲りずに、Bv222につづき、本艇をさらにふたまわりも肥大化したBv238の試作を、ブローム・ウント・フォス社に発注する。1941年1月のことだった。

Bv238の基本設計は、ほぼBv222に準じていたが、艇体幅はずっと細く絞り込まれ、空気力学面の洗練を相応に施してあった。とにかく、全幅60m、全長43・5m、総重量70トン（！）の巨体を浮揚させるには、少なくとも2000hp以上のエンジンが必要とされたが、当時、入手し得たのは、1900hpのダイムラーベンツのDB603Gのみであった。この6基、合計1万1400hpが、パワーのすべてだった。

製作はBv222以上に難航し、1号機がようやく完成したのは、3年後の1944年はじめのことだった。しかし、このころには戦況が悪化して、ドイツ本

▲Bv222を、さらにふたまわりも“肥大化”させた六発飛行艇、ブローム・ウント・フォスBv238。当時、世界最大を誇ったが、すでにその将来性はほとんど閉じかけていた。

土自体が連日のようにアメリカ、イギリス機による昼夜を問わぬ空襲に晒されているような有様で、広い洋上での初飛行すらもままならなかった。

仕方なく、Ｂｖ２３８試作1号機は、空襲の合い間を縫い、内陸のシャール湖で初飛行したが、隠しようもないその巨体は、連合軍戦闘機の目から逃れられず、その後のテスト中にP-51マスタングの銃撃をうけ炎上、沈没してしまった。そして、２号機の製作は途中で中止され、ここにドイツ飛行艇の開発史も終焉したのである。Ｂｖ２３８は、当時、世界最大の飛行艇という肩書きを残しただけだった。

●飛行艇の終焉

第二次世界大戦が終結してからしばらくの間、戦勝国のアメリカ、イギリス、ソビエトなどには、戦時中に就役した飛行艇の新しい型が、なお一定数残り、現役をつづけていた。

しかし、それらの存在価値は、昔のように高くはなく、新しい陸上哨戒機が充足するまでの〝つなぎ〟でしかなかった。もはや、飛行艇が軍用機として過去のものになったという認識は、

▲大戦後、ジェット飛行艇の可能性を探るために、マーチン社が試作したXP6M-1“シーマスター”の１号機。４基のエンジンは、飛沫を避けるため、主翼上面に装備した。

否定しようがなかった。

そんな状況下、アメリカ海軍が、新しい航空機用動力、すなわちジェットエンジンを搭載することにより、飛行艇の生き残りを図ろうとしたのは、興味深い。

1952年、海軍が提示したジェット飛行艇の計画に、設計案を提出したコンベア、マーチン両社のうち、マーチン案が採用され、P6M『シーマスター』の名称により試作契約が結ばれた。

P6Mは、細く背の低い艇体に、鋭い後退角のついた主翼を肩翼位置に付け、その主翼付根上面に、2基のアリソンJ71A-4ターボジェットエンジン（推力5897kg）を収めたナセルを、左、右にひとつずつ固定した。

レシプロ機とは比較にならぬ高速で滑水するゆえに、艇体から発生する激しい飛沫を避けるため、水平尾翼は、垂直尾翼の上端に付ける、いわゆる〝T尾翼〟にした点が、ジェット飛行艇らしかった。

1955年7月に1号機、1956年5月に2号機が完成し、テストをうけたP6Mの性能は、最大速度960km/h、実用上昇限度1万3000mという、レシプロ飛行艇と隔絶するレベル

◀1960〜'90年代にかけて、30年以上もの長期にわたり、ソビエト海軍唯一の実用対潜哨戒飛行艇として君臨した、ベリエフBe-12。そのガル型翼から、西側では〝チャイカ〟（鷗）のニックネームを奉った。

だった。

海軍は、一応増加試作機6機、生産型24機を発注したものの、試作1、2号機が相次いで事故をおこして大破したことを重く見、ジェット飛行艇の実用化は無理と判断、結局、生産型3機が完成したところで、残りをキャンセル、アメリカ飛行艇の延命はついに叶わなかった。

P6Mほど飛躍せずに、レシプロ飛行艇と変わらぬ艇体設計に、動力だけターボプロップに〝近代化〟して、延命を図ろうとしたのが、ソビエト海軍のベリエフBe12『チャイカ』(鴎の意)水陸両用機。

艇体、主翼の基本設計は、大戦中に試作したBe6(LL-143)に準じたものといってよく、ガル翼屈折部から前方に長く突き出た、AI-20DMターボプロップエンジン(5042ehp)のナセル、探索レーダーを収めた長い艇首、MAD(磁気探知機)ブームを付けた艇尾などが、対潜哨戒をメインにする、新時代の飛行艇を象徴していた。

原型機は1960年に初飛行し、最大速度608km/h、航続距離4000kmの好成績を示したことで採用され、1964

▶太平洋戦争終結から20年以上のブランクを経て、日本の海上自衛隊の要求により、旧川西航空機の後身、新明和工業が開発した、PS-1対潜哨戒飛行艇。写真は、テストに臨む1号機の、豪快な離水シーン。

年から部隊就役した。生産数は約200機と推定されており、ヨーロッパ、アジア方面にも配備され、西側諸国にも広く知られる存在になった。戦後生まれの飛行艇としては、日本の海上自衛隊PS-1/US-1/US-2と並ぶ、稀有な成功例といってよいだろう。

その後、M-12と改称した本機は、30年以上にわたって現役にあったが、現在ではすべて退役している。

なお、ベリエフ設計局は、Be12の前に、アメリカ海軍のマーチンP6Mに似た形態の双発ジェット飛行艇、Be10を試作し、1956年7月に初飛行させていた。

最大速度は、ジェットエンジンだけに、Be12とは比較にならぬ912㎞/hを出したが、P6Mと異なり、エンジンが、後退角付き主翼の付根下という装備位置では、波しぶきを吸い込みやすく、加えてポーポイジングの悪癖もあり、強風、荒天時の離着水はきわめて危険と指摘された。

一応、4機製作され、2つの部隊に配備して黒海艦隊で試験運用されたようだが、やはり実用は無理と判断され、早々にリタイアした。

Be12以来、世界各国において、新規飛行艇の開発は行なわれず、その発達史も閉ざされたかと思われた。ところが、思いもかけぬことに、昭和42年(1967)年10月、日本の海上自衛隊の発注により、新しいコンセプトに基づくターボプロップ四発飛行艇、新明和PS-1が初飛行し、各国関係者を驚かせた。

PS-1は、高度なSTOL(短距離離着水)能力と凌波性能を備え、波高4m、風速25

▼新明和工業（株）甲南工場で完成したPS-1。飛行艇としての優れたSTOL性能はともかく、結局は、対潜哨戒機として最も重要な、新型電子機器の更新に限界を生じたことが、PS-1の意外に早い退役を促し、生産数も、わずか23機で打ち切られることになった。

▼PS-1から“転身”し、救難飛行艇として、“寿命延長”したUS-1A。最も大きな違いは、本格的な陸上基地運用を可能にしたことで、艇体両側に収納する主脚が頑丈になり、その収納バルジも大きく張り出したこと。現在は本機の改良型US-2が岩国基地に7機配備されている。

mという最悪の荒天下でも運用でき、従来はヘリコプタしか使用し得なかった海中吊下式ソナーを装備するなど、新たな脅威となった、原子力潜水艦の探知能力に長けた飛行艇というのが、最大の〝セールス・ポイント〟だった。

海上自衛隊もPS-1の性能に満足し、計23機を調達し、山口県・岩国基地の第31航空群に集中配備した。

しかし、1980年代に入ると、対潜探知機器の目覚しい発達にPS-1がついていけなくなり、アメリカから購入したP-3Cオライオン陸上四発哨戒機が主力機ともてはやされ、その存在価値が急落した。かつてのレシプロ飛行艇と同じ境遇に追い込まれたのだ。

そして、1980年代末にはPS-1は全機退役、救難機に転用されたUS-1A 7機も2010年代に全て退役。現在、US-1Aの改良型US-2が7機在籍するとはいえ、第一線軍用機としての飛行艇は、事実上、消滅したといえる。最初のカーチス飛行艇誕生から70数年後のことだった。

第二章　日本海軍飛行艇の系譜

日本海軍にかぎらず、広い洋上を活動舞台とする海軍航空にとって、フロート付き水上機とともに、飛行艇は重要、かつ不可欠な機種であった。

水上機も飛行艇も、その主任務は哨戒、偵察であって、副次的に要務連絡、輸送などをこなす。水上機は、主として艦船に搭載され、艦隊や輸送船団などの周辺を行動範囲とした。飛行艇は、一般に双発以上の大型機が普通で、沿岸部の基地を根拠地に、水上機では手の届かない長距離をカバーする。

ただ、日本海軍は、昭和5（1930）年のロンドン海軍軍縮条約において水上主力艦の保有量を、米英海軍の6割に制限されたことから、この不足分を航空戦力で補うこととしたため、昭和12年制式兵器採用の九七式飛行艇以降、魚雷、爆弾の懸吊能力を求め、敵艦船に対する攻撃戦力の一部とみなしたことが、他国との大きな違いだった。

そのため、九七式飛行艇の後継機となった二式飛行艇に対する海軍の要求性能は、他国のそれとは比較にならないくらい高く、川西航空機設計陣が、血のにじむような努力でこれをほぼ実現したとき、日本海軍飛行艇の設計技術レベルは、明らかに世界水準を超えていた。

しかし、皮肉にも、太平洋戦争は日本海軍がみずから心血を注いだ航空戦力によって雌雄を決する戦いとなり、水上主力艦同士の艦隊決戦は生起せず、二式飛行艇がその高性能で華々しく活躍するという構想は、空振りに終わった。必然的に、日本海軍飛行艇隊も他国と同様、本来の哨戒、偵察、連絡、輸送任務などに専念したわけなのだが、米軍側の強大な航空戦力と、レーダーをはじめとした電子機器の威力のまえに、その活動は著しく制限され、いくつかの例外を除き、総じて見るべき実績を残せなかった。

1930年代後半から第二次世界大戦にかけては、陸上大型機の進歩も目覚しく、長距離洋上哨戒、偵察といった飛行艇の主任務を、容易にこなすことができるようになったことも大きい。

その結果、飛行艇の存在価値は薄れてしまい、第二次世界大戦後は、ごく一部の例外を除き、軍用機としての飛行艇は姿を消すに至った。

それはともかくとして、日本海軍が営々と積み上げてきた飛行艇設計技術のノウハウは、他の機種の設計上の進歩にも大いなる影響をあたえ、海軍航空技術史という観点からみれば、その存在意義は決して小さくはない。

戦後、長期のブランクを経て、新明和工業（株）——旧川西航空機（株）の後身——が開発し、1970～80年代を通じ、ほとんど世界唯一の大型飛行艇として、海上自衛隊が使用した、PS-1対潜哨戒飛行艇は、その旧日本海軍時代の技術遺産があったればこそ、成功したといっても過言ではない。

本章では、揺籃期の輸入機から、最後の飛行艇『蒼空』（計画のみ）に至るまでの、日本海軍飛行艇の歩みを辿り、その発達の様子をみていくことにしたい。

●輸入機の時代

陸軍もそうだが、揺籃期の海軍も、機種の如何を問わず、実用機の大半が輸入機で占められた。

軍用飛行艇として、最初に日本海軍が手にしたのは、大正6（1917）年にフランスのテリエ社から2機購入したテリエ飛行艇であった。

同機は、木製主材骨組みに羽布張り構造の単発推進式複葉飛行艇で、全幅15m、全長11m、全備重量1700kg、最大速度145km／h、航続時間4時間という、当時としては、ごく標準的な性能であった。

しかし、テリエ飛行艇は耐波性に難があったために、2機だけの購入で終わり、飛行艇とはいかに運用するべきか、その実験機として扱われたのみにとどまった。

大正10（1921）年、日本海軍はイギリスからセンピル航空教育団を招聘し、軍事航空全般にわたって指導をうけたが、その際、教材として同教育団が携えてきたのが、スーパーマリン〝チャンネル〟飛行艇。

同機は、テリエ飛行艇とほぼ同サイズ、同性能で、やはり推進式の単発複葉型式。左右主

◀日本海軍が手にした最初の飛行艇、フランスはテリエ社の単発推進式飛行艇。耐波性に難があり、２機輸入されただけに終わった。

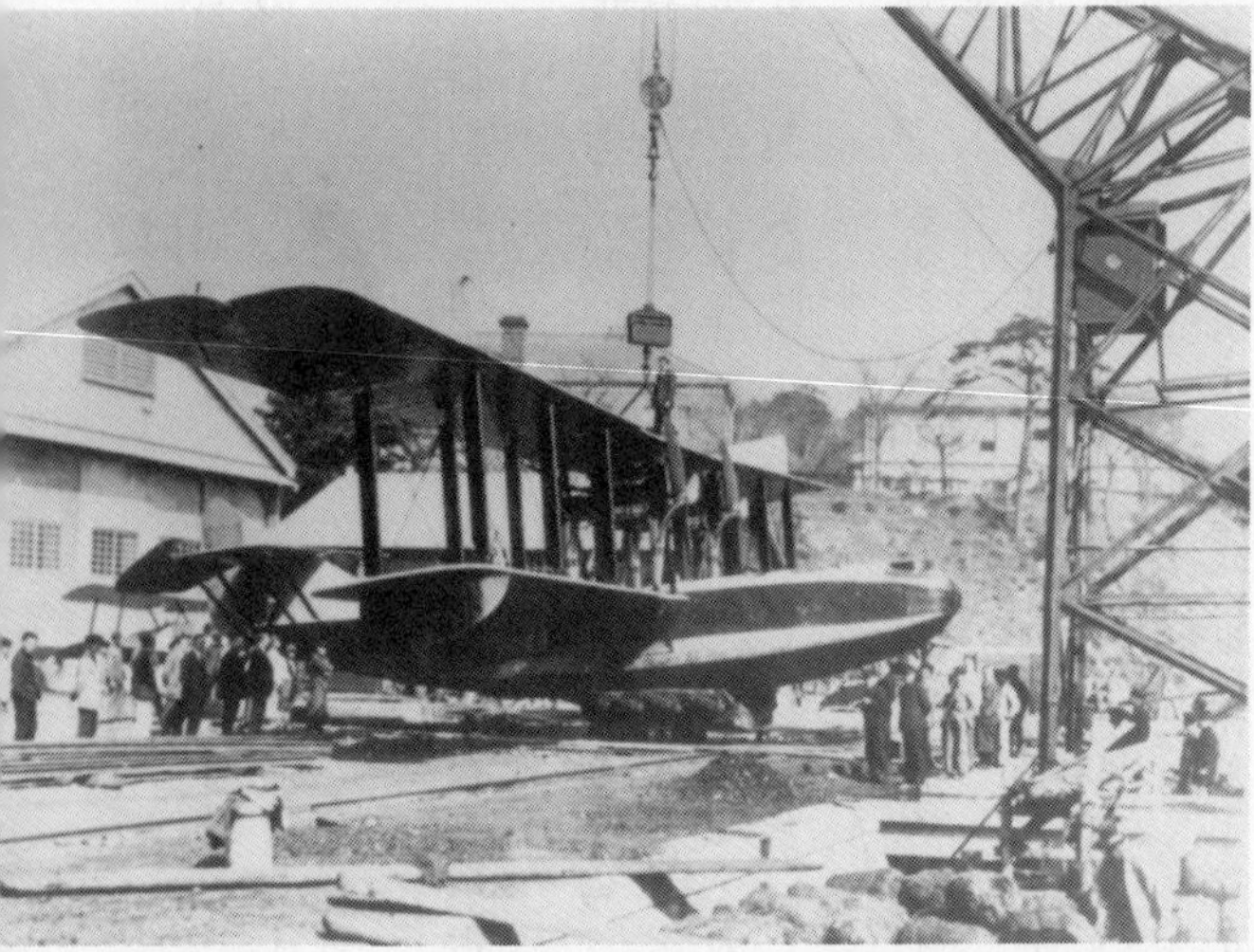

▲日本海軍にとって、事実上最初の実用飛行艇となったF-5号飛行艇。イギリスの飛行艇メーカーの名門ショート社の原設計である。写真は、大正10年10月、輸入した部品を使い、横須賀工廠で組み立てられた１号機。

翼を、前方に折りたたむという変わった方式を採っていたが、1機だけの購入にとどまり、のちに民間に払い下げられた。

大正11（1922）年にかけては、さらにイギリスからビッカース〝バイキング〟（2機）、スーパーマリン〝シール〟（2機）、フランスからシュレックF・B・A・17HT2（1機）の、3種の水陸両用飛行艇を購入し、教育団の教材、および乗員訓練用として使用したが、いずれも耐波性、実用性などに一長一短あって、制式兵器採用機とはならなかった。

センピル教育団に運用面の指導を仰ぐいっぽう、海軍は航空機製造上の技術も習得するべく、大正10年にはイギリスの大手飛行艇メーカー、ショート社からドッズ技師以下21名の技術指導員を招き、横須賀工廠造兵部にて講習をうけた。

このときの教材として、同社から購入したのが、ショートF-5哨戒飛行艇である。

F-5は、のちに1920年代を代表するイギリスの哨戒飛行艇と称された優秀機で、全幅31m、全長15m、全備重量5600kgの大型機ながら、洗練された艇体と、高出力エンジン双発のパワーにより、最大速度165km/h、航続時間8時間の高性能が自慢だった。

日本海軍は、最初の実用飛行艇として本機を採用することにし、まず6機分の部品をショート社から購入、これをドッズ技師以下の指導のもとに横須賀工廠造兵部にて組み立て、引き続き、広島県・呉市に新設した広海軍工廠航空機部、および民間の愛知時計電機（株）――のちの愛知航空機（株）――において国産化することとした。

F-5は、全木製骨組みに合板、および羽布張り外皮の構造で、エンジンはその後の国産

ショート/広廠/愛知 F-5号飛行艇

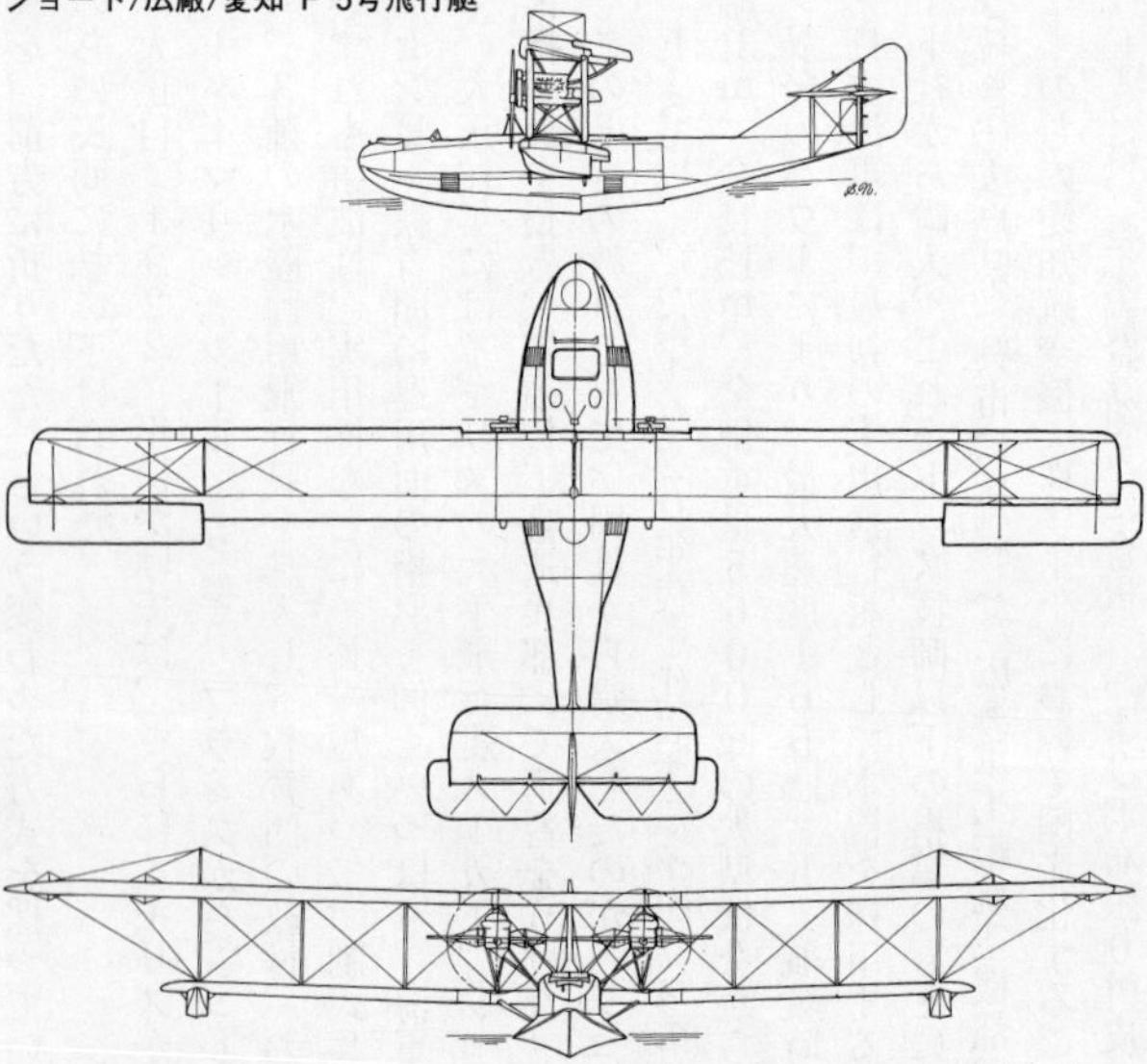

機もふくめ、すべてロールスロイス〝イーグル〟３６０hpを搭載した。

国産機の性能、実用性は原型とほぼ変わらず、海軍は、昭和４（１９２９）年にかけて横廠にて10機、広廠にて約10機、愛知にて40機、合計約60機も生産させ、昭和５年ころまで使用した。

日本海軍の飛行艇史は、まさにこのF-5号によってはじまったといってよく、その意味でもエポック・メイキングな機体といえる。

大正時代末〜昭和のはじめにかけて、海軍が相次いで実施した長距離海洋試験飛行は、ほとんどが本機によるもので、とりわけ、大正14（１９２５）年５月の横須賀

▲広廠における国産分の１機と思われる、F-5号飛行艇“7”号機。上翼上面の２枚の衝立状羽布は安定用。

◀横須賀軍港内と思われる波静かな海上に、しばし翼を休める、横須賀航空隊所属のF-5号飛行艇〝ヨ-73〟号機。遠方には連合艦隊の艦船も停泊しており、平和な時代ののどかな光景である。

~樺太間往復飛行、同15（1926）年5月の佐世保~青島~上海~佐世保と結んだ黄海巡訪飛行、同年7月の横須賀~舞鶴~隠岐島~元山~横須賀を結ぶ日本海横断飛行などは、当時の新聞紙上などでも大々的に報じられた。

　もっとも、その反面でエンジン故障、機体の取り扱い不備、天候の判断ミスなどによる事故も多発し、飛行艇の運用面での難しさも教えた機体でもあった。

なお、広廠では大正14年にフランスのロレーン社製液冷W型12気筒エンジン（400～450 hp）の国産化に成功し、本エンジンに換装した機体を、F-1号（400 hp）、F-2号（450 hp）飛行艇の新名称で試作したが、さすがに機体の旧式化は否めず、採用されなかった。

●全金属製飛行艇実現への努力

第一次世界大戦当時は、いずれの国の主力軍用機も、すべて木製、または木金混成骨組みに、合板、もしくは羽布張り外皮という構造だった。

しかし、大戦中にドイツが先鞭をつけた、アルミ合金、すなわちジュラルミンを主材とする、全金属製構造機の長所が認識されるようになった1920年代はじめには、欧米各国でその試作機がポツポツと出はじめた。

当時、まだ外国の設計に依存していた日本陸海軍においても、全金属製軍用機の実現が望まれるようになり、大正11（1922）年9月には、義勇財団海防議会が、日本人の設計による最初の全金属製機の試作を決定した。

帝国大学航空研究所、陸海軍航空分野の権威者により『金属製飛行機設計委員会』が組織され、同会が設計を、機体製作は陸軍砲兵工廠がそれぞれ担当することになった。

この日本最初の全金属製機は、飛行艇にすることが決まり、機名は『海防議会全金属製水

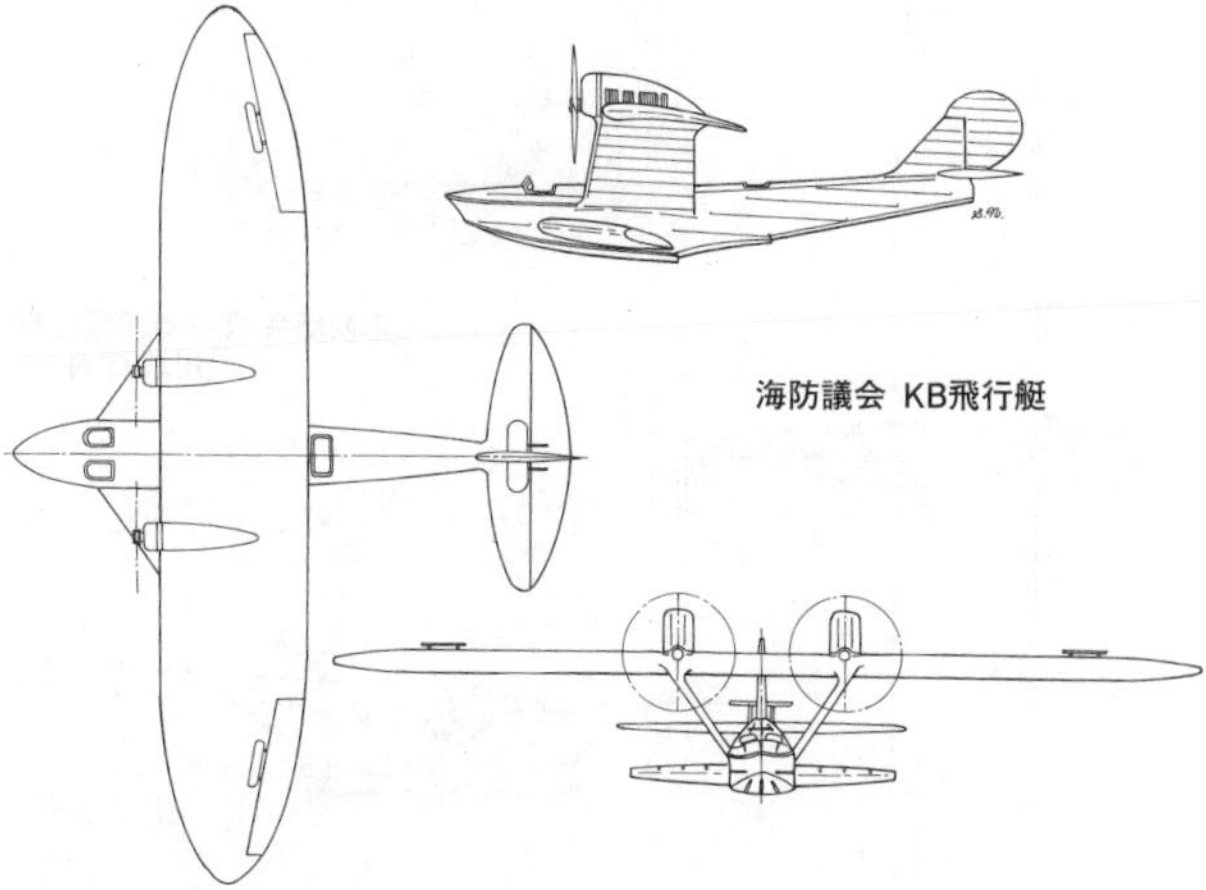

海防議会 KB飛行艇

▲わが国最初の全金属製飛行艇として、民間の財団法人海防議会が試作したKB飛行艇。テスト飛行中に墜落して失われたため、計画は中途挫折してしまったが、のちの陸海軍全金属製航空機設計に、多大なる示唆をあたえた。

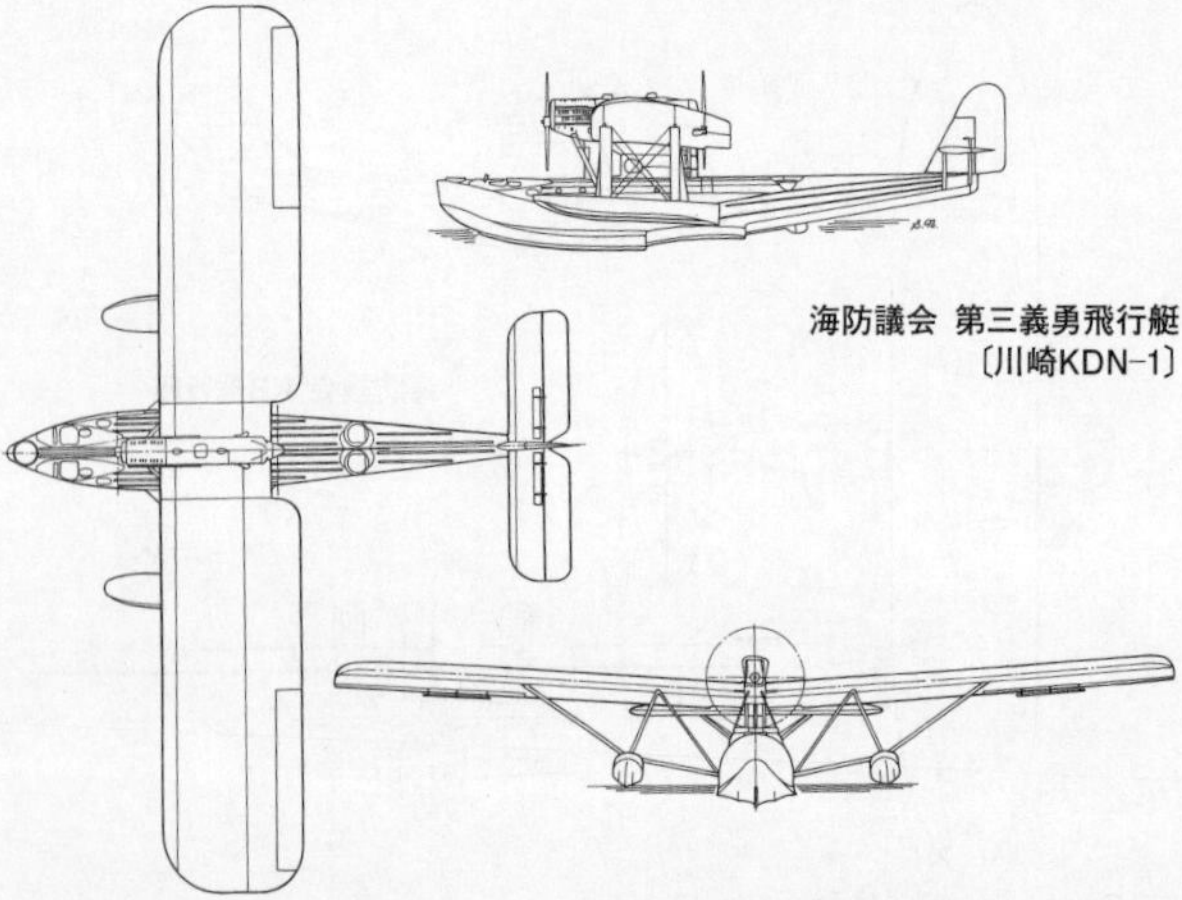

海防議会 第三義勇飛行艇
〔川崎KDN−1〕

▲墜落して失われたKB飛行艇につづき、海防議会と海軍が協力して設計し、川崎航空機が機体製作を請け負って完成した、第三義勇飛行艇。当時の金額で40万円という大金を注いだ労作だったが、性能面ではいまひとつの感があった。

▲全金属製飛行艇の製造技術習得のため、ドイツのロールバッハ社からライセンス生産権を買い、横廠が最初に完成させたR-1号飛行艇。武骨なイメージの強い、いかにもドイツ流スタイルが特徴。

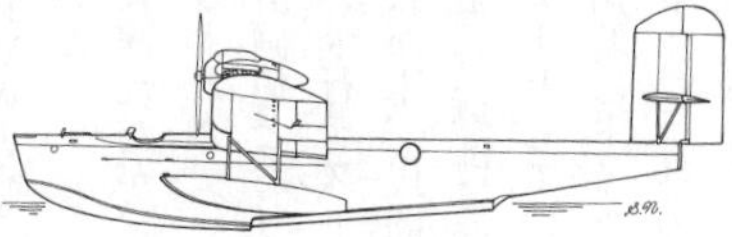

ロールバッハ/広廠 R-3号飛行艇

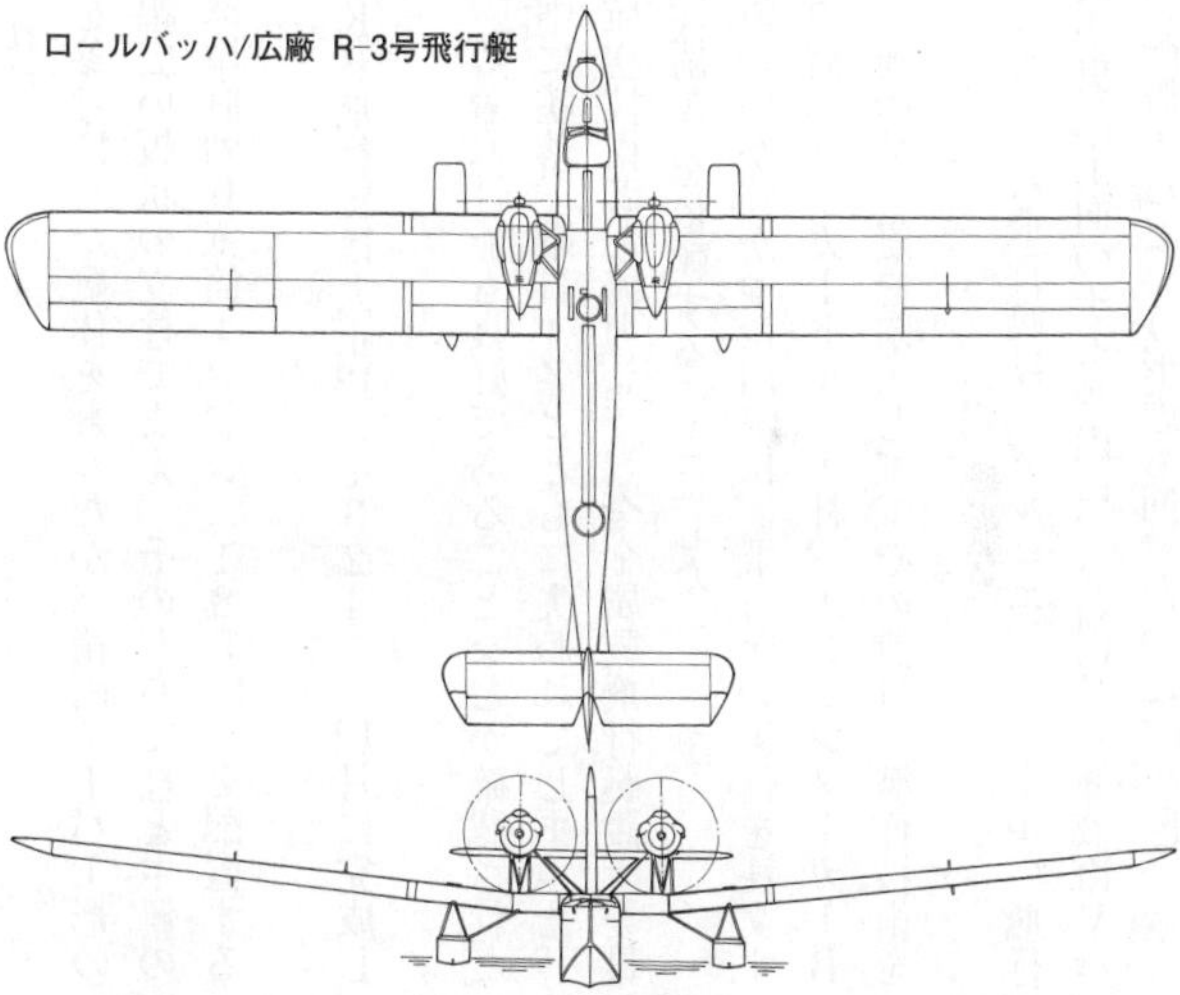

上飛行機』、略して『KB飛行艇』と命名された。

同機は、多分にドイツのドルニエ飛行艇を参考にした艇体をもったが、楕円テーパー形の単葉主翼を、正面から見てV字形に開いた幅広い板状の支柱で支え、その左右支柱と主翼の取り付け部の前縁に、2基のBMW-3A液冷直列6気筒エンジン（185hp）を配置するという、奇抜な形態が目を引いた。

関東大震災の影響で予定より遅れたが、KB飛行艇は大正13（1924）年12月に完成し、海軍に献納されてテストが行なわれた。

その結果、飛行性能はほぼ計画値どおり、離着水性能も良好であることなどが確認されたが、15年3月22日、第7回目の飛行テスト中に墜落、乗員4名とともに失われてしまった。

そのため、海防議会は新たに海軍、民間航空技術者と協力して、全金属製飛行艇設計委員会を組織し、（株）川崎造船所飛行機部に機体製作を依頼することにした。

当時から、陸軍機専門メーカーとしての色合いが強かった川崎に、飛行艇の製作を注文すること自体が珍しかったが、川崎はドイツの機体メーカードルニエ社、エンジンメーカーBMW社と技術提携しており、ドルニエ社の一連の飛行艇を購入して、その設計、製作技術を吸収していた点が評価されたのだろう。

第三義勇飛行艇（川崎KDN-1）と命名された新飛行艇は、ドルニエ〝ヴァール〟飛行艇を範にした単葉パラソル翼型式で、主翼中央部上面のナセル内に、BMW-6a液冷V型12気筒エンジン（500hp）を2基、前後に配置するという形態も同じだった。

同機は、昭和3（1928）年10月に完成したが、全幅29m、全長20m、全備重量8600kgは、当時の国産機としては最大、最重量機であった。

飛行テストの結果、金属製プロペラを付けた状態では、おおむね計画値に近い性能を出したが、金属製プロペラの信頼性が低いため、木製プロペラに換装したのちは性能が低下、ナセル付近の振動、故障が多発して、テストは中止された。

KB、および第三義勇飛行艇は、機体自体の出来としては、満足のいくものではなかったが、その設計、製作を通じて、全金属製機がいかなるものかを教え、その開発意義は充分に果たしたといえる。

海防議会を中心にしたKB、第三義勇飛行艇とは別に、海軍でも全金属製機に対する研究は進められ、大正12年春には、横須賀工廠の幹部技術者をドイツのロールバッハ社に派遣し、同社製飛行艇の調査、およびその国産化を打診させた。

その結果、海軍、および民間の三菱において、ノックダウン方式で機体を組み立て、それぞれ異なったエンジンを搭載して、性能テストをすることになった。

大正14年、まず横廠において、イギリスのロールスロイス〝イーグル〟エンジン（360hp）を搭載した、ロールバッハR-1号飛行艇が完成、つづいて昭和2年には三菱にて、イスパノスイザ450hpエンジンを搭載した、三菱/ロールバッハR-2号飛行艇、さらに広廠にて、フランスのロレーン二型450hpエンジンを搭載した、広廠/ロールバッハR-3号飛行艇がそれぞれ完成した。

ロールバッハ飛行艇は、ほとんど船型をした細身艇体に、テーパーのない大アスペクト比の単葉主翼を肩翼配置に組み合わせ、その付け根付近の上面に支基を組んで2基のエンジンを載せるという、当時としてはきわめて斬新な形態だった。

広廠製のR-3号は、R-1、R-2に比べ、エンジン取り付け支基を支柱に変更、主翼端を三角形先細翼に変え、翼付け根は上反角なしの水平状態に、艇体は少し大きく、補助フロートを平型成型にするなど、独自の改良が加えられていた。

しかし、完成した各機をテストしてみると、エンジン出力の割りに重量が過大で、凌波性が悪く、離着水が難しいなど、飛行艇として致命的な欠点があることが指摘されたため、制式兵器採用、および国産化は見送られた。

結果的に、ロールバッハ飛行艇は軍用飛行艇として失格したわけだが、前記したような斬新な形態と、主翼のワグナー式ジュラルミン張力場構造など、全金属製飛行艇設計に多くの示唆をあたえ、その後の日本海軍大型機の発達の礎となった点は、高く評価される。

●国産飛行艇の登場

全金属製飛行艇の実現を目指すいっぽう、海軍は旧式化が目立つようになったF-5号飛行艇の後継機を得るため、大正15年、広廠に対して開発を示唆した。

広廠は、橋口義男造兵大尉を設計主務者として作業に着手したが、全金属製を採用するには、いまだリスクが大きかったため、確実性を第一に考え、艇体はF-5号のそれを踏襲し、構造も全木製とした。

ただし、主翼は幅約23mと、F−5号の73%程度に切り詰め、上下翼間支柱も左右一対に減らして簡素化、速度向上をはかった。

発動機は、中島飛行機発動機部が国産化した、フランスのロレーン液冷W型12気筒（400～450hp）2基で、尾翼、浮舟（フロート）などにも、相応の洗練が加えられていた。

原型機は昭和2（1927）年秋には早くも完成し、実用テストがはじまった。最大速度は、F−5号に比較して25km／h程度しか向上しなかったが、課題とされた航続時間は、一気に2倍の最大14時間にアップし、面目をほどこした。

当初は方向安定、操縦性などに若干の不満はあったが、尾翼、浮舟などに逐次改良を加えていった結果、これらの不満も解消、昭和4（1929）年2月、F−5号飛行艇の生産打ち切りにともない、一五式一号飛行艇〔H1H1〕の名称で制式兵器採用された。

本機の生産は、広廠のほかに民間の愛知時計電機でも行なわれ、昭和9（1934）年までに合計約65機（広廠約20機、愛知45機）造られた。

なお、生産型には一号の他、改一〔H1H2〕、二号〔H1H3〕があり、同じ型でも、不具合箇所は逐次改修していったので、細部が異なっている。

一五式飛行艇は、F−5号の設計を多分に踏襲していて、純国産と呼ぶには苦しいが、その性能、実用性の良さは配属部隊でも高く評価され、日本海軍の飛行艇に対する定見を確立した機体として特筆される。後述する、八九式飛行艇が採用されてからも現役にとどまり、

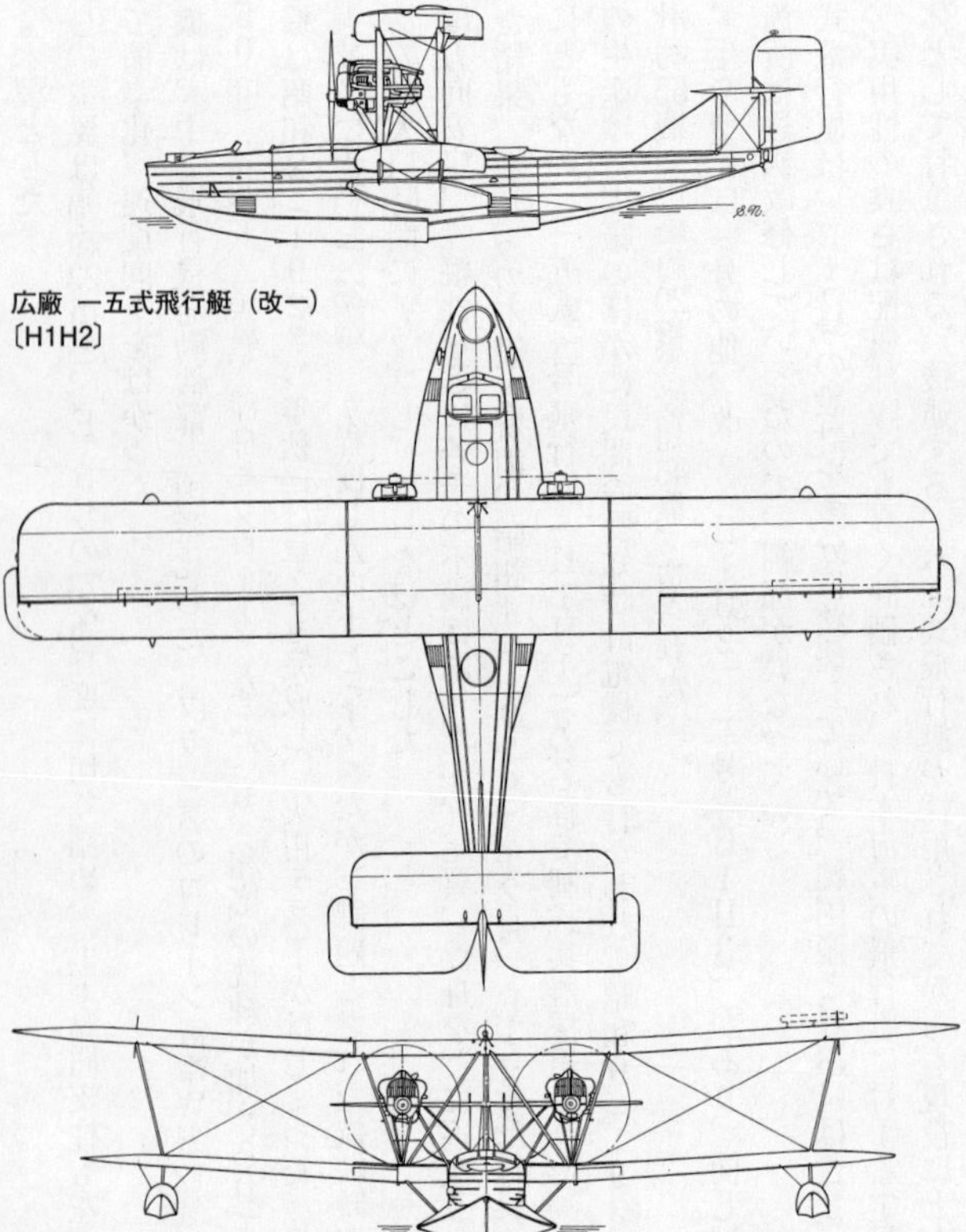

広廠 一五式飛行艇（改一）
〔H1H2〕

◀艇体などはF－5号のそれを踏襲していたので、純国産と呼ぶには苦しいが、日本海軍が独力で設計、製作した最初の飛行艇である、広廠一五式飛行艇。写真は、横須賀航空隊に配備された初期生産機〝ヨ－60〟号。まばゆいばかりの銀色塗装が映える。

▶一五式一号飛行艇の後期生産機。上翼補助翼のベンチ型釣合板は廃止され、かわりに補助翼端が主翼端より外側に張り出して釣合いをとるように変更され、水平尾翼上面に、補助垂直安定板が追加されているのがわかる。

最後は練習飛行艇として日中戦争期まで使われた。

一五式飛行艇の成功をみた海軍は、昭和4年、広廠に対してその後継機となるべき、全金属製双発飛行艇の開発を命じた。

その前年、海軍はイギリスのスーパーマリン〝サザンプトン〟全金属製双発複葉飛行艇を1機購入し、横須賀航空隊において綿密なテストを行なっており、広廠の新規設計機は、本機を参考にすることとした。

原型機は、翌5（1930）年秋には早くも完成したが、一五式飛行艇に比較して、全金属製以外に大きく異なっていた点は、艇体断面が末広型ではなく

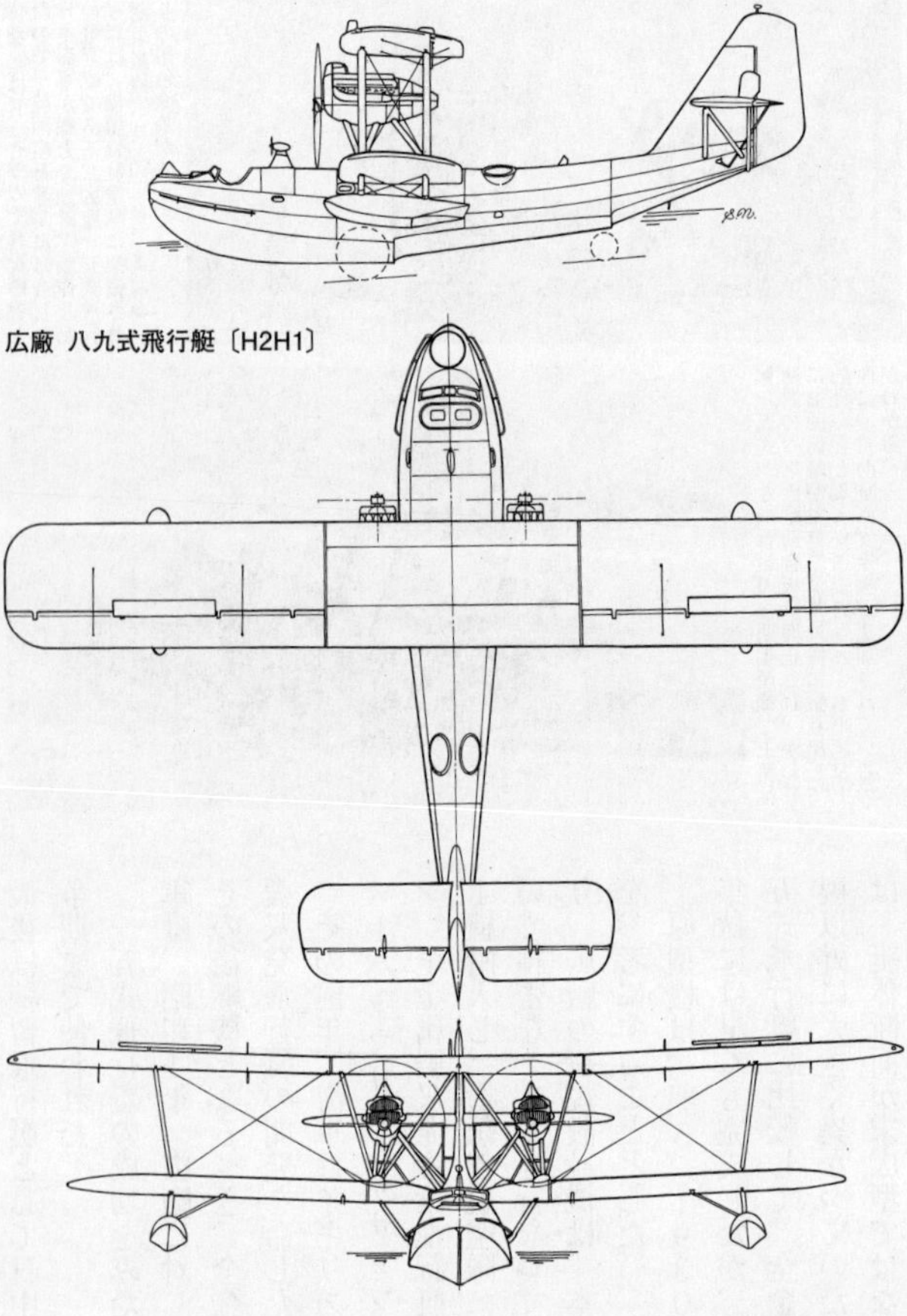

広廠 八九式飛行艇〔H2H1〕

▲実質的に、一五式飛行艇の全金属製版といってよい八九式飛行艇。設計、性能上は可もなく不可もなくといったところだったが、複葉型式では一五式飛行艇に比べて格段の進歩という印象は薄く、わずか17機の少数生産にとどまった。

半楕円形で、艇底部も浅いV型にして、強度、速度、運動性の向上をはかっていたこと。

一五式飛行艇では、とくに爆弾懸吊能力は要求されていなかったが、新飛行艇は２５０kg爆弾2発までが懸吊可能とされ、攻撃能力が増していたことも特筆される。

発動機は、ロレーンの国産化品である広廠九〇式液冷W型12気筒（６００hp）２基を予定したが、原型機には間に合わず、一四式５５０hpを搭載した。

テストの結果、最大速度は１９０km／h、航続時間14・５時間、上昇力は高度３０００ｍまで19分と、一五式飛行艇より確実に性能が向上しており、操縦、安定性、離着水性能などもとくに問題がなかったことから、昭和７（１９３２）年3月、八九式飛行艇〔Ｈ２Ｈ１〕の名称で制式兵器採用された。

もっとも、全般的な視野でみると、八九式飛行艇は、いわば一五式飛行艇の全金属製版といってもよく、同機に比較して格段に進歩したという印象は薄かった。

そのためか、生産数は広廠で約13機、愛知で4機の計17機で打ち切られてしまい、実用期間は一五式飛行艇とほとんど変わらなかった。

●全金属製単葉飛行艇の時代へ

全金属製化したとはいえ、一五式飛行艇と変わらぬ複葉型式の八九式飛行艇では、真の後継機になり得ないと判断した海軍は、同機の試作着手からわずか1年後の昭和5年春、広廠に対して近代的な全金属製単葉三発飛行艇の試作を命じた。この時点では、まだ八九式飛行艇の原型機も完成していなかったから、海軍の対応の早さがわかろうというものだ。

この三発飛行艇は、全幅31m、全長22m、全備重量11900kgにおよぶ大型機で、先のロールバッハ、サザンプトン飛行艇などの長所を参考にしているとはいえ、日本海軍が独自の構想で設計した、最初の純国産飛行艇といってよかった。

側面Rの少ない断面の艇体は、平面図でみると完全な魚形で、前後に長く、艇底は傾斜の少ない2段のステップを設けて、耐波、凌波、速度、運動性の向上をはかっていた。

単葉主翼は、ワグナー式張力場ウェブ梁箱型構造を採用し、中央翼は矩形とし、外翼の前後縁をテーパー形にして、空力上のバランスをとったことが目新しい。

この主翼は、艇体上に載せたような肩翼配置とし、3基の発動機は、飛沫を避けるために、主翼上にヤグラを組んで、その上に固定した。発動機は、三菱が国産化を進めていたイスパノスイザ液冷V型12気筒（公称650hp）で、プロペラは固定ピッチ4翅。

艇尾は垂直尾翼の後方まで伸び、ここにも機銃座を設けたことが、八九式飛行艇までには なかった配慮。明らかに実戦を意識していたことがうかがえる。

三発機ということもあるが、爆弾懸吊能力は八九式飛行艇の2倍の1tまで増加した。

原型1号機は昭和6（1931）年に完成し、ただちに横須賀に空輸されてテストが行なわれた。

その結果、飛行性能はほぼ計画値に近かったものの、方向安定性不足、昇降舵の効きの不足、発動機の冷却不良などが指摘され、そのつど改修が加えられ、テストは長期にわたった。

海軍は一応、九〇式一号飛行艇〔H3H1〕の制式名称をあたえ、採用を見込んではいたが、根本的に改善するのは困難なことがわかり、結局は試作1機のみで開発は打ち切りとなった。

なお、本機は改修をうけるごとに二型、三型、四型と型式名を変更したため、何機か製作されたような印象をあたえるが、実際は前記のごとく1機しか存在しなかった。

海軍は、みずから九〇式一号飛行艇を試作するいっぽうで、水上機メーカーとしての地歩を固めつつあった川西航空機（株）を通じ、かつてのF-5号飛行艇のメーカー、イギリスのショート・ブラザーズ社に大型三発飛行艇の設計を依頼し、なんとか、これをモノにしようとした。

川西は、昭和4年に幹部スタッフをショート社に派遣、同社の〝シンガポール〟および〝カルカッタ〟飛行艇を範とする、複葉三発飛行艇の試作を発注した。

エンジンは、当時軍用エンジンとしては最高出力を誇った、ロールスロイス〝バザード〟液冷V型12気筒（825hp）を指定した。

艇体は全金属製応力外皮構造で、主翼も骨組みは金属製だが、外皮は羽布張りにして重量を抑え、あえて単葉にせず、手の内に入った複葉にした点が、いかにも実用性を重んじるショート社らしい手堅さだった。

〝バザード〟エンジンは、上下翼の支柱を兼ねた取り付け架に、串刺しのような形で中間付近に配置した点が特徴的。

原型機は翌昭和5（1930）年には早くも完成し、船便にて日本へ送られ、横須賀および館山航空隊の手でテストが行なわれた。

全幅31m、全長22mのサイズは、前記九〇式一号飛行艇とほぼ同じだが、主翼外皮が羽布張りということもあって、全備重量は1800kgも軽く、翼面荷重は同機の80％と小さい。逆に発動機出力が大きいので、馬力荷重は6・1kg／hpに対し6・46kg／hpと大きくなっていた。

単葉と複葉の差で、速度性能こそ九〇式一号よりわずかに低かったが、その他の性能は全般的に優れ、とくに航続性能が目立って大きかった。飛行艇の名門と自他ともに認めた、ショート社の面目躍如たるものがあった。

海軍は、この三発大艇に九〇式二号飛行艇（H3K2）の制式名称をあたえ、川西に量産を指示したが、結局、〝バザード〟エンジンの国産化が不可能になったことが原因で、昭和

▲最初の全金属製単葉、しかも三発大型飛行艇という、海軍の強い意気込みが感じられた、九〇式一号飛行艇。離着水時の飛沫を避けるための肩翼配置の主翼、その上にヤグラを立てて固定した発動機など、当時の単葉飛行艇の一般的形態を採っていたが、性能、実用性ともに芳しくなく、制式名称を付与されながら、1機だけの試作に終わった。

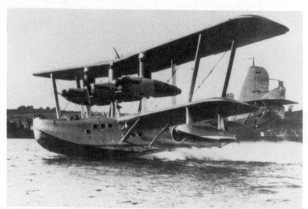

▲全金属製飛行艇導入計画の一環として、海軍が民間の川西航空機（株）を通じ、イギリスのショート・ブラザーズ社に設計、製作を依頼した、九〇式二号飛行艇。写真はショート社で完成した1号機“M-2”号で、飛行テストのため、離水する寸前のショット。全金属製とはいっても、主翼外皮は羽布張り、しかも旧態依然とした複葉型式だったが、性能、実用性は申し分ないものだった。

広廠 九〇式一号飛行艇〔H3H1〕

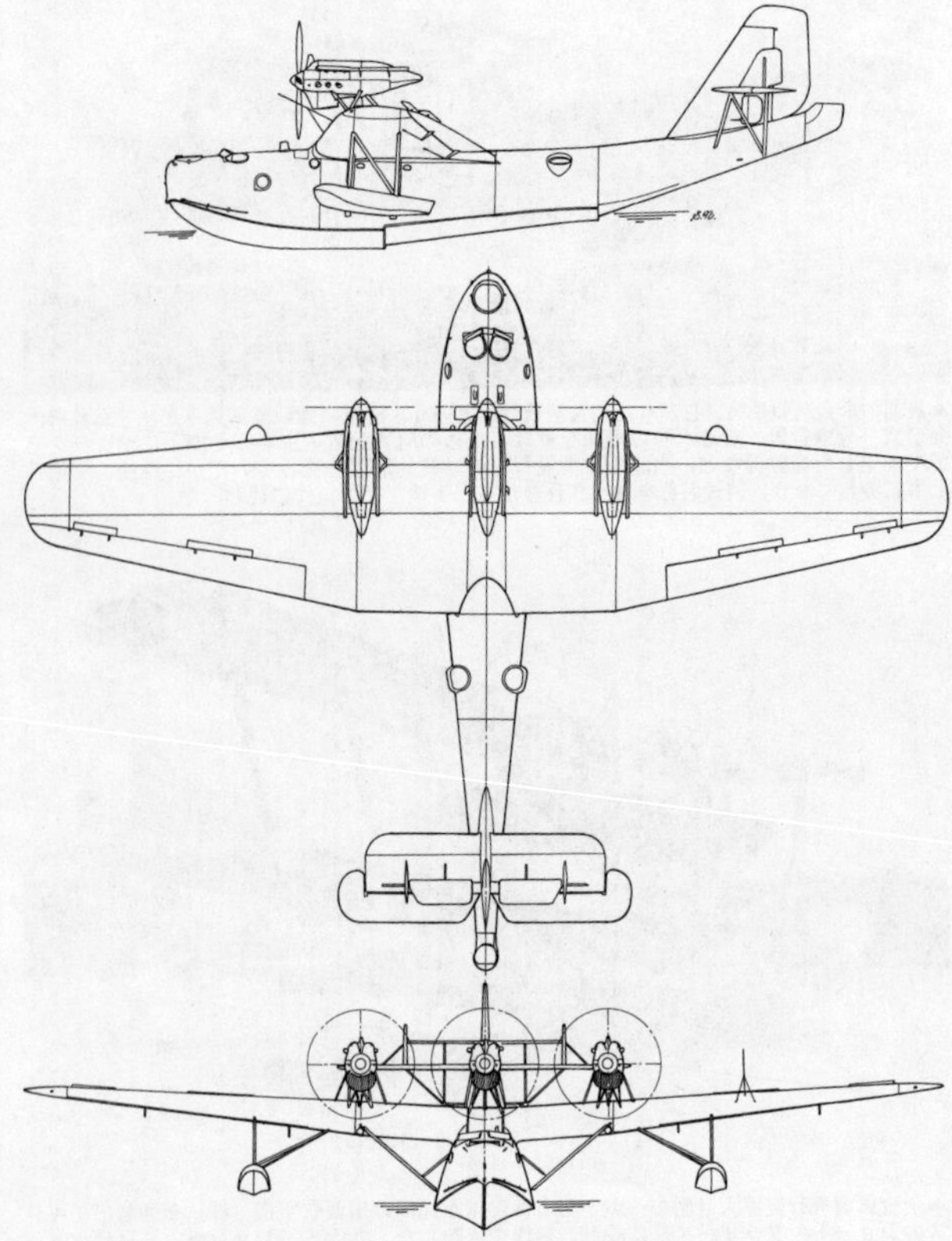

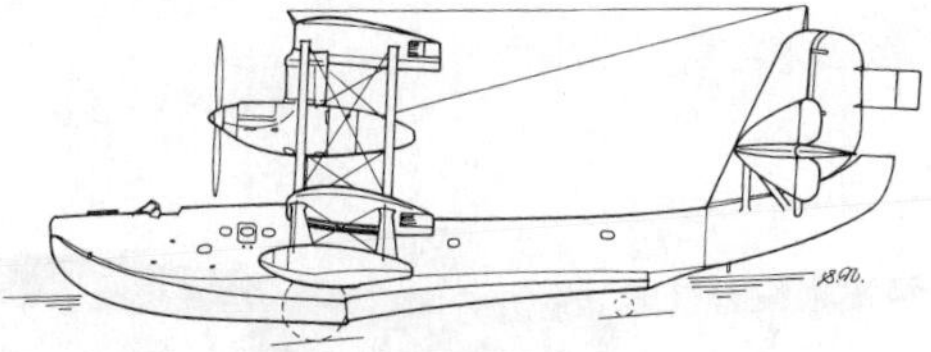

ショート/川西 九〇式二号飛行艇〔H3K2〕

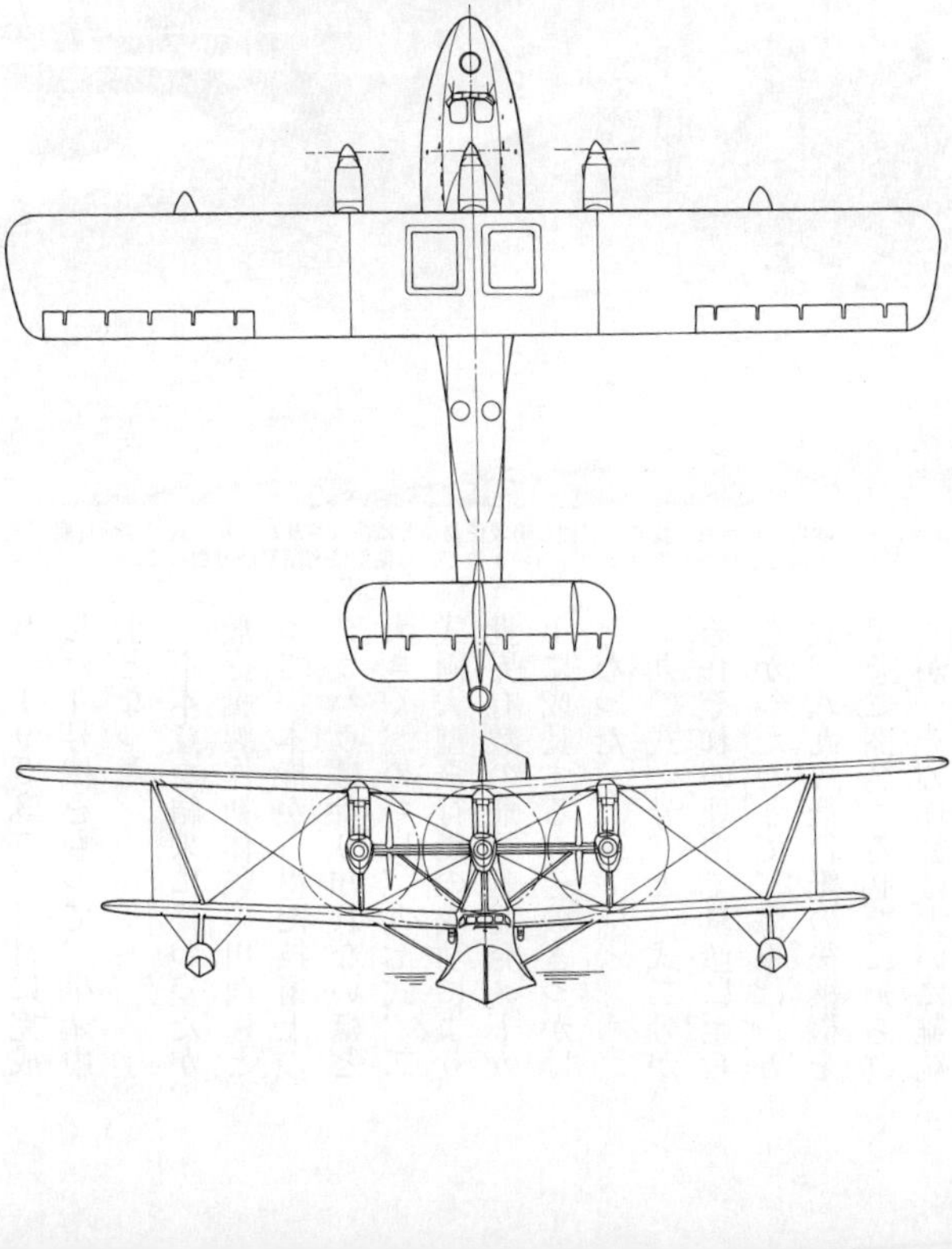

▲館山航空隊に配備され、搭乗員訓練と哨戒任務などに使用された、九〇式二号飛行艇“タ−5”号機。川西で製作された4機のうちの1機で、操縦室は密閉風防で覆っている。

8（1933）年2月に完成した4号機をもって、生産中止となった。

不本意な結果に終わったが、飛行艇製作初体験の川西にとって、本機から得た技術上のノウハウは計り知れないほど大きく、のちに、九七式、二式両大型飛行艇の成功により、世界有数の飛行艇開発メーカーに成長する、そのきっかけとなった。

九〇式一号、九〇式二号がそれぞれの理由で量産に至らなかったことで、海軍は一五式、八九式飛行艇の後継機を早急に開発する必要に迫られたが、その作業は大いに難航した。

すなわち、九〇式一号飛行艇の原型機が完成するのと前後した昭和6年、海軍は広廠に対し、次期双発単葉飛行艇の試作を指示、広廠では、確実性を優先し、九〇式一号飛行艇をそのまま双発にスケールダウンしたような形態にまとめて、翌昭和7年に1号機の完成にこぎつけた。

ただ、九〇式一号飛行艇でさんざん苦労した、方向安定性不足に備え、垂直尾翼は最初から2枚式とし、ユンカース式二重翼型の主翼の取り付け位置は、肩翼、高翼のいずれかを用意していた点などが、同飛行艇とは根本的に異なる。発動機は、液冷W型12気筒の九一式500hp、または同600hp。

しかし、こうした用意周到な配慮にもかかわらず、新飛行艇の性能、実用性はいまひとつパッとせず、海軍は一応、九一式一号飛行艇〔H4H1〕の制式名称で兵器採用（昭和8年7月）し、生産を命じたものの、不具合箇所の改修に長期間を費やし、なかなか生産標準仕様が決定しない有様だった。

とくに、九一式液冷発動機の不調が深刻で、途中から本発動機を諦めて、空冷星型9気筒の三菱『明星』（760hp）に換装し、本型を九一式二号飛行艇〔H4H2〕の名称で兵器採用（昭和12年1月）、ようやく実用域に達したかにみえた。

しかし、皮肉にも、このころには本機の性能はすでに見劣りし、旧式化が明白になっていたため、ほどなく生産は打ち切られた。合計生産数は、一号、二号合わせて計47機、うち17

機が川西での生産機。

この九一式飛行艇をもって、海軍の初期飛行艇開発をリードした、広廠における設計は終焉し、真に近代的な飛行艇の開発は、民間の川西航空機が中心になっていく。

●日本式大型飛行艇の開花

広廠における飛行艇設計が行き詰まったことを実感した海軍は、昭和8年、川西に対し、八試大型飛行艇の名称で、将来の三発、および四発単葉型飛行艇の研究を命じた。九〇式二号飛行艇において、川西が三発以上の大型飛行艇に経験を積んだことを見越しての配慮であったことは言うまでもない。

川西では、三発案をR型飛行艇、四発案をQ型飛行艇の社内名称により、研究に着手した。もっとも、海軍は八試大艇に関して、実際に機体の製作までは考えておらず、風洞模型を使った実験と計算により、設計の良否を判断する段階にとどめることにしていた。

しかし、一五式、八九式飛行艇の後継機九一式飛行艇が、なんとも心もとない状況だったこともあり、海軍は八試大艇の計画を中止、昭和9年、川西に対し九試大型飛行艇〔H6K〕の名称で、急ぎ試作にかかるよう命じた。

川西は、新進気鋭の菊原静男技師を主務者として、ただちに設計に着手したが、海軍の要求性能は、巡航速度120kt（222km／h）で、航続距離2500浬（4600km）という、当時の大型飛行艇の世界水準をはるかに超越した苛酷なもので、並の手法をもってして

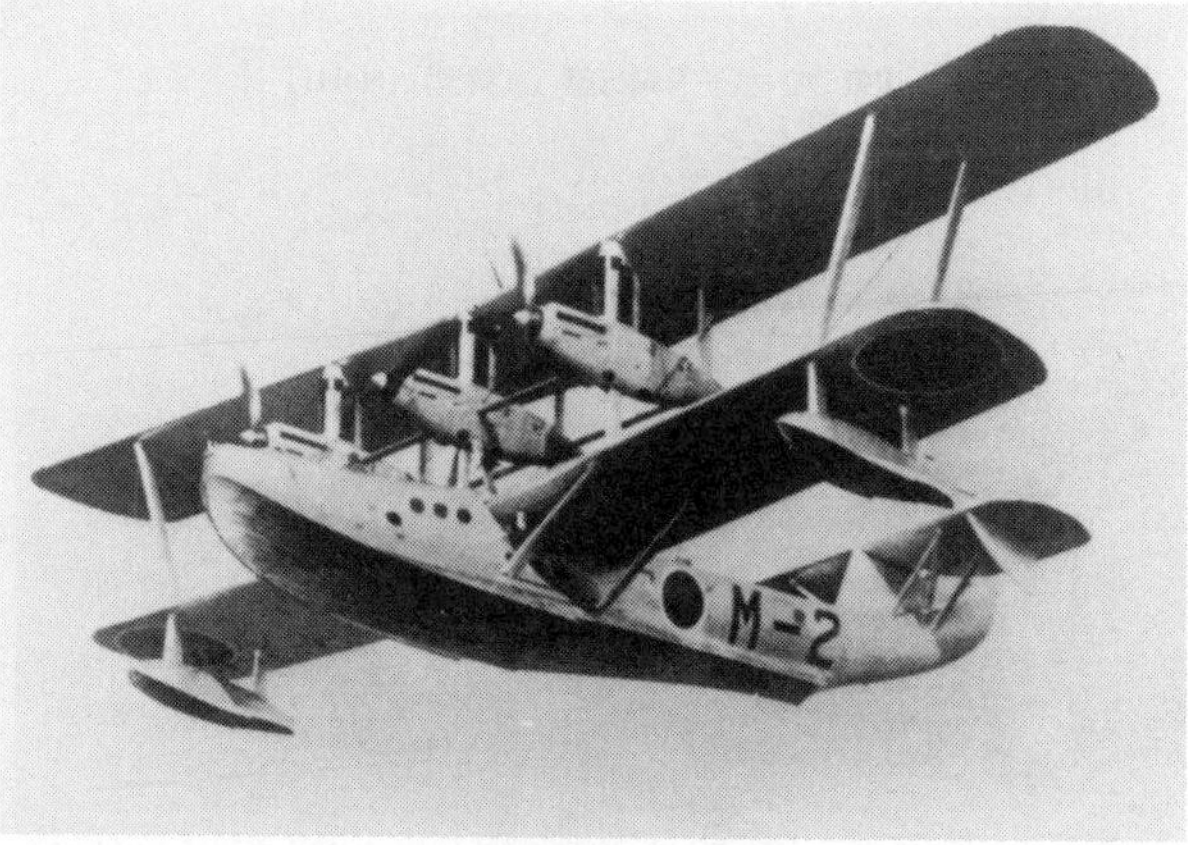

▲飛行中の九〇式二号飛行艇１号機“M-2”号。上下翼間支柱を兼ねる柱に、串刺しのような形で取り付けた、ユニークな発動機配置がよくわかる。なお、川西で製作された４機は、操縦室は密閉風防で覆うように改良されていた。

▲九〇式一号飛行艇につづき、広廠が設計した全金属製単葉飛行艇、九一式一号飛行艇。合計47機という少ない生産数からして、生産型式は一号、二号の２種だけだが、絶え間のない改修で、細部は１機ごとに異なるといってもよいほどバリエーションが多い。写真は一号型の初期生産機で、ユンカース式二重翼を肩翼配置に取り付け、プロペラは木製４翅を付けている。

広廠 九一式一号飛行艇（高翼型）〔H4H1〕

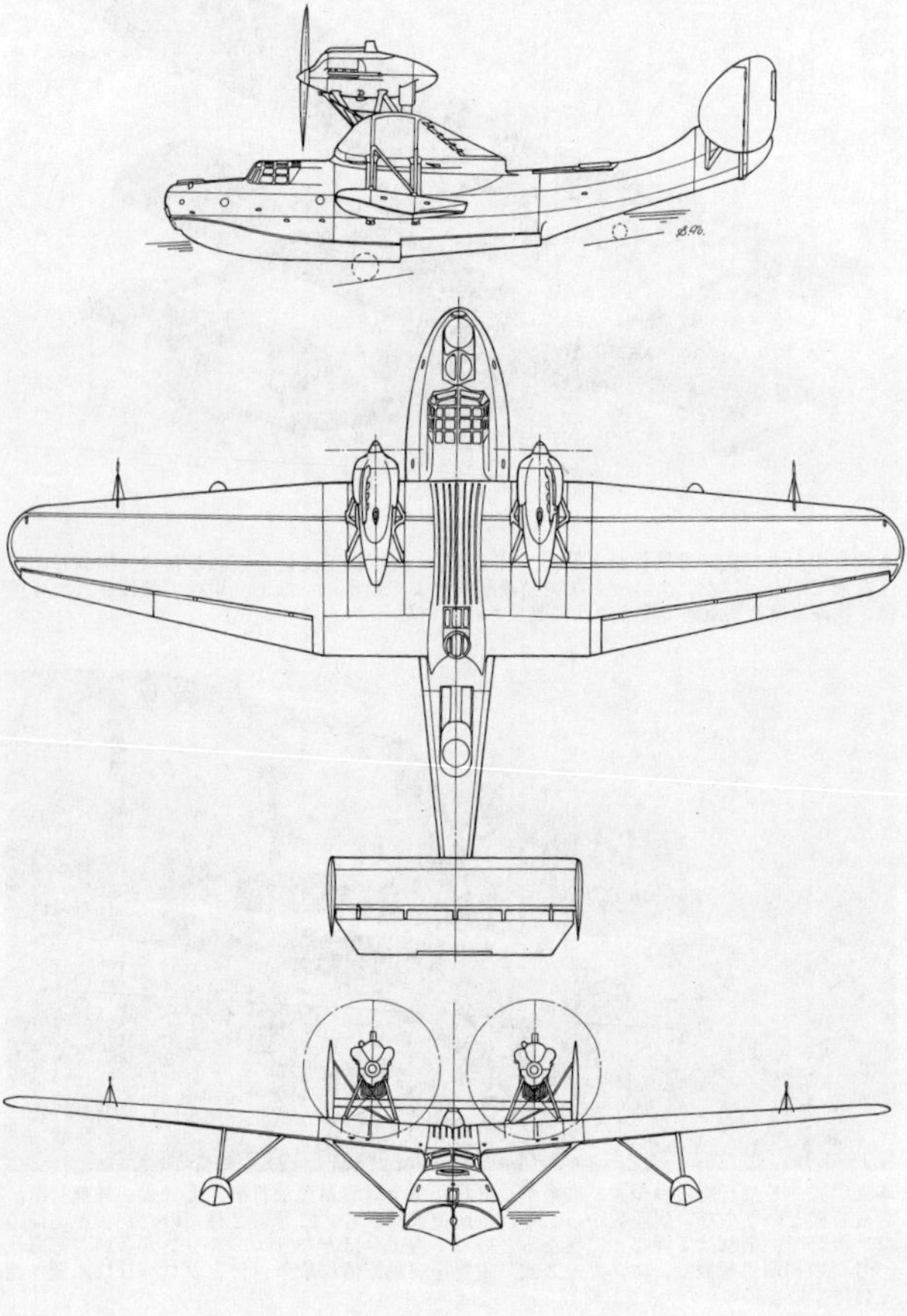

は、とうてい実現不可能な機体であることは、容易に察せられた。

社内名称〝S型飛行艇〟と呼ばれた機体は、当時、実用化が確実視された三菱の『金星』シリーズ空冷星型複列14気筒発動機の四発に決まり、正規全備重量は18tと定めた。

この重量で、要求された速度と航続性能を満たすには、100kg／㎡程度の翼面荷重が適当という計算で、主翼面積は170㎡に決定した。

航続性能を高めるには、主翼のアスペクト（縦横）比をなるべく大きくするのが有効であり、前記面積を基準に、全幅40m、アスペクト比9・4という値に落ち着いた。

この巨大な単葉主翼を、九〇式、九一式飛行艇のように肩翼位置に、片持ち式に取り付けると、必要な強度を確保するために、重量が大幅に増してしまい好ましくない。

そこで、川西技術陣は、この主翼をパラソル式に艇体の上に載せ、空気抵抗の少ない三角形のシンプルな支持架、および艇体下方から伸ばした左右各2本の斜め支柱で支えるという形態を採った。

金星発動機4基は、この高い位置の主翼の前縁に一列に並べて配置すれば、空気抵抗が減少し、飛沫の影響も少なくてすむ。

四発機の発動機を主翼前縁に1列に並べるという着想は、アメリカのNACAが考え出し、1934年初飛行の民間飛行艇シコルスキーS42がはじめて採用した。九試大艇の設計に際し、川西技術陣もこれに目ざとく注目し、さっそく採り入れたわけである。結果的に、この選択が本機を成功に導いたといっても過言ではないだろう。

主翼の構造には独自の工夫もこらされ、上面外皮の内側に、桁と平行して波状板、いわゆる〝なまこ板〟を張った。この〝なまこ板〟が、飛行中の曲げと捩れに対して負荷を負い、他の構造材の強度を低く押さえ、ひいては重量軽減につながった。

艇体は、九〇式二号飛行艇の経験を充分活かし、80種にもおよぶ模型を使った水槽実験から、最も優れた形を見いだした。のちの二式飛行艇と対照的に、左右幅が広く、上下幅の狭い、スマートな側面形状の艇体はこうして生まれたのである。

九〇式一号、九一式飛行艇が方向安定不足で苦労したことを踏まえ、垂直尾翼を迷わずに2枚式としたのは賢明な処理だった。

こうして、川西技術陣が精魂を注いだ九試大艇の試作1号機は、設計着手から1年8ヵ月後の昭和11（1936）年7月14日、海軍きっての名操縦士と謳われた近藤勝治中佐の操縦により、無事に初飛行した。

1号機は、予定した金星発動機が間に合わず、中島『光』空冷星型9気筒（710hp）を搭載したため、ややパワー不足であったが、それでも、性能テストにおいては、いずれの項目も海軍の要求を上回っていることが確認された。

とくに、全備重量15tという、海軍機としては前例のない巨体でありながら、上昇力が抜群で、単発小型機のように上昇していく様を見て、設計主務者の菊原技師は〝胸のすく思いだった〟と回想している。軽量でアスペクト比の大きい主翼が功を奏したことは明らかで、川西技術陣のクリーンヒットであった。

▲九一式一号飛行艇の後期生産機。主翼は通常翼で、艇体の上に載せた形の高翼配置、プロペラは木製２翅にしている点が、89ページ下写真の初期生産機と外観上大きく異なるところ。

▲日本式大型四発飛行艇の基礎を築いた、川西の処女作九試大型飛行艇。写真の機が、４機つくられたうちの何号機かは不明だが、主翼支柱のハードポイントに、九一式航空魚雷を懸吊し、その装備テストを行なった際のもの。

▼横須賀航空隊に配備された、２番目の生産型九七式二号飛行艇二型“ヨ-11”号機。日本海軍が持ち得た、はじめて納得のいく大型飛行艇、それが本機だった。手前に立つ搭乗員も、心なしか自信にあふれる表情だ。

川西 九七式飛行艇各型比較側面図

九七式飛行艇一一型〔H6K2〕

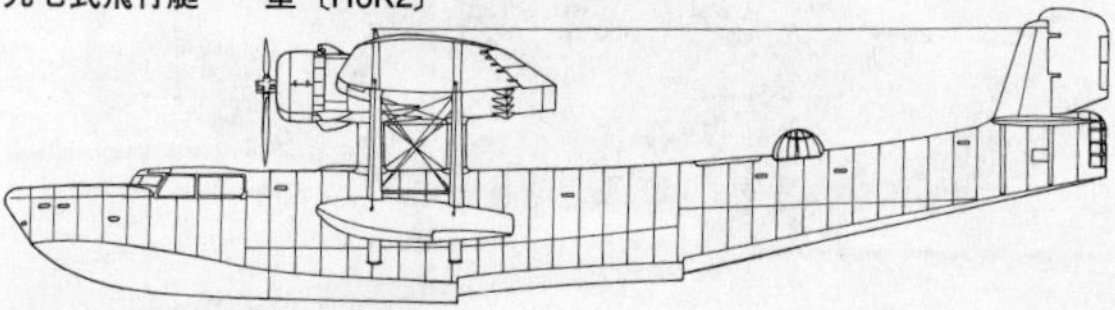

九七式輸送飛行艇〔H6K2-L〕

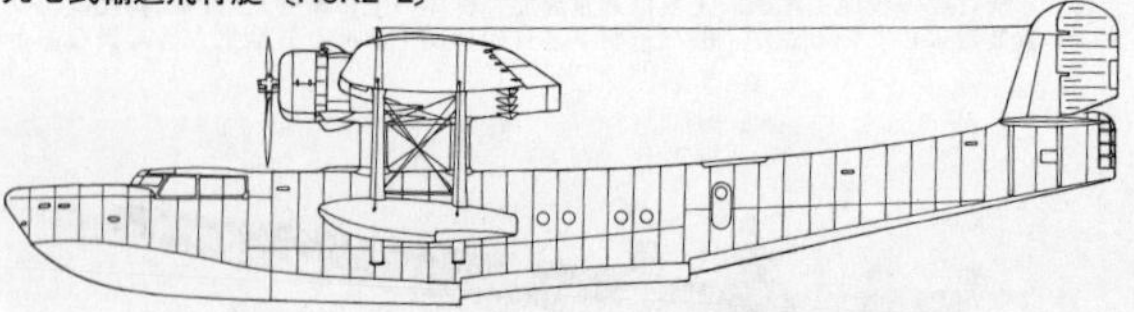

九七式輸送飛行艇〔H6K4-L〕

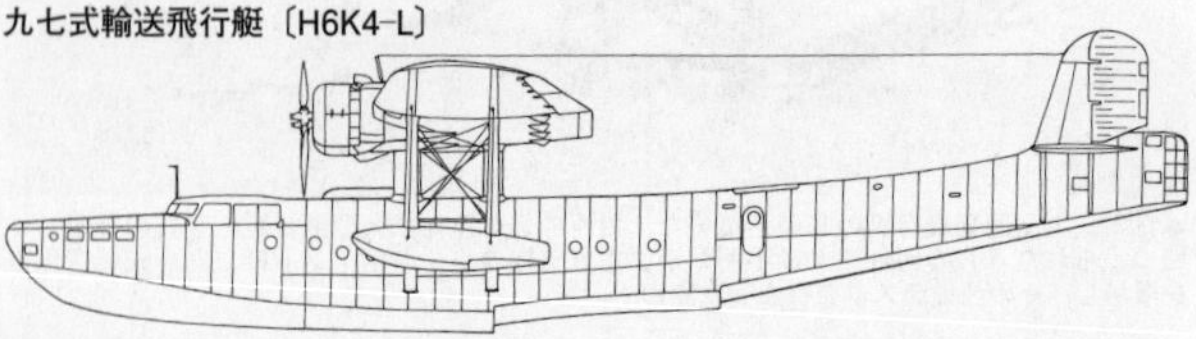

飛行性能だけではなく、水上滑走中の操縦、安定性なども申し分なかったが、ただひとつ、着水時に艇体がバウンドする傾向が指摘されたため、川西はあらかじめ用意しておいた、艇底の主ステップを50cm後方に移動させる箱型材を取り付け、これを難なく解決した。

九試大艇の予想以上の高性能に、海軍が驚喜した様は容易に想像できる。なにしろ、全金属製単葉飛行艇の国産品を渇望しながら、九〇、九一式がいずれも期待に添う出来にならず、部隊では未だに旧式の複葉飛行艇一五式、八九

▲富士山を右前方に見つつ、雲海上を快翔する、横浜航空隊所属の九七式二号飛行艇二型“ヨハ-37”号機。艇首が少し延長され、胴体日の丸標識直前に、ブリスター型銃座を追加したのが、二号一型との外観上の目立つ相違点。のちに、二二型と改称される。艇体は、全面銀色ではなく、灰色に塗っているようだ。昭和16年の撮影。

▲九七式二号飛行艇一型をベースに、乗客10～18名収容可能な輸送型に改造された、九七式輸送飛行艇。写真は、横浜航空隊に配備された１機で“ヨハ-８”号機。艇体後部側面の丸窓が、通常型との識別点。

▲大日本航空所属の川西式四発型飛行艇"巻雲"号の、艇体前半部クローズアップ。同社保有機は、当初は"綾波"、"磯波"など、波にちなんだ固有名称を付けていたのが、のちには雲にちなんだ固有名称に変更された。本艇を"主役"にした戦前の映画『南海の花束』は、見る者に鮮烈な印象をあたえた。

▲九七式飛行艇の水上旋回能力を示す、珍しい実験写真。本艇の主翼幅は40mだから、その航跡の直径を比較すれば、"小廻り"度が知れる。

式飛行艇を併用している状況だったのだから……。

海軍は、川西に対し、引き続き試作4号機までの製作を発注するいっぽう、本命の金星発動機を搭載する生産型の開発を指示。実用テストが終了するのを待って、昭和13（1938）年1月、九七式一号飛行艇〔H6K1〕――『光』発動機搭載の試作機――、および九七式二号飛行艇一一型〔H6K2〕――金星四三型発動機搭載の最初の生産型――の名称で制式兵器採用した。

当時、アメリカでも前記したシコルスキーS42、マーチンM130〝マース〟、イギリスではショート〝C〟級などの四発大型飛行艇が出現していたが、これらはいずれも民間旅客機であり、性能的には九七式飛行艇におよばなかった。

川西が、最初に手掛けた近代的な全金属製単葉四発大型飛行艇で、前記欧米の先発メーカーを一気に凌駕したことは、じつに画期的なことといってよい。

本艇の出現により、日本の大型機設計技術は格段に進歩し、以降、海軍の陸上攻撃機、陸軍の重爆撃機などが、一気に近代化したこととも無縁ではない。

昭和14年には、海軍最初の飛行艇専門部隊、横浜航空隊の3個飛行隊全部に九七式飛行艇が行き渡り、本格的な運用が開始された。

もっとも、折りからの日中戦争は中国大陸が主戦場ということもあって、九七式飛行艇の出番はなく、内南洋、マーシャル諸島などに展開し、外洋での作戦行動を想定した訓練に専念した。

こうした南洋各地への展開に際し、その航路開拓に多大の貢献をしたのが、旅客輸送機に転用された九七式輸送飛行艇である。

すでに、二号一型〔H6K2〕の7、8号機を改造し、輸送飛行艇としても充分通用することを確認していた海軍は、生産ライン上で内部艤装を輸送機仕様に仕上げた機体を、昭和14年7月に九七式輸送飛行艇〔H6K2-L〕の名称で制式兵器採用し、のちには九七式二号二型、または三型飛行艇をベースにした九七式輸送飛行艇〔H6K4-L〕もふくめ、昭和18年度までに合計36機生産された。

これらのうち、18機は民間の大日本航空（株）に引き渡され、海軍所属機とともに、前記した南洋航路の開拓に貢献した。

輸送飛行艇が通常の九七式飛行艇と異なる点は、乗員が2名減じて8名となり、艇体後部内を客室とし、ここに10名収容の座席を設けたこと、艇体中央内部は寝室とし、4名分の折りたたみ式ベッドを備えたこと、客室後方に化粧室、荷物室、貨物室を備えたこと、乗務員用の調理室、冷蔵庫、非常口、防音、換気、照明、暖房、スピーカーなどの諸装備を充実させたことなどである。外観上、艇体側面に、それぞれの区画ごとに丸窓が設けられ、垂直尾翼上部の段差がないので識別は容易。

昭和15（1940）年11月には、2番目の飛行艇部隊として、台湾の東港を本拠地とする東港航空隊が開隊し、横浜空と同じく定数24機の兵力をもって太平洋戦争を迎えた。開戦当時は、横浜空主力はマーシャル群島、東港空はパラオ諸島に展開しており、ほかに内地部隊の横須賀空に3機、佐世保空に15機、合わせて66機が、九七式飛行艇の全兵力であった。

横浜空、東港空に配備されていたのは、ほとんどが金星四三型発動機搭載の九七式二号飛行艇二型〔H６K４〕――昭和15年4月制式兵器採用――、および金星四六型発動機搭載の九七式二号飛行艇三型〔H６K４〕――昭和16年8月制式兵器採用――である。

なお、昭和17年末に海軍機型式名称基準が変更され、九七式飛行艇も、旧二号一型〔H６K２〕が一一型、二号二型、および三型〔H６K４〕が二二型となった。

昭和17（１９４２）年8月に制式兵器採用された二三型〔H６K５〕が最終生産型で、二二型の発動機を金星五一～五三型に換装したものである。

もっとも多く造られたのは二二型で、昭和15～17年にかけて計１２５機、二三型は36機、一一型は10機。試作機4機、および輸送飛行艇原型4機（?）をふくめた合計生産数は１７９機、輸送機型36機をふくめれば２１５機となり、四発大型機にしては空前の大量生産といってよかった。

九七式飛行艇の性能は、出現当時に疑いなく世界でも一、二を争うほど優秀であったが、太平洋戦争は日本海軍が想い描いた様相とまったく異なり、航空機中心の戦いだった。大型飛行艇が、存分にその威力を発揮するはずだった艦隊決戦は、一度も生起しなかったのである。

九七式飛行艇も、哨戒、索敵、連絡、輸送など、欧米で常識とされた任務に黙々と従事したが、制空権のない空域では、陸上機に抗すべくもない速度、防弾装備の不備などの弱点を

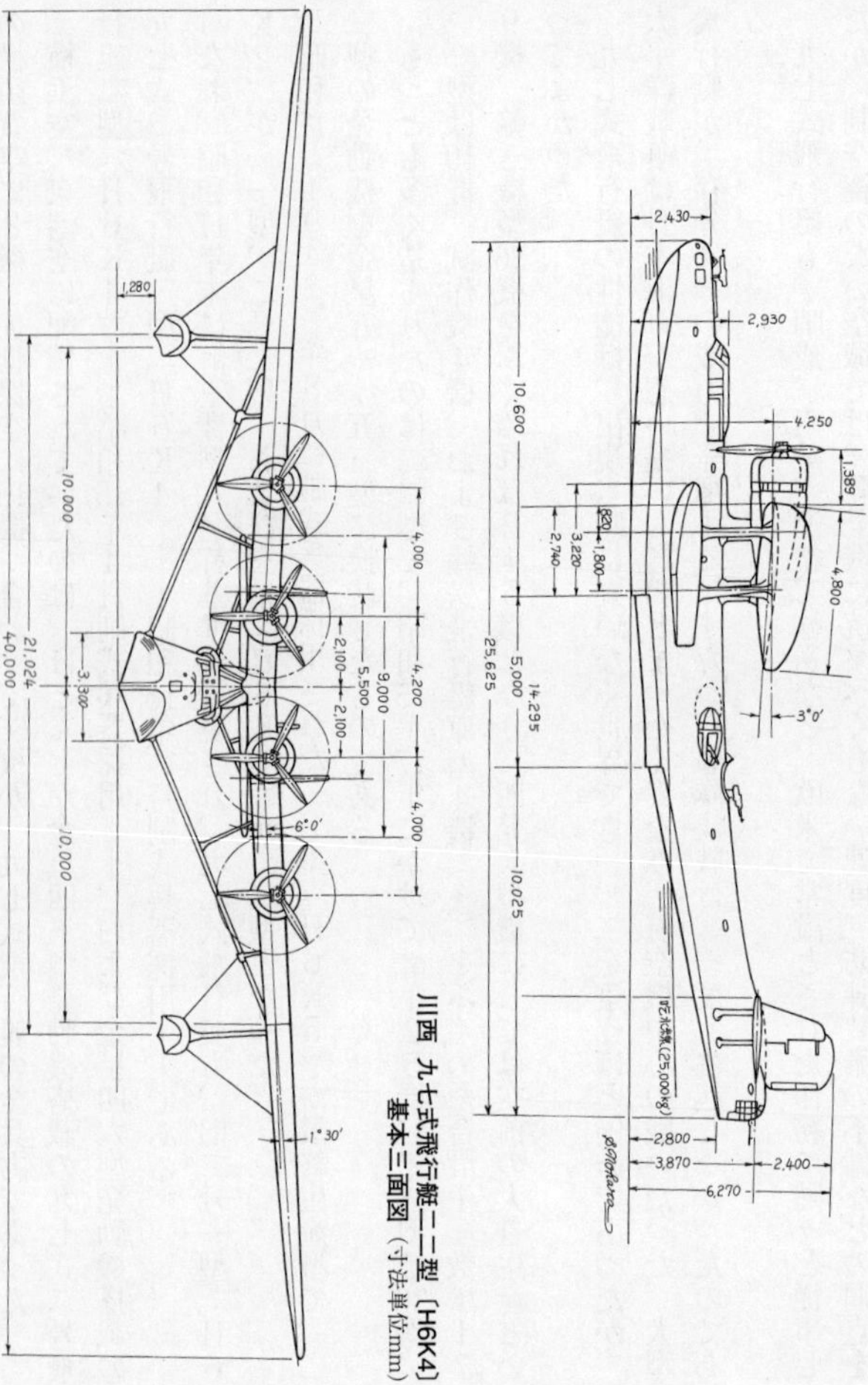

川西 九七式飛行艇二二型〔H6K4〕
基本三面図（寸法単位mm）

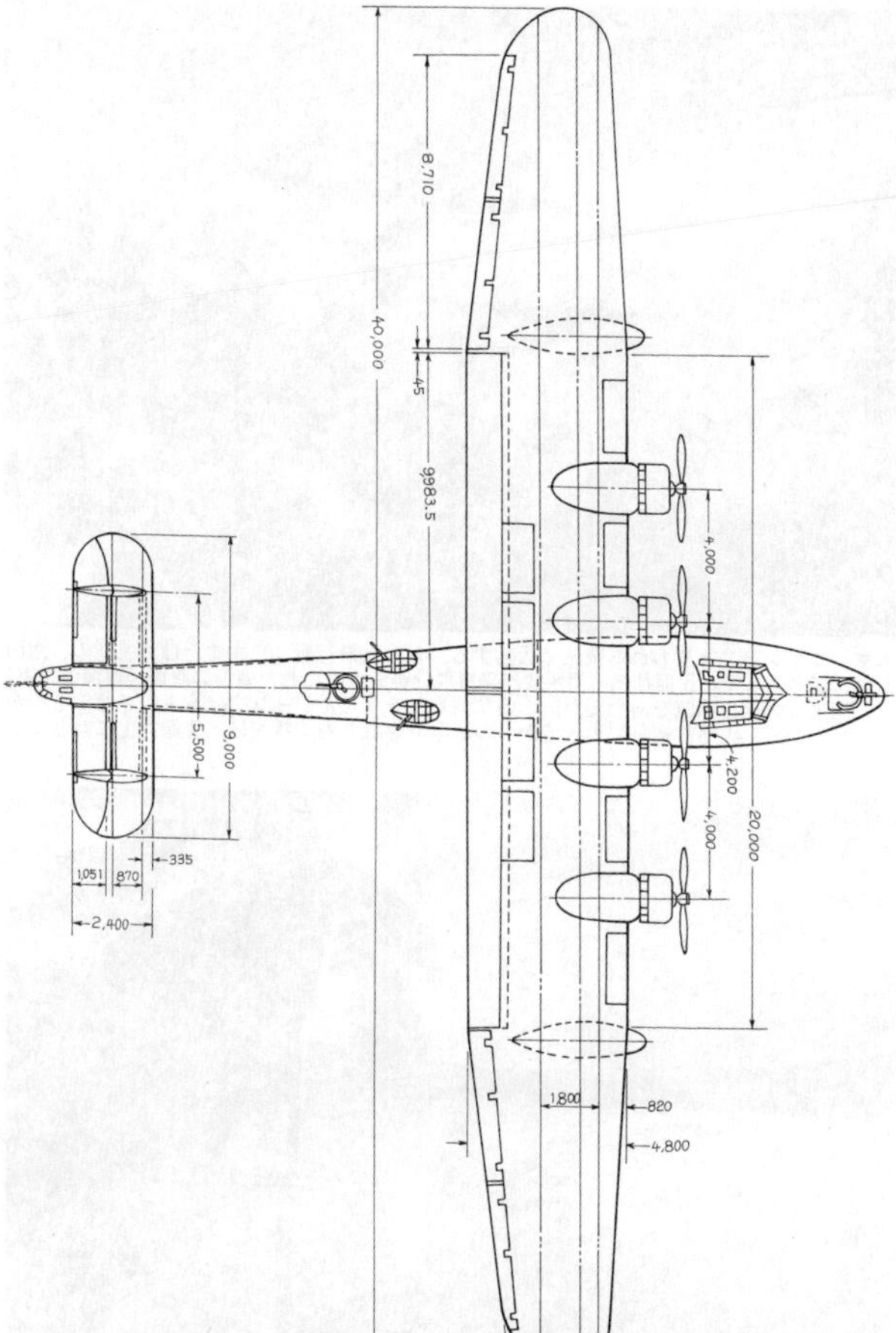
40,000
8,710
45
9,983.5
4,000
4,200
4,000
20,000
5,500
9,000
335
1,051
870
2,400
1,800
820
4,800
3,000

▲▼ソロモン諸島と思われる戦域で活動する、九七式飛行艇二二、または二三型の、南国情緒に満ちた二葉。民間仕様の川西式四発型飛行艇を主役にした戦前の映画『南海の花束』は、国民に大きな感銘をあたえた。この二葉も、そうしたシーンをほうふつさせるものがある。しかし、太平洋戦争に入ってからの、本艇を取り巻く状況は、想像以上に厳しかった。

▲昭和19年末～20年初めにかけて、雪積の横浜基地エプロンに翼を休める、横須賀鎮守府付属飛行機隊所属の、九七式輸送飛行艇“横鎮75”号機。二号三型ベースの（H6K4-L）である。右奥は二式飛行艇ベースの輸送飛行艇『晴空』三二型。

▲四国上空を飛行する、詫間航空隊所属の九七式飛行艇二三型〔H6K5〕“タク-62”号機。二三型は最終生産型で、二二型の発動機を『金星』五一～五三型に換装したのが相違点。昭和17年までに36機生産された。

突かれ、多くの犠牲を強いられた。

地上（水上）にあっても、図体が大きいだけに、米軍機にとっては格好の標的で、空襲のたびに各個撃破されて、敗戦時に残存していたのは、ほんの数機にすぎなかった。

結局のところ、日本海軍には太平洋戦争において、大型飛行艇を有効に使いこなす、力も術もなかったということである。

●大艇成功の陰で……

九試大艇の成功は、海軍にとっても予想外の出来事だった。なにしろ、はじめての民間会社による開発、加えて前例のない四発大型機という点からして、それも無理からぬことである。

海軍が、九試大艇に不安を抱いていたなによりの証拠は、川西への試作発注と同時に、同機が万一失敗したときに備え、みずからも航空廠に対して九試中型飛行艇〔H5Y〕の名称で開発を命じていたこと。

驚くべきことに、本艇は双発でありながら、要求性能は巡航速度120kt（222km／h）にて、航続距離2500浬（4630km）と、川西九試大艇とまったく同じであった。

航空廠の岡村造兵中佐以下、多くの技術者が、かつて広廠にて飛行艇設計に長く従事していたとはいえ、あまりにも虫のいい要求である。

それでも、設計陣は、九試大艇が搭載予定にしていた三菱『金星』よりも、さらに出力の

▼▶太平洋戦争後期の昭和19年、トラック諸島周辺を哨戒飛行中に、アメリカ海軍の陸上哨戒爆撃機（PB4Y、またはPBJ）と遭遇し、銃撃戦ののち被弾・発火し、撃墜される九七式飛行艇二二型。日本海軍飛行艇隊の、戦中における喪失状況を象徴的に示すシーン。低速の九七式飛行艇は、敵の四発大型機に対しても脆弱で、遭遇すればまず生還の望みは薄かった。この２枚の機は同一機と思われ、海上に不時着水したものの、激しく炎上し、やがて水没した。

大きい、同社製『震天』空冷星型複列14気筒発動機（離昇出力１２００hp）を搭載し、大アスペクト比のパラソル式主翼、艇体、尾翼など、九試大艇にほぼ準じた設計にまとめて、これを実現しようと試みた。

試作１号機は昭和11年に完成し、ただちに飛行テストが開始された。その結果、最大速度は１６５kt（３０６km／h）、巡航速度１２０ktにて最大航続距離２５５４浬（４７３０km）と、要求性能はクリアしていることがわかり、飛行中の操縦、安定性なども、とくに問題はなかった。

しかし、飛行性能を優先したために、反面では水上安定性、凌波性がきわめて悪く、艇首が波をかぶって、離着水に支障をきたす欠点は深刻だった。

さらに、理想を追求するあまり、構造が複雑になり、生産、整備取り扱いが難しいことも評価を下げた。

それでも、海軍は昭和15年2月になって、九九式飛行艇〔H5Y1〕の名称で制式兵器採用、広廠、愛知、川西に対して分担生産を命じた。

しかし、このころには九七式飛行艇が大成していて、九九式飛行艇をあえて配備する必要性は低く、加えて『震天』発動機も構造上の問題により生産を中止したため、本艇の生産は昭和16年に入って打ち切られた。

それまでに製作されたのは、航空廠と広廠で約20機、愛知で4機、川西で2機の、計約26機。

たしかに、九九式飛行艇の2554浬、最大21・3時間にもおよぶ大航続距離は、双発飛行艇で実現できる極限値といってよかったが、そのために犠牲となった要素があまりにも多く、所詮は、真の実用飛行艇になり得る存在ではなかった。

日本海軍飛行艇として、一般にはほとんどその存在すら知られないが、実際に1機だけ試作され、うたかたのごとく消えていった機体がある。

昭和12年度に、海軍が最高軍事機密として航空廠に試作発注した、十二試特殊飛行艇〔H7Y〕がそれ。

発端は、アメリカ太平洋艦隊の根拠基地ハワイを、日本から発進して往復無着水で隠密偵察できる飛行艇をもとめたこと。

要求性能は、航続距離５０００浬（９２６０㎞）というだけで、他はいっさい提示されなかったが、当時のレシプロ機にとって、これは途方もない数字であった。現代でいえば、モーター・グライダーのような機体でないと実現不可能である。

航空廠では、ドイツのドルニエＤｏ26飛行艇に範をとり、燃費の面からディーゼル・エンジンを搭載することにし、同国のユンカース社製Ｊｕｍｏ２０５型液冷直列対向６気筒（離昇出力６００hp）を輸入、これを2基ずつ串型配置にした四発機とした。

主翼は半片持ち式の高翼単葉で、空気抵抗を押さえるために、補助浮舟（フロート）は翼端に引き込むようにした。

重量を軽減するために、構造材は強度を限界まで低くし、ゆるやかに旋回できるだけの運動しか許されないほどの徹底ぶり。

試作機は昭和14年に完成したが、テストでは、強度不足、振動過多、方向安定不足、発動機の出力不足などが指摘されたらしい。

問題の航続性能がいかほどのものであったか、記録が残っていないのでわからないが、ともかく、その構想からして相当の無理があり、海軍内部でもその開発に異を唱える意見が相次いだことから、ほどなく開発中止となった。本機に関するデータ、写真などはまったく残されていない。

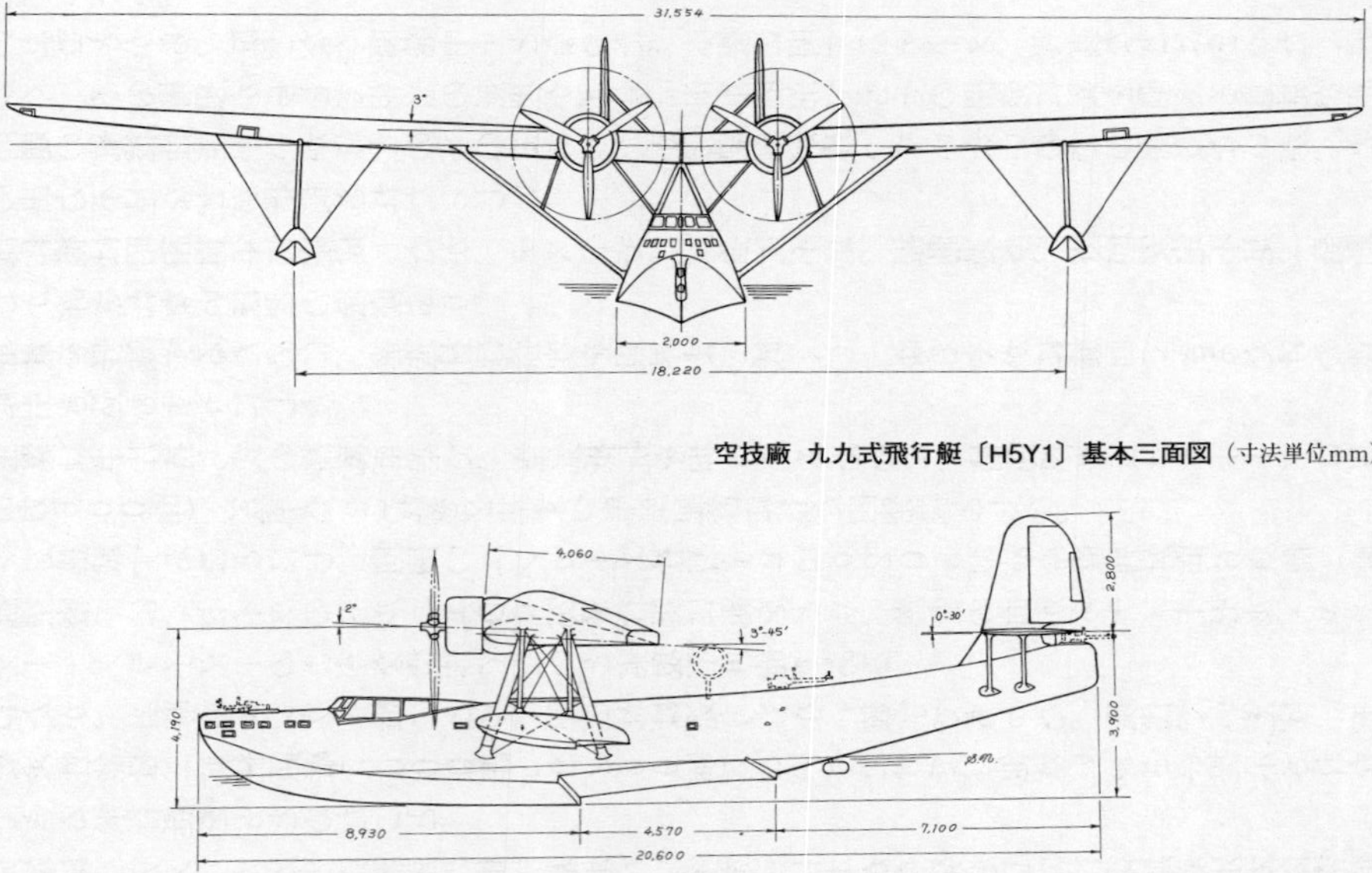

空技廠 九九式飛行艇〔H5Y1〕基本三面図（寸法単位mm）

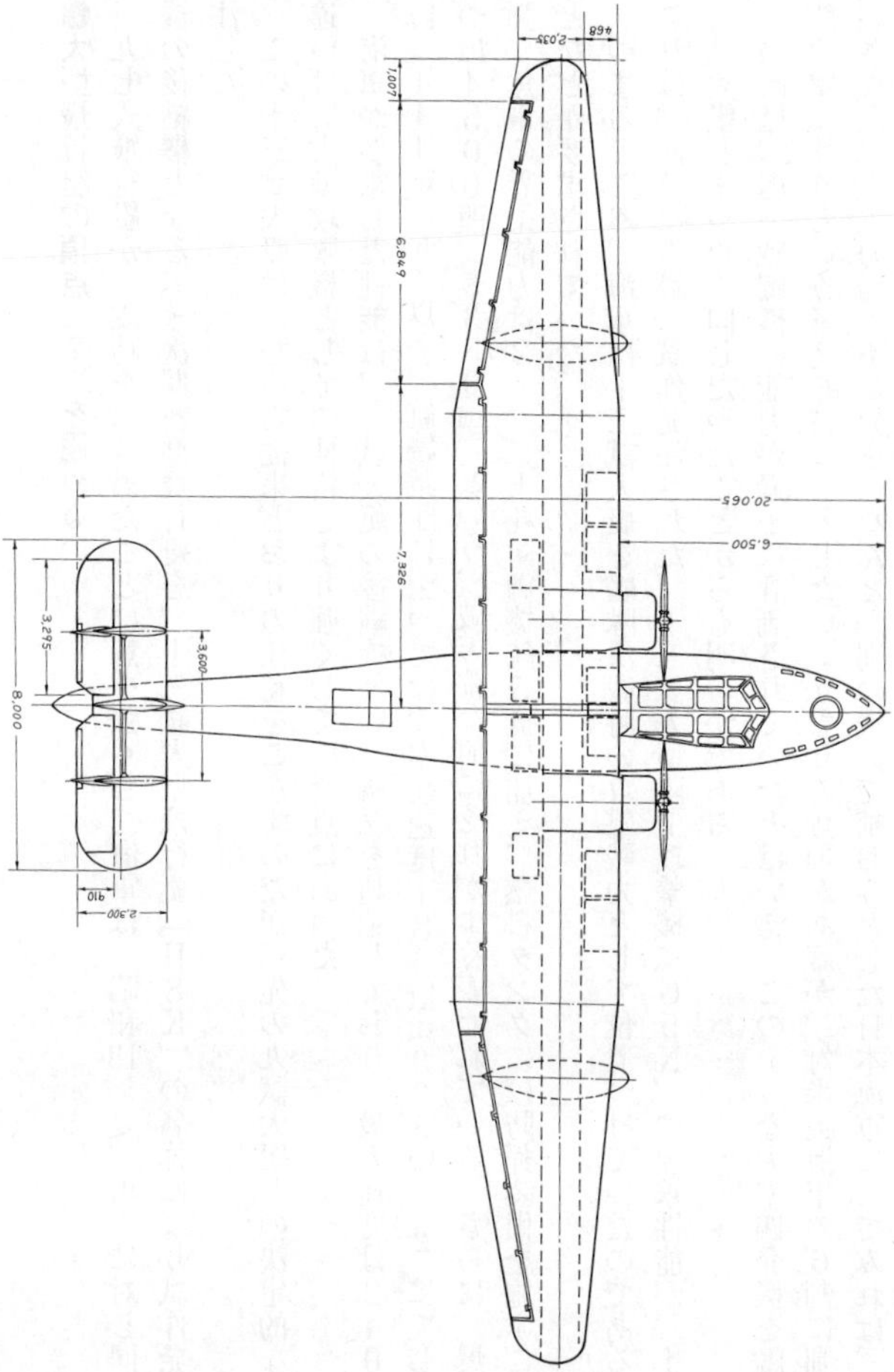
468
2,035
1,007
6,849
20,065
6,500
7,326
3,295
3,600
8,000
910
2,300

●大型飛行艇の頂点（？）を極める

九七式飛行艇が、成功をおさめたことに意を強くした海軍は、昭和13年夏、川西に対し同機の後継機となるべき次期新型飛行艇を、十三試大型飛行艇〔H８K〕の名称により試作発注した。

この十三試大艇は、むろん従来どおりの任務をこなすのだが、先の九試大艇との決定的な違いは、大型攻撃機としての性格をより強くしていた点にあった。

海軍が要求した性能は、九試大艇の後継機という概念を超越しており、最大速度は２４０kt（４４４㎞／h）以上、航続距離に至っては、巡航速度１８０kt（３３３㎞／h）にてじつに４５００浬（８３３０㎞）という、破天荒な値にそれがよく表われている。さらに、爆弾、魚雷の懸吊能力は2t、二十粍防御機銃5挺に加え、燃料タンクには防弾装備を施すことなどが要求されていた。

つまるところ、海軍は十三試大艇を艦隊決戦時の攻撃戦力として位置づけていたのである。これは、同時に中島に試作発注された、十三試大型陸上攻撃機〔G５N〕の要求性能が、十三試大艇とまったく同じだったことからも明らかである。

当時は、艦上戦闘機の能力が過小に評価されていたとはいえ、このような大型四発機を艦船攻撃に使うという考えを持つことじたい、かなりの無理があるが、対米英海軍の6割に制限された水上主力艦の不足分を、なんとか別の戦力で補おうとした日本海軍にしてみれば、

▲九試大艇が失敗したときに備え、海軍みずから“保険機”として開発した九九式飛行艇。双発中型飛行艇でありながら、九試大艇とほぼ同じ航続性能をもつという、虫のいい要求が災いし、結果的には失敗作となった。

あながち無謀とも思えなかったのだろう。

それはともかくとして、十三試大艇の要求書を見た川西技術陣が、目を丸くしたことは容易に想像できる。九試大艇のときとはまた別の意味で、思いきった設計でアプローチしないかぎり、到底この破天荒な性能は実現できないことはだれの目にも明らかだった。

川西は、九試大艇と同じく菊原静男技師を主務者として、昭和13年8月に設計に着手した。

まず、基本形態だが、九試大艇のパラソル式主翼では到底240ktの速度は実現不可能なので、肩翼位置の完全な片持ち式に決まった。

発動機は、当時わが国で入手可能な最大出力の、三菱『火星』空冷星型複列14気筒（1530hp）を予定し、本発動機4基で、4500浬を飛ぶに必要な燃料は9t、これに所要の装備を施した機体重量は24tと見積られた。

翼面荷重は150kg／㎡に設定して、主翼面積は九試大艇より少し小さい160㎡に落ち着いた。

速度と航続距離は、主翼の空力設計上は相反する要素で、速

〔このページ３枚〕昭和16年１月、川西・甲南工場沖合の大阪湾にて、テスト飛行のため滑水する、十三試大艇試作１号機を、それぞれのアングルから撮った三葉。すべて同一時のものではないが、上から順に速度が上がった状況を示している。初飛行時にはなかった、艇首の波おさえ装置を追加しているものの、中段写真でわかるように、飛沫の高さは相当なもので、艇体後半、尾翼がすっぽり覆われてしまう。

▲これも、前ページ写真と同じように、川西・甲南工場沖の大阪湾における、十三試大艇の社内テストの光景だが、日時的には約1年後の昭和17年2月、機体は通算第3号機（増加試作機の2号機にあたる）である。1号機に比較して、艇首が延長され、同下面の波押さえ装置、補助浮舟（フロート）、垂直尾翼上端形状、発動機ナセルなどが改修されているのがわかる。なお、写真は、『火星』一二型発動機の水噴射装置をテストするために離水するところである。この写真撮影の前後に、本機は二式飛行艇の名称で制式兵器採用が決まった。

▲二式飛行艇の実戦デビューとなった、昭和17（1942）年3月4日の、ハワイ攻撃作戦の直前、南太平洋のクエゼリン環礁付近で、潜水艦から燃料の洋上補給をうける訓練を行なう、1番機橋爪大尉乗機、二式飛行艇一一型“Y-71”号機。

▲ソロモン諸島のラバウルに進出し、哨戒任務に従事した、第十四航空隊の二式飛行艇一一型“W-47”号機。わずか12機しかつくられなかった一一型の、実施部隊における活動シーンを捉えた写真は、きわめて少ない。

▲昭和18年、川西・甲南工場で完成した直後の二式飛行艇一二型。外観上からも、変化した艇首銃座窓、後部艇体下面に追加された安定ヒレなどにより、一一型との識別は容易。全面灰色の初期塗装だが、すでに画面右奥の機体は迷彩塗装を施しており、ほどなくこの機も迷彩に直されたはずだ。

度を優先するならスパン（全幅）は短くしたほうが有利である。

十三試大艇は両方とも格段に高い値を要求されているので、どこに妥協点を見いだすかが、設計陣の腕のふるいどころだった。菊原技師らは、アスペクト比を、航続距離の観点では10、速度の観点では8とされた理想値の中間をとって9を採用し、スパンは38mに決まった。

九試大艇では、外翼のみにつけていたテー

パーを、付け根からとし、翼端に向かってその比を強くした。

艇体形状は、速度性能上からも幅を思い切って狭くし、そのぶん高さを増して、ビーム荷重（全備重量を艇体幅の3乗で割った値）を1170kg／㎡という大きな値とした。九試大艇は600kg／㎡、実用上の限界は1000kg／㎡とされていたことからみても、いかに大胆な形状にしたかがわかる。

この幅が狭くて異常に背の高い艇体は、飛行性能上は好都合であるが、反面、水上滑走時の安定性という点からみれば、非常にリスクが大きい。

すなわち、後述するポーポイズ現象が起きやすくなり、海面下への艇体の沈みが大きいために、滑走時には側面から水しぶきが高く舞い上がり、プロペラに当たって発動機の回転数を落とし、ひどい場合は、プロペラを折り曲げたり、フラップを損傷したりする。

川西設計陣も、このあたりは充分予想していて、綿密な水槽実験を繰り返し、九試大艇以上の理想的な艇底形状を追求した。

厖大な量の燃料のうち約60%は、この背の高い艇体内下部に設けた6槽のタンクに収容できたが、残りの40%は、主翼中央内部の前後桁間に設けた、8個の小タンクに収めなければならなかった。

艇体内タンクは、スペース面で充分な余裕があったことから、のちにゴム被覆式の防弾処理が施せたが、日本の軍用機として、これほどの本格的防弾対策を施した機体は前例がなかった。

主翼は、充分な強度を確保する必要から、前後主桁間を箱型にし、九七式飛行艇では上面側だけだった波板構造を、下面側にも施した。

この主桁材に、零戦がはじめて導入した超々ジュラルミン材（ＥＳＤ）を使用したことも、強度向上と重量増加を抑えるために、きわめて効果があった。

九七式飛行艇のフラップは単純な開き下げ式であったが、同機に比較して50％以上も重く、翼面荷重が１５０kg／㎡に達する本機に、相応の離着水性能をあたえるには、さらに効力の高いフラップが必要だった。

川西設計陣が苦心のすえに考案したのが、揚力効果の大きいスロッテッド式フラップの後縁下面を、さらに弦長の⅓ほど下方に開く、いわゆる親子式二重フラップ。このフラップにより、着水速度を１３０㎞／ｈ以下に抑えることが可能となった。

なお、この親フラップ部分の外皮は羽布張りであり、小フラップ部分が金属張りだった。

十三試大艇の性格を特徴づける強力な防御兵装は、艇首先端、艇体後部両側、同上部、同尾部の5箇所に銃座を設け、七粍七、および二十粍機銃各1挺を備えた。

艇首銃座は、大きな半球形風防を電動モーターにより回転させ、この半球形風防内下方に円形の手動回転風防を組み込み、直接照準によって射撃（銃手は立った姿勢）した。

中部銃座と名付けられた艇体後部上方の銃座は、一般的な半水滴状のブリスター内に装備され、銃の操作は動力に頼った。

中部銃座の前方左右に、半水滴状のブリスターを張り出し、スポンソン銃座としたのが側方銃座。ブリスター後半部が上・下方向に回転して、充分な射界を得るようにしてあった。もちろん回転操作は手動である。

艇体尾部の銃座も、当初は中部銃座と同じく一般的な固定銃座だったと思われるが、後述するように、増加試作機の段階で、中部銃座と同じく電動モーター操作の動力銃座に変更される。

なお、これら正規の各銃座とは別に、艇体後部両側、および同下面には、予備として七粍七機銃計4挺までを備え付けられる銃眼、および銃架が用意された。

こうして、川西設計陣が幾多の新技術を注ぎ込んだ意欲作、十三試大艇の試作1号機は、設計着手以来2年4ヵ月後の昭和15年12月末、同社・鳴尾工場にて完成し、30日、海軍の伊東裕満少佐の操縦により無事初飛行した。

つづく一連の社内テストにより、性能はほぼ海軍の要求値を満たしていることが確認され、それは同時に大型飛行艇として、欧米の同級機をはるかに凌駕する高性能機の出現を意味していた。

しかし、その反面で、試作中にある程度予想された、いくつかの問題点も指摘された。

そのうち、とくに深刻だったのが、例の飛沫問題。菊原技師以下設計陣も、これに備えて艇底形状には充分意を払ったのだが、実際にテストしてみると、飛沫の高さは予想以上だった。

川西は、伊東少佐の協力を仰ぎ、模型を使った風洞、水槽実験を何度も繰り返し、ようや

川西 二式飛行艇「H8K」各型変遷

十三試大艇（H8K1）

二式飛行艇の試作機である十三試大型飛行艇は１機だけ作られ、昭和15年12月30日に初飛行した。発動機は『火星』一一型（1530hp）を搭載し、それを包むカウリング、排気管、中央上部銃座、垂直尾翼などが、のちの生産型と異なる他、艇首が短く、初飛行時には波押さえ装置“かつおぶし”も未装着で、艇体の上下幅も浅いなど、かなりの相違点がある。

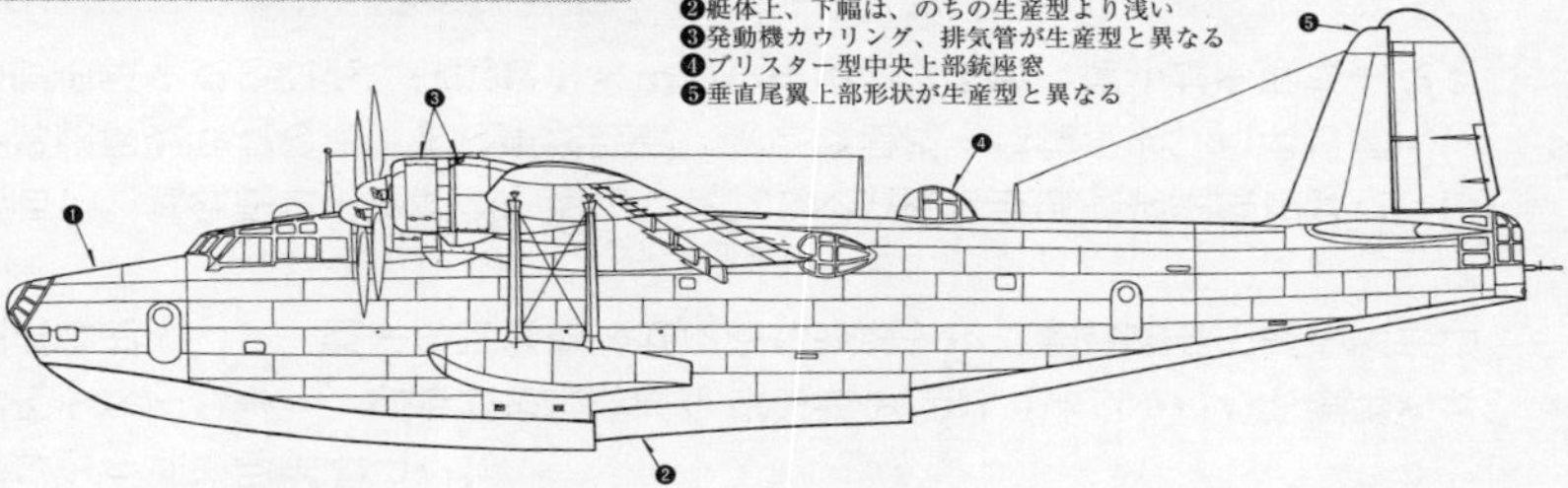

❶艇首は短く、下面の波おさえ装置も未装備
❷艇体上、下幅は、のちの生産型より浅い
❸発動機カウリング、排気管が生産型と異なる
❹ブリスター型中央上部銃座窓
❺垂直尾翼上部形状が生産型と異なる

一一型（H8K1）

最初の生産型である一一型は、発動機が『火星』一二型（1530hp）に換装され、カウリング周辺、排気管、中央上部銃座、艇首、艇体下面、垂直尾翼などが十三試大艇と比べてかなり変化した。昭和18年３月までに計12機が作られたのみである。

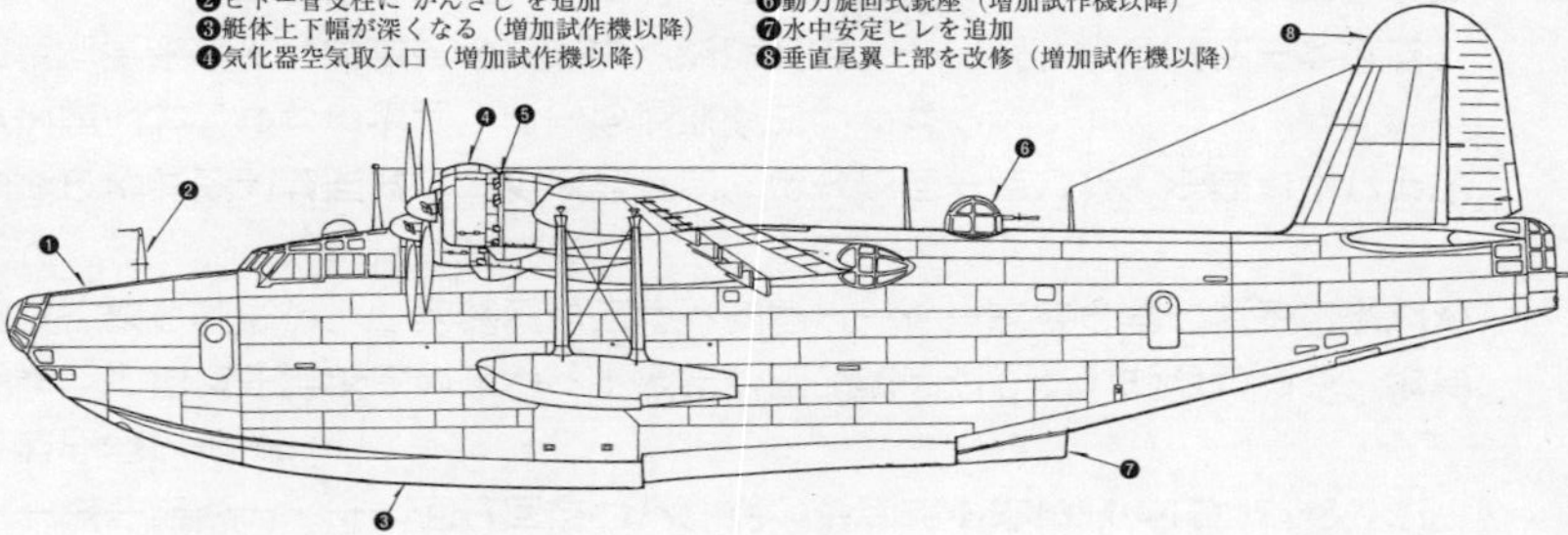

❶艇首が延長される
❷ピトー管支柱に“かんざし”を追加
❸艇体上下幅が深くなる（増加試作機以降）
❹気化器空気取入口（増加試作機以降）
❺推力式単排気管
❻動力旋回式銃座（増加試作機以降）
❼水中安定ヒレを追加
❽垂直尾翼上部を改修（増加試作機以降）

▲昭和19年夏、神奈川県の横浜水上機基地をベースに行動した、横須賀鎮守府付属飛行機隊所属の、二式飛行艇一一型改造高官輸送機、“横鎮-74 敷島”号。本機は、十三試大艇の4号機（増加試作第3号機）にあたり、外観は通常の一一型とほとんど同じだが、艇体内を改造して、乗客27名を収容できるようにしてあった。のちの輸送飛行艇『晴空』とは関係がない。

▲発動機試運転中の“横鎮-74敷島”号を、前下方から仰ぎ見た迫力溢れるショット。艇首先端、同左右にH-6型電探（レーダー）用のアンテナを取り付けている。本機は、増加試作機の改造機ということもあって、艇首下面に“かつおぶし”波押さえ装置が付いておらず、補助浮舟（フロート）下面ステップもないなど、通常の一一型生産機とは細部が異なる。

く解決策を見いだした。

それは、まず海水面とプロペラの距離を離すために、艇底を50㎝ほど〝かさ上げ〟したうえで、艇首下面に〝かつおぶし〟と通称された、独特の波押さえ装置を取り付けたのである。

この〝かつおぶし〟の効果はてきめんで、飛沫問題は一気に解消した。のちに米国でテストされた際も、米海軍から絶賛されており、まさに、川西設計陣のクリーンヒットであった。なお、川西ではこの〝かつおぶし〟の他にもう1種、艇首下面両側に、穴の開いた矩形板を垂直に取り付ける波押さえ装置も考案しており、効果のほうはこちらが大きかった。

しかし、〝かつおぶし〟ですでに充分という結果が出ていたため、採用されなかった。ちなみに、戦後22年以上経過して新明和工業（株）――旧川西航空機（株）の後身――が完成させた、海上自衛隊向けのPS-1対潜哨戒飛行艇には、この矩形垂直板を改良した波押さえ装置が採用されたことからも、着想の優秀性がわかる。

飛沫の問題とともに要改修と指摘されたのが、方向舵バランスの不良。もっとも、これは設計陣のミスというより、海軍が本機に対し、〝浮舟付き単発水上偵察機並みの軽快な操舵性〟という、非現実的な要求をしたためである。なぜこんな要求を出したかといえば、雷撃任務に使うからであった。通常の四発大型機のような緩慢な動きでは、逃げ回る敵艦船を捕捉照準できないからである。

操舵を軽くするには、空力バランスを限界までもっていかなくてはならない。その結果、わずかな風の当たり方しだいで、方向舵がどちらかに動いてしまい、方向安定がきわめて悪くなってしまうのである。

川西は、マスバランスの量を調節したり、方向舵の形状、面積を変えたりして、数十回の改修を繰り返してみたが、ついに〝小型水偵並の操舵性〟は実現できず、垂直尾翼全体を大きくして、相応の操舵性をもたせることで海軍を納得させた。なお、昇降舵の効きに関しても、同様の改修が繰り返されている。

以上のような改修に約3ヵ月を要したのち、十三試大艇の1号機は昭和16年3月26日、海軍に領収され、実用化に向けてのさらに細かいテストが行なわれた。

いっぽう、海軍からは2号機以降5号機までの4機が増加試作機として発注され、年内中に4号機までが完成した。

これら増・試機が1号機に比較して変化した点は、発動機を小改良型の火星一二型（出力は1号機の火星一一型と同じ1530hp）に換装し、カウリングも改修して気化器空気取り入れ口を同上部外に移し、排気管を推力式単排気に改めたほか、艇首は130cm前方に延長され、先端両側の窓配置が変更された。

また、艇体上部銃座は、フランスのボーソン式動力銃架を改良、国産化した一式動力銃架二一型に変更され、半水滴状ブリスターに替わり、電動モーターで左右に回転する球形状に改められた。この際、尾部銃座も風防の形状こそ変わらないが、一式動力銃架三一型に変更された。

昭和17（1942）年に入り、実用に際しての問題がほぼクリアーできたと判断した海軍は、2月5日付けをもって二式飛行艇一一型（H8K1）の名称で制式兵器採用した。試作1号機が初飛行してからわずか1年ちょっとしか経っておらず、四発大型機という点を考慮すれば、これは当時の常識を超えた短期間で、川西設計陣の努力は称賛されてよい。

●日本海軍大型飛行艇の絶頂期と急速な衰退

二式飛行艇にとっての実戦デビューは、多分に唐突なかたちでめぐってきた。開戦劈頭のハワイ作戦で、米海軍太平洋艦隊に大打撃をあたえた日本海軍だが、その後の偵察情報によって、水深の浅い真珠湾に沈没した艦船が、短期間のうちに引き揚げられ損傷修理が急ピッチで進んでいるということがわかった。

そこで、この作業を妨害するために、採用目前の十三試大艇の高性能を生かし、夜陰に乗じて真珠湾に再度の爆撃を加えることが決まったのである。

K作戦と呼ばれた、この第二次真珠湾攻撃こそ、日本海軍が十三試大艇、というより飛行艇そのものの力量を過大視していたなによりの証拠であろう。

攻撃機に選ばれたのは、当時横須賀空にて実用試験中の通産第3、5号機（増加試作第2、4号機）で、搭乗員は1番機橋爪大尉、2番機笹生少尉以下20名、いずれも飛行艇隊の熟練者が選ばれた。

2機の大艇は、横浜航空隊に臨時編入され、2月19日にマーシャル諸島のヤルート島、次いで同月末に同島北方のウォッゼ島に進出し、3月4日の深夜零時25分、各機とも250kg

爆弾4発を懸吊して発進した。

　いかに長大な航続性能を有するとはいえ、ウォッゼ島から直接ハワイまでを往復するのは困難であるため、ハワイ西北方480浬に所在するフレンチ・フリゲート礁を中継地とし、ここにあらかじめ潜水艦を待機させて会合し、燃料補給ののち、ただちに離水するという、前例のないきわどい作戦だった。

18時間の飛行ののち、無事フレンチ・フリゲート礁に到着し、補給を終えた2機は、すでに暗闇になった夜9時38分、ハワイに向けて離水した。

　そして、ウォッゼ島を発ってまる一日が経過した3月5日の深夜2時〜2時半にかけて、2機はオアフ島上空に到着して爆弾を投下した。もっとも、この夜のオアフ島上空は雲量8〜9という状況で地上の視界が効かず、爆撃は盲爆状態となり、1番機の爆弾は真珠湾よりはるか東のタンタルス山付近、2番機のそれは北方海上に落ちたらしく、具体的な戦果はなかった。

　2機の大艇は、その後12時間余を飛行して、ウォッゼ、ヤルート島に別々に帰還した。

　橋爪大尉機は、翌3月6日にもミッドウェー島の偵察を命じられたが、同島駐留の米海兵隊F4F戦闘機の迎撃を受け、撃墜されてしまった。

　これら2回の実戦使用により、日本海軍が構想していた大艇の運用法が早くも根底から揺さぶられてしまったことがわかるが、この時点で、まだ現実として認識されなかった。

　制式兵器採用されたといっても、機体が大柄なだけに、川西工場の生産ピッチはすぐには上がらず、17年中に完成したのは、わずか13機にすぎなかった。

なお、生産型が横浜航空隊、東港航空隊、第十四航空隊の各飛行艇隊に就役したのち、新たにポーポイズ問題が浮上した。

ポーポイズとは、離水滑走中に速度が一定以上になると、イルカの泳ぐ動きに似た激しい縦ゆれを起こす現象で、離水困難になるばかりか、最悪の場合には艇首から海面下に突っ込んで大破してしまう。

事の重大さに驚いた海軍は、ただちに川西に対策を講ずるよう命じた。じつは、このポーポイズに関し、菊原技師ら設計陣は試作中の水槽実験にてある程度を予期し、取り扱い説明書中にて、離水滑走中はかならず艇首の上げ角5°（±1°）を維持するように明記しておいた。

実用テスト段階では、操縦者がいずれも経験豊富なベテラン揃いだったために、ポーポイズ問題は起こらなかったが、実施部隊に就役して、経験の浅い操縦者による操縦例が多くなるにしたがい、表面化したのである。彼らが、取り扱い説明書を注意深く読まなかったことも一因だったが、二式飛行艇自体にもポーポイズを生じやすい原因があった。

第一は、前述したようにその重量に比較して艇体幅が小さく、安定を保てる範囲が狭かったこと、第二に九七式飛行艇に比べて操縦席の位置がきわめて高いところにあり、同機に慣れた感覚を狂わせたこと、第三に艇首上面が前下がりになっているため、水平線との対比による上げ角の判断を誤ってしまう例が多いことなども要因になっていた。

川西が採用した解決策は、艇首上面に立ててあるピトー管の下方に、操縦席から見て艇首上げ角5°にしたとき、水平線と一致する細い横棒を付け、風防前面にもこの横棒と一致する白い目盛り線を記入し、上げ角5°を容易に維持できるようにした。

これは効果を発揮し、以後はポーポイズの発生はほとんど聞かれなくなった。ピトー管に付けた目安棒は、その形状から〝かんざし〟と通称された。

火星一二型発動機搭載の一一型は、通算第6～17号機までの計12機で生産を終わり、18号機以降は、発動機をさらに強力な火星二二型（1850hp）に換装して全般性能を向上させ、戦訓により操縦者席、銃座に防弾鋼板を追加し、燃料タンクは特殊ゴムを二重に被せた防弾タンクとし、艇首先端銃座、および窓を変更、増・試機で既に導入していた艇体下面第2ステップ後方の安定ヒレを備え、垂直尾翼上部を改修するなどした新型に変わった。

本型は、昭和18（1943）年6月26日付けをもって、二式飛行艇一二型〔H8K2〕の名称で制式兵器採用され、同年中に80機、19年に32機、合計112機が生産されて主力型となった。後期の一二型は、三式空六号電探（レーダー）を搭載し、艇首両側にそのアンテナを付けたほか、側方銃座窓を平面状に変更した。

一二型は、八〇〇番台の隊名をもつ飛行艇隊、八〇一、八〇二、八五一航空隊を中心に、海上護衛総隊隷下の九〇一、九〇二、九五一航空隊、内地の輸送部隊一〇二一、一〇八一航空隊などに配備されていった。

しかし、昭和17年中に一一型が散発的に実施した米軍支配下の各島への爆撃作戦などは、18年に入ると米軍側のレーダー警戒網、迎撃戦闘機の充実などで不可能となり、二式飛行艇

一二型（H8K2）前期生産機

少数生産にとどまった一一型にかわり、昭和18年2月から、新たに専用工場として建設された甲南工場で生産に入ったのが一二型。発動機を『火星』二二型（1850hp）に更新して出力を向上させ、艇首銃座を九九式二十粍一号旋回機銃に変更、防弾装備を強化したことなどが主な相違である。

❶艇首銃座を九九式二十粍一号旋回機銃に強化
❷発動機を「火星」二二型（1850hp）に換装

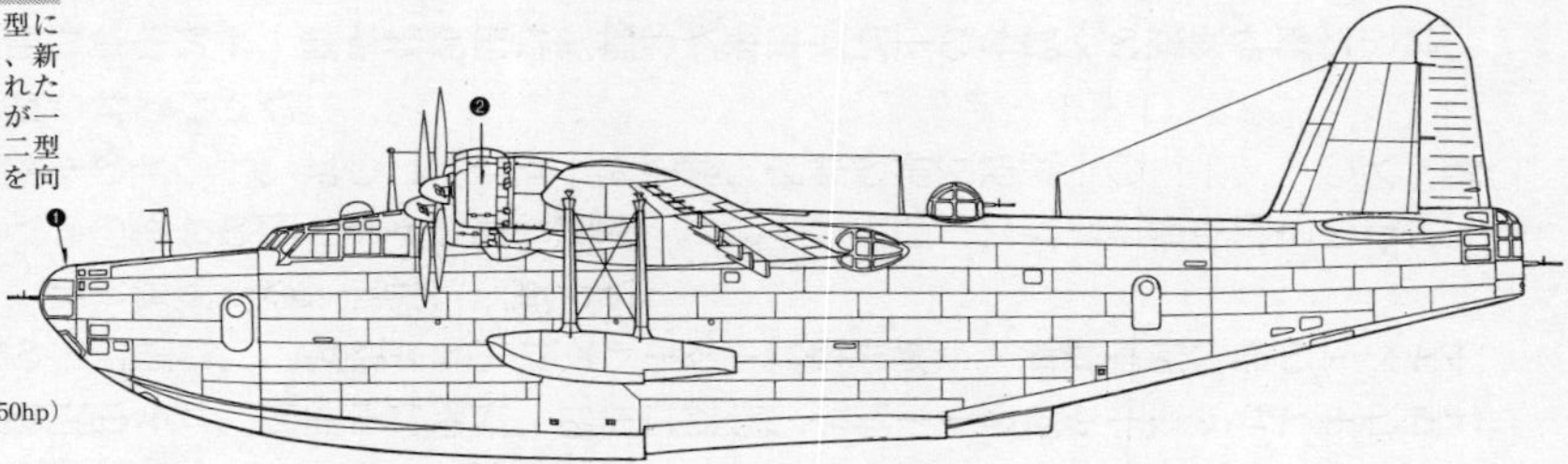

二二型（H8K3）

一二型の翼端浮舟（フロート）を外側上方に折りたためるように改め、フラップをファウラー式に変更、中央上部銃塔を引き込み式とし、防弾装備をさらに強化するなどした改良型。試作機は、昭和17年末に2機作られたが、量産に入ることなく終わった。

❶翼端浮舟は外側上方引き込み式
❷ファウラー式フラップに変更
❸スピナー形状が変化
❹中央上部銃塔を引込式に変更

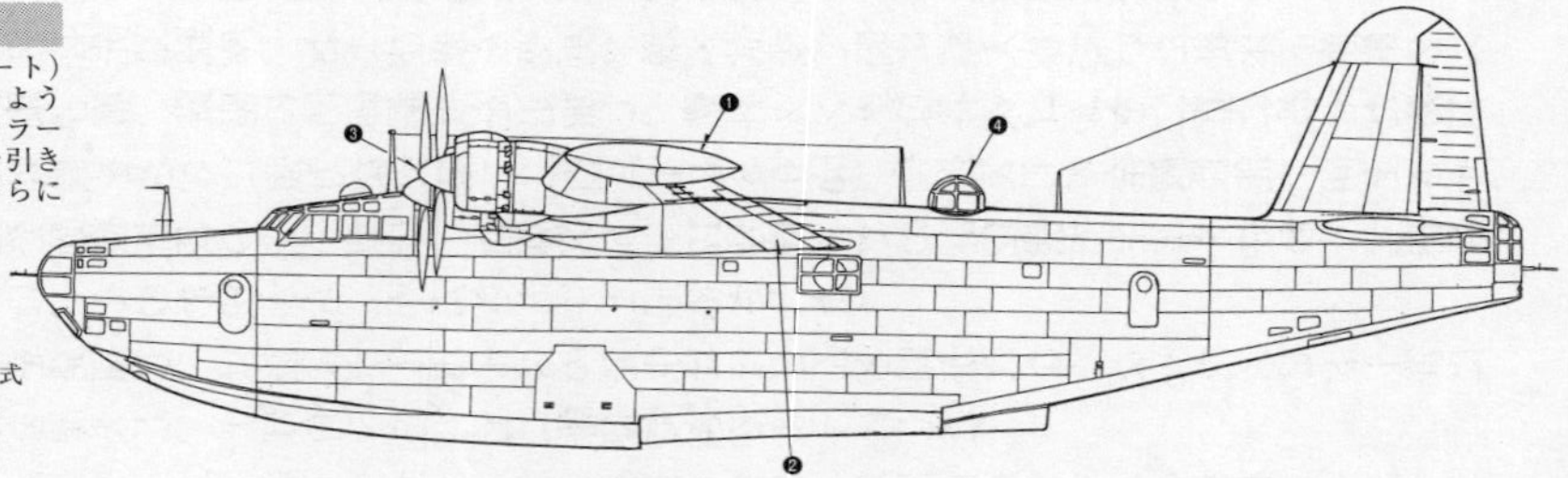

一二型（H8K2）後期生産機 精密四面図

側面図

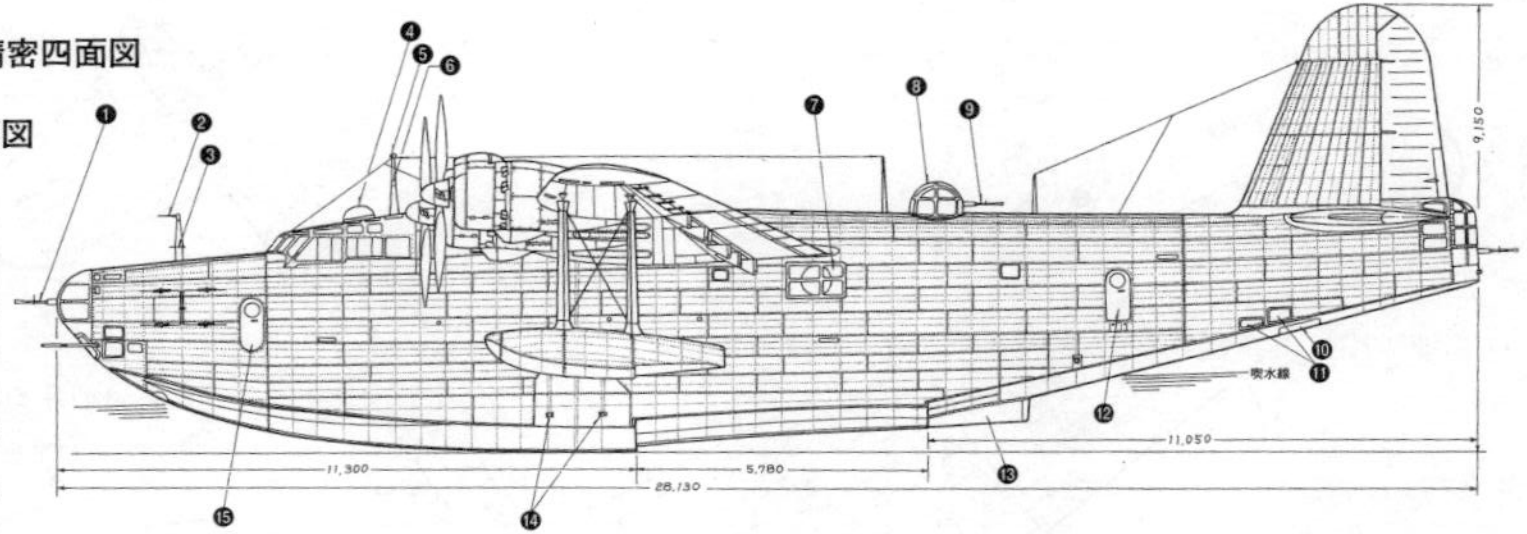

一二型（H8K2）後期生産機

昭和18年２月から生産が始まった一二型は、二式飛行艇の主量産型で、輸送機型の『晴空』を含めた全生産数168機のうち、66％を占める112機が作られた。これらのうち、昭和19年後半以降の生産機は艇体側方銃座を変更して、窓を半水滴状のブリスター型から方形平窓に改め、航法/索敵用H-6機上電波探信儀を搭載し、そのアンテナを艇首前方の両側に取付けた。一二型の最後の１機が甲南工場をロールアウトしたのは昭和20年２月である。

❶九九式二十粍一号旋回固定機銃一型改一
❷ピトー管
❸離水角度維持目安棒（通称“かんざし”）
❹天測航法用窓
❺機首灯
❻アンテナ空中線支柱
❼側方銃座窓
❽中央上部動力銃塔
❾九九式二十粍一号旋回機銃一型改一
❿下方予備機銃射撃扉
⓫下方予備機銃座用明かり取り窓
⓬後部乗降扉
⓭水中安定ヒレ
⓮地上移動用運搬車取付金具
⓯前部乗降扉

正面図

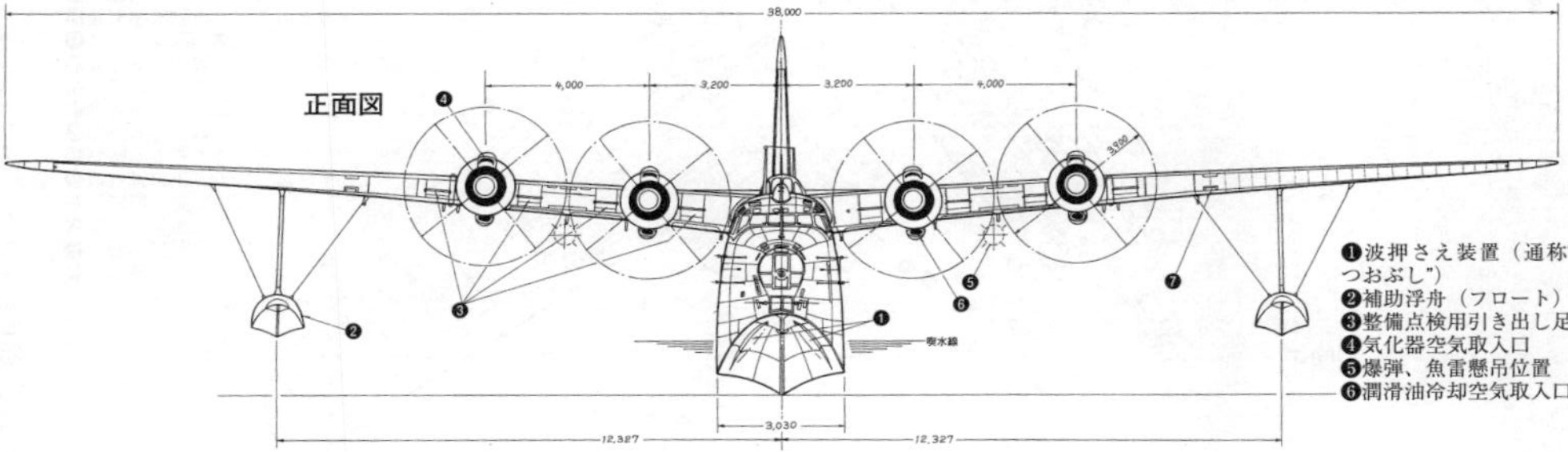

❶波押さえ装置（通称“かつおぶし”）
❷補助浮舟（フロート）
❸整備点検用引き出し足場
❹気化器空気取入口
❺爆弾、魚雷懸吊位置
❻潤滑油冷却空気取入口

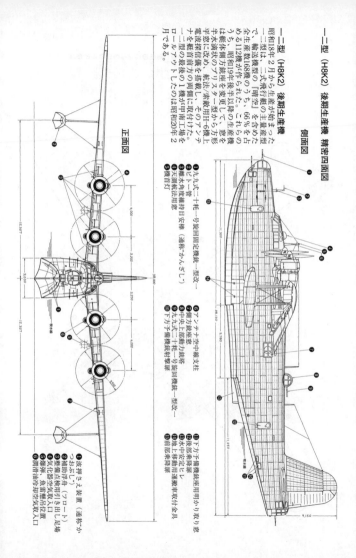

①遮風板
②上部出入扉
③外側補助翼
④内側補助翼
⑤補助翼修正タブ（右翼のみ）
⑥外側フラップ
⑦内側フラップ
⑧昇降舵（羽布張り）
⑨修正タブ
⑩九九式二十粍一号旋回機銃一型改一
⑪アンテナ空中線支柱
⑫艇体内燃料タンク着脱用扉
⑬主翼内桁間燃料タンク
⑭編隊灯
⑮外翼羽布張り部
⑯編隊灯
⑰碇泊灯
⑱翼舷灯
⑲水メタノール液タンク
⑳翼内燃料タンク注入口
㉑方向探知用枠型空中線
㉒室内冷暖房、換気装置用空気取入口
㉓天測航法用窓
㉔離水角度維持目安棒（通称"かんざし"）
㉕H－6電探アンテナ

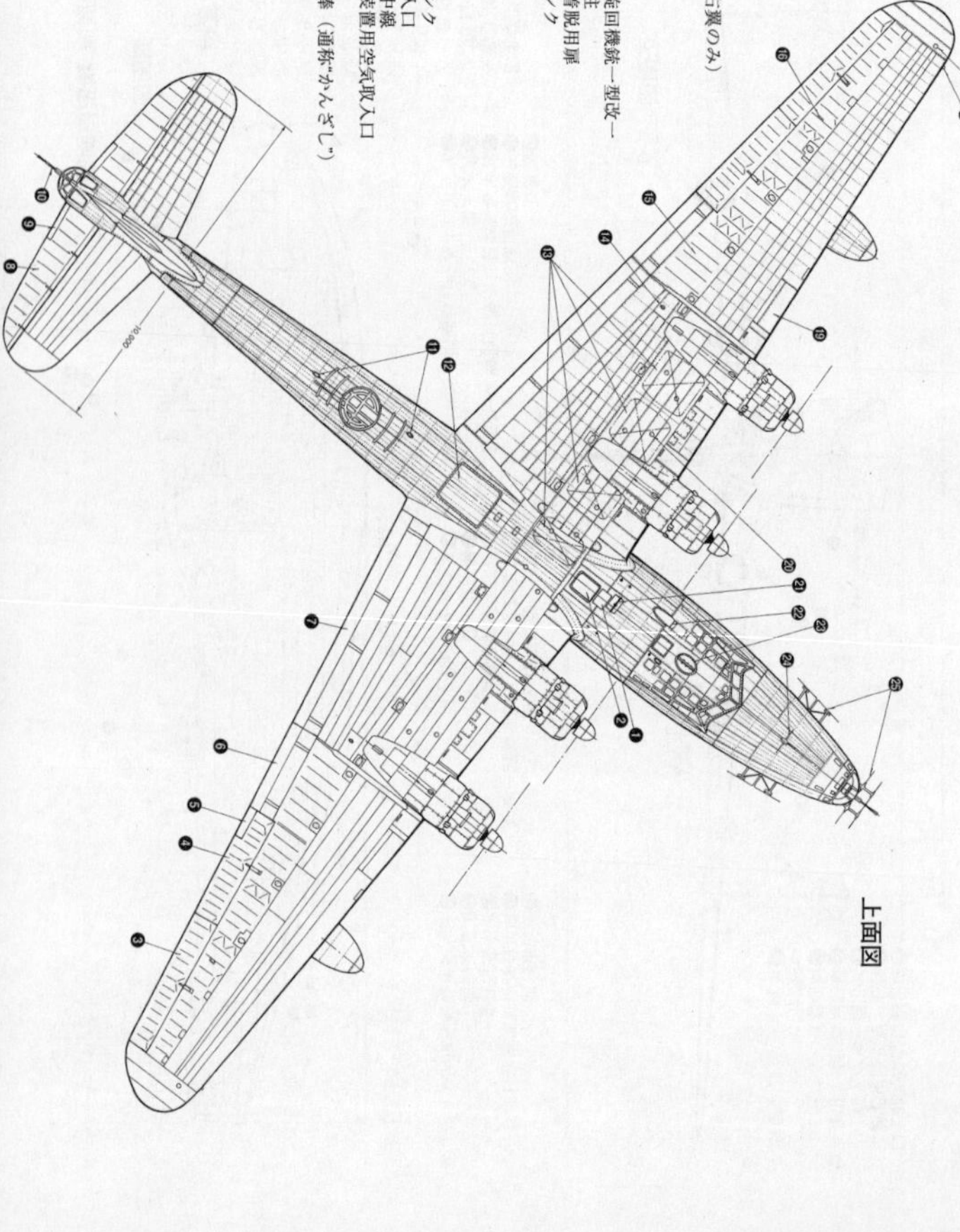

上面図

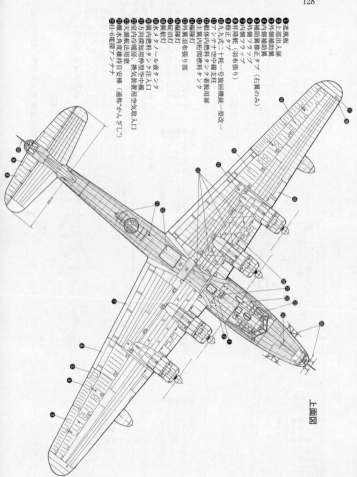

❶波押さえ装置（通称"かつおぶし"）
❷キール（竜骨）
❸ハードポイント中心線
❹内外翼結合部
❺着水灯
❻碇泊灯
❼翼舷灯
❽"子"フラップ
❾"親"フラップ
❿フラップ・ヒンジ
⓫水中安定ヒレ
⓬下方予備機銃射撃扉
⓭下方予備機銃射撃窓
⓮燃料タンク着脱扉

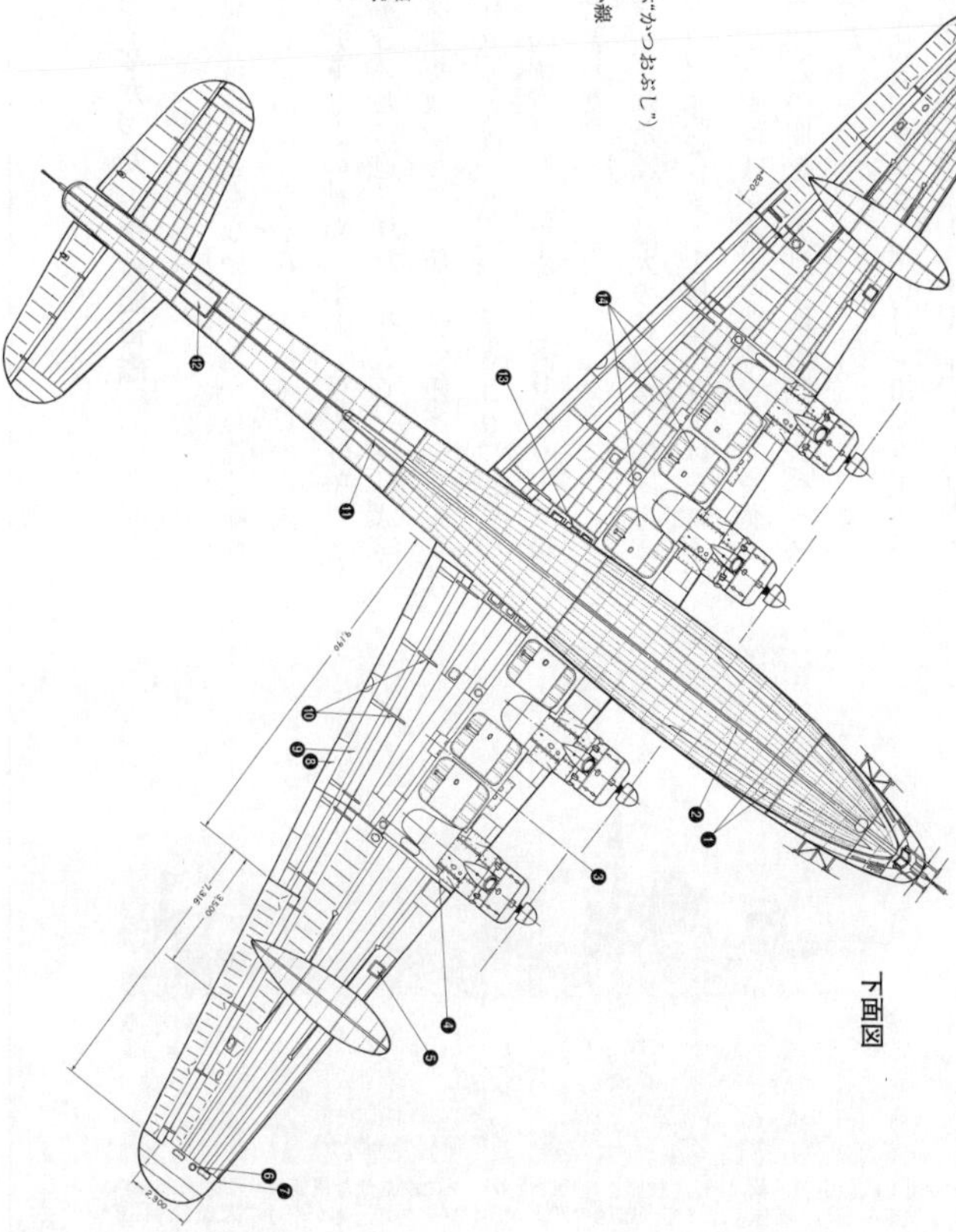

下面図

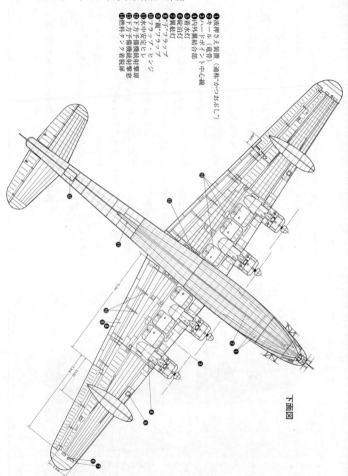

世界にも例がなかった〝飛行艇母艦〟

九七式飛行艇の就役にともない、基地から遠く離れた場所で哨戒任務にあたるときなど、搭乗員の糧食、機体への燃料、弾薬などの補給、あるいは保守整備という面も考慮する必要に迫られた。そこで、海軍は洋上、あるいは前進基地などで、飛行艇の任務を支援する、専任艦の建造を企図、昭和14（1939）年度の軍備充実計画（通称㊃《まるよん》計画）により、5000トン級1隻の予算を計上した。

『秋津洲《あきつしま》』と命名された艦の最大の特徴は、艦尾に、十三試大艇（のちの二式飛行艇）1機を吊り上げられる、大きな電動式ジブ・クレーン（許容重量30トン）を備え、艦中央付近の煙突との間を、大艇1機の収容スペースにしたことだった。

本艦は、昭和15（1940）年10月、川崎重工・神戸造船所で起工され、翌16（1941）年7月に進水、

▲微速で航行中の『秋津洲』。舷側や煙突、クレーンに施された風変わりな迷彩が面白い。こうしてみると、艦体に比べて、艦尾の30トン・ジブ・クレーンがやけに大きく、目立つ。

17（1942）年4月29日の天長節に竣工した。さっそく、ソロモン諸島方面に進出し、八〇二空の二式飛行艇隊などを支援して、その存在感を示した。

しかし、翌18（1943）年に入ると、アメリカ軍の航空優勢、対空警戒網の強化などにより、日本海軍飛行艇隊の最前線での活動は困難になり、秋津洲も、舟艇や物資の輸送任務などを専らとするようになった。そして、昭和19（1944）年9月24日、比島（フィリピン）のパナイ島西方にてアメリカ海軍艦載機の攻撃をうけ、撃沈されてしまう。

秋津洲につづき、4隻の同型艦が建造される計画もあったが、状況の変化などにより、全て中止され、1隻のみの完成に終わった。なお、使用目的は〝飛行艇母艦〟といえるものだったが、秋津洲の公式な類別は水上機母艦である。

▲航行中の『秋津洲』を上空から見る。飛行艇収容部の艦幅は15m程度しかなく、二式飛行艇の翼幅は38mだから、左、右に大きくはみ出してしまう。そのため、収容しての航行は不可能で、停止状態に限られる。

▲▼日本敗戦時に、わずか数機しか生き残っていなかった二式飛行艇のうちの１機、もと詫間航空隊の一二型“T-31”号機、製造番号426は、戦後調査、テスト対象機として米国に運ばれた。そして、幸運にもスクラップ処分を免れ、のちに日本へ返還されて、東京『船の科学館』に展示されていたのは御承知のとおり。この２枚の写真は、1946年当時、米国においてテスト中の426号で、“生きた状態”の一二型を示す格好の資料。ただ、戦時中に装備していた、H-6電探とそのアンテナ、武装など、装備品の一部は撤去されている。

▲雲海上を快翔する、二式飛行艇一二型後期生産機。艇体日の丸の前上方に位置する銃座窓が、従来のブリスター型から平窓タイプに変わっているのがわかる。艇首には、H-6電探用アンテナを付けている。このような写真を見るかぎりでは、威風堂々、まさに空中戦艦とでも表現し得るが、現下の戦場は、本機にとってきわめて厳しい環境だった。

▲一二型の速度性能を向上させるため、フラップをファウラー式に変更、補助浮舟を翼端下面に引き上げて収納し、艇体上部銃塔も引き込み式にするなどの改修を加えたのが二二型である。写真は2機試作されたうちの2号機で、形状の変化した補助浮舟、スピナーなどがわかる。

▲米海軍の哨戒爆撃機PB4Y（B-24の海軍型）と交戦し、艇体タンクを射抜かれて激しい焔と煙を曳きつつ墜落する、二式飛行艇一二型。九七式飛行艇は当然だが、二式飛行艇にとっても、米軍の陸上双発、四発機は危険な存在で、哨戒中に遭遇して射ち合いになると、このような形で撃墜されてしまった。飛行艇そのものの終焉を象徴するシーンであろう。

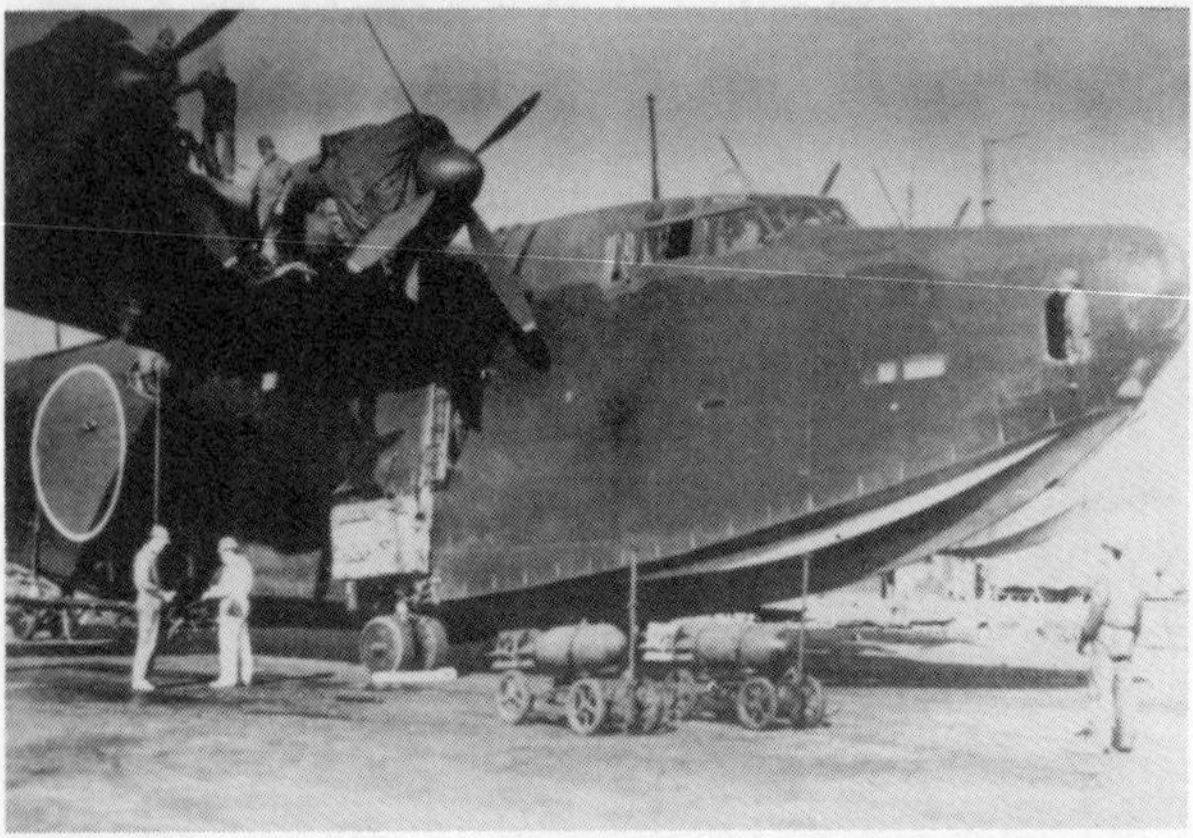

▲2機だけ試作された二二型は、その後、発動機を『火星』二五乙型に換装して、二式飛行艇二三型となったが、すでに本型の量産意義はなくなっていた。写真は爆弾懸吊テスト中のもの。カバーが被せられていて、ナセル形状がわからないが、一二型とは異なる形のスピナーはわかる。

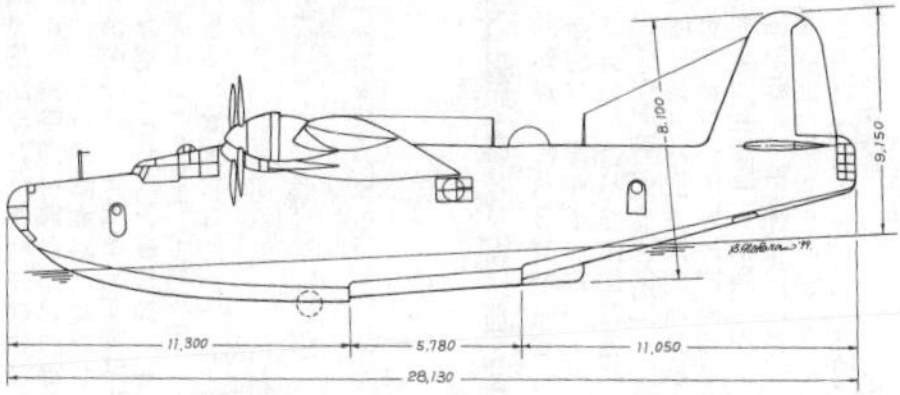

川西 二式飛行艇二二型〔H8K3〕基本三面図（寸法単位mm）

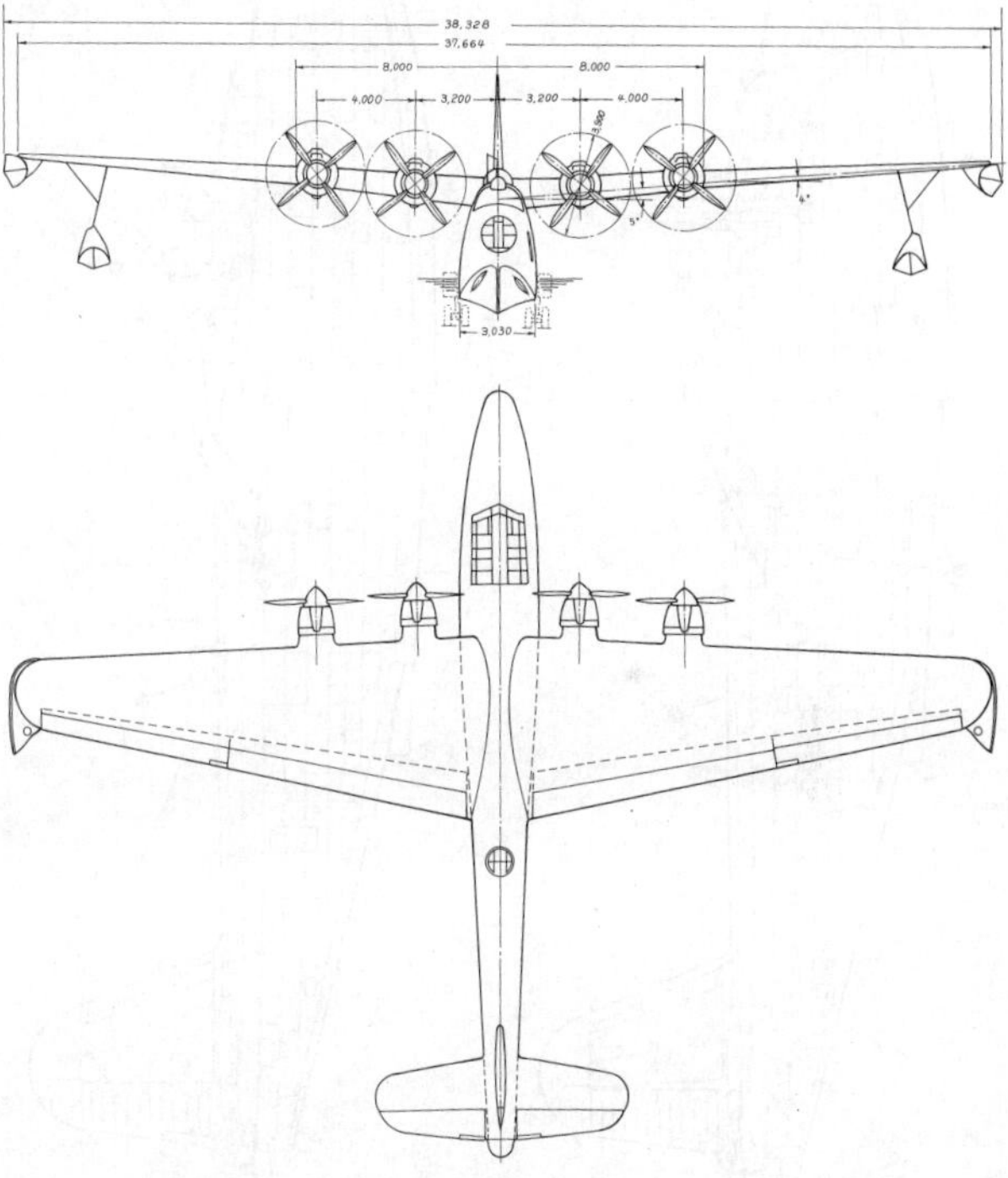

二三型（H8K4）

二二型の発動機を、水噴射装置付きの『火星』二五乙型（1850hp）に換装し、中央上部銃塔を円筒形に改めるなどしたのが二三型である。試作機2機は、二二型をそのまま改造したので新規製造ではない。改良の効果はあったが、本型の実用試験が行なわれた昭和20年初め頃には、すでに飛行艇そのものの存在価値が薄れており、量産には至らなかった。

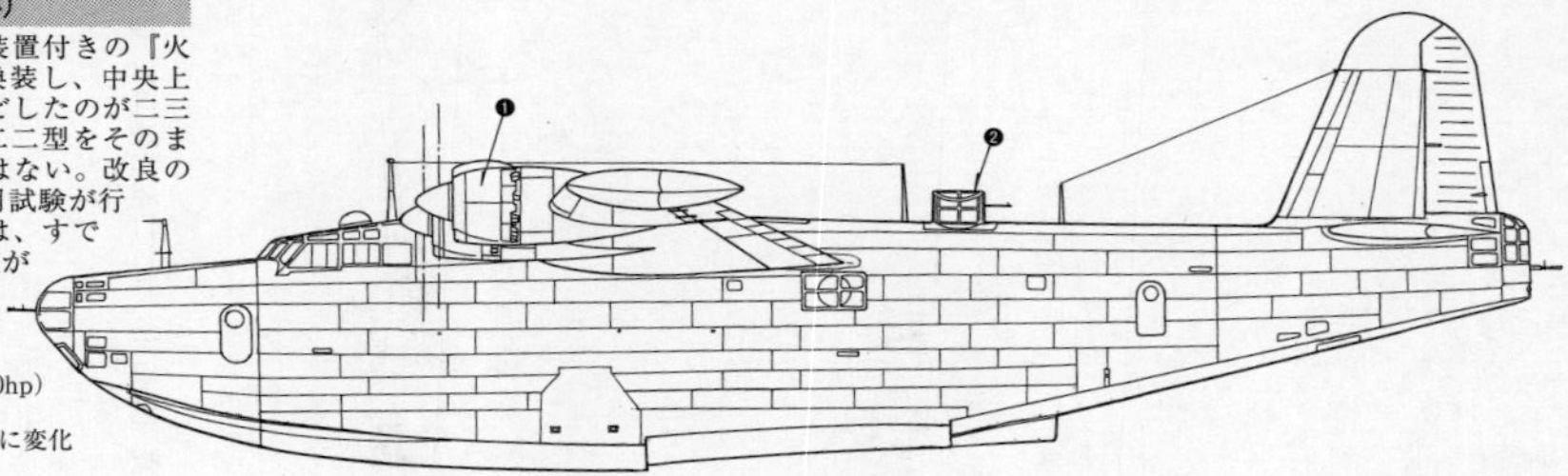

❶発動機を『火星』二五乙型（1850hp）に換装
❷中央上部銃座が引込式の円筒形に変化

輸送飛行艇『晴空』三二型（H8K2-L）

哨戒、索敵機としての存在価値が低下したのと対照的に、戦争後半に入って需要が高まった輸送機としての任務に適応するように、一二型の艇体内部を改造し、上層3室、下層2室、最大で64名収容できる客室を設けた。試作機は十三試大艇原型機を改造して昭和18年11月に完成、それと同時に甲南工場にて生産が始まり、昭和20年4月に最後の1機がロールアウトするまでに計42機が作られた。

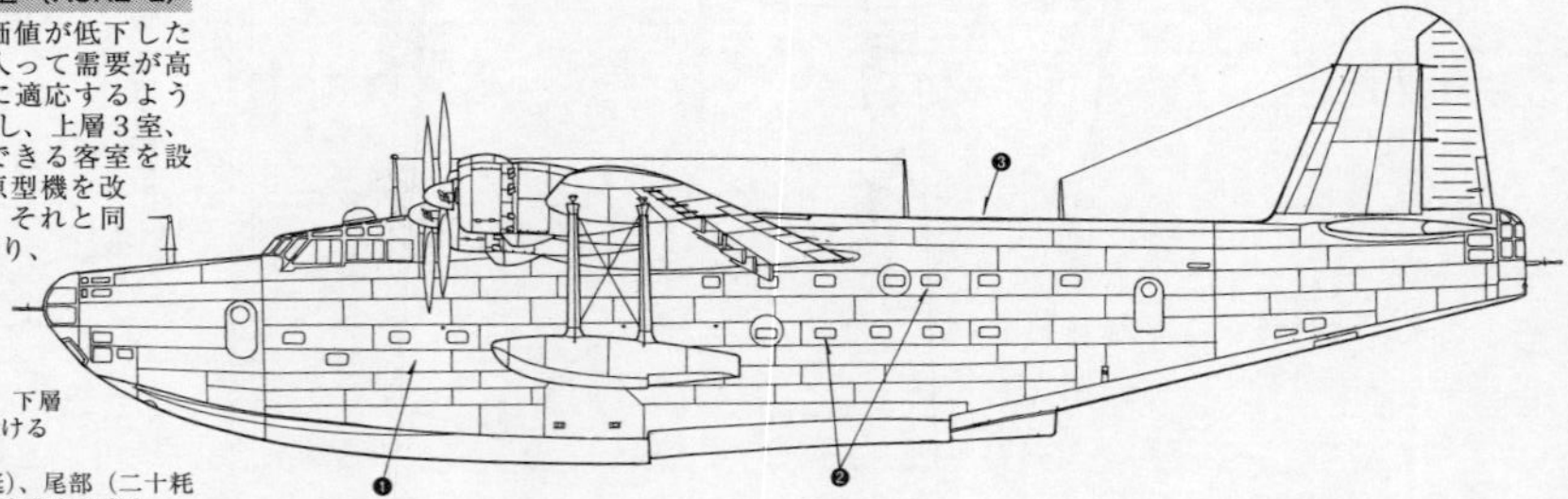

❶艇体内部を改装して上層3室、下層2室の客室（最大64名収容）を設ける
❷客室窓を設置
❸防御武装は艇首（十三粍銃1挺）、尾部（二十粍銃）のみに限定し、中央上部、側方銃座は廃止

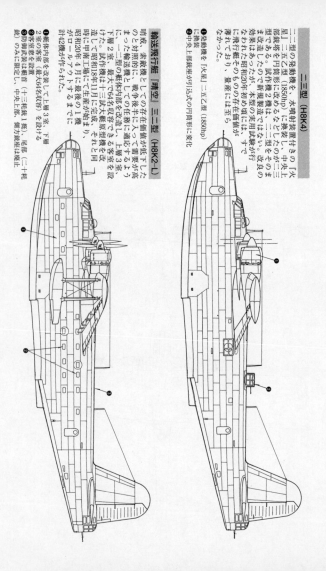

▲十三試大艇の試作１号機を改造した、二式輸送飛行艇の原型機。艇首が短く、同下面の波押さえ装置形状などに、十三試大艇試作１号機だったことが示されている。艇体側面には、客室用窓が設けられ、迷彩塗装を施しているため、ちょっと見た目には別機の印象をうける。

◀二式輸送飛行艇原型機の艇体前部、および左主翼下面のクローズアップ。客室窓の配置や、補助浮舟、補助翼などのディテールがよくわかる。なお、本機は横須賀鎮守府付属飛行機隊に所属し、"横鎮-71 旭"号となった。

の活動範囲は、哨戒、連絡、輸送など戦線後方、もしくは米軍航空戦力のおよばない地域に限定されてしまった。太平洋戦争は、日米海軍とも予想し得なかった航空戦主導の戦いで推移し、主力艦同士の艦隊決戦は昔日の夢物語と化してしまったのである。

その艦隊決戦を、発展のよりどころにして開発されてきた日本海軍の大型飛行艇が、そうした太平洋戦争において命運を絶たれてしまうのは当然の帰結だった。

結局、川西設計陣が心血を注いで絞り出した、欧米同級機の追随を許さないほどの二式飛行艇の高性能も、太平洋戦争後半には孤島からの兵員引き揚げ輸送、物資補給、夜間電探哨戒、梓特別攻撃隊の往路誘導といった、裏方的任務でしか活用の場がなくなってしまい、昭和19年後半には、もはや日本海軍にとって飛行艇じたいの存在価値さえ薄れてしまった。

一二型につづき、翼端浮舟を外側引き込み式にし、スピナー、カウリングを変更、防弾装備を強化して中部銃座を引き込み式に、フラップをファウラー式に改めるなどした、仮称二式飛行艇二二型〔H8K3〕が17年末に2機つくられ、のちにこの2機を水噴射装置付きの火星二五乙型発動機に換装し、仮称二式飛行艇二三型〔H8K4〕と改称した。

しかし、前述したような、飛行艇そのものの存在価値が失せてしまった状況では、実験機の扱いに終わるしかなかった。二三型となったあとの2機は、詫間基地の八〇一空に配属となったが、昭和20年3月、沖縄周辺海上の、米海軍機動部隊に対する夜間索敵に出たまま未帰還になった。

実戦活動の場がしだいに狭められていくなかで、その機体の大きさを利した、人員輸送機

▲▼昭和18年11月30日、川西・甲南工場で完成した、輸送飛行艇『晴空』三二型の生産1号機。機体ベースは二式飛行艇一二型だが、艇体側面に設けられた客室用窓、同上面、および側面の銃座が撤去されていることなどにより、容易に識別できる。

としての能力は重宝がられ、九七式輸送飛行艇と同様に、二式飛行艇の輸送機専用型の開発が、昭和18年はじめ、川西に命じられた。

川西では、まず十三試大艇1号機を改造して原型をつくり、18年11月に海軍に納入した。改造の要領は、艇内の床上に第1～3客室、床下に第4、5客室を設け、41名を収容可能にした。外観上、上部と側方銃座が撤去され、艇体左右に客室用窓が追加されたことが、通常型との相違だった。

海軍の評価も満足すべきものだったため、ただちに量産中の一二型をベースにした輸送機型が、二式輸送飛行艇〔H8K2-L〕の名称で発注され、間もなく輸送飛行艇『晴空』三二型と改められた。

晴空三二型は、椅子のタイプ、配置の違いにより、最少29名から最大64名までの人員を収容できる。昭和19年度の24機をピークに、合計42機つくられた。

計画では、二式飛行艇二三型をベースにした、仮称晴空三三型〔H8K4-L〕も予定されていたが、実際には製作されなかった。

戦争後半の状況下では、二式飛行艇よりも、むしろ晴空のほうが需要は多かったといえる。太平洋戦争の敗色が濃くなるにつれ、八〇〇番台の隊名を冠する3つの正規飛行艇隊は、しだいに活動規模を縮小し、まず昭和19年4月1日付けをもって八〇二航空隊（旧横浜空）が解隊した。

次いで、9月20日には第八五一航空隊（旧東港航空隊）が解隊したが、この飛行艇隊は去る3月31日、連合艦隊司令部がパラオ島からミンダナオ島ダバオに移動する際、高官輸送任務を課せられ、出発した2機のうち1番機が悪天候のため遭難、搭乗していた古賀峯一連合艦隊司令長官以下が殉職するという不運にあい、有名になった部隊。

唯一の飛行艇隊となった第八〇一航空隊は、その後の厳しい状況のもとで、昭和19年11月以降、本土の詫間、鹿児島基地をベースに、沖縄周辺海域を中心とした夜間の哨戒、索敵などに従事したが、米軍側のレーダー探知、夜間戦闘機のパトロールが厳しく、未帰還機が続出した。とくに、昭和20年3月18日夜には、稼働機のすべて5機を哨戒に出したものの、米

▲二式飛行艇大量配備計画に添い、その乗員訓練用として開発された、二式練習飛行艇。写真は、詫間航空隊に配属された、全面黄色塗装の“タク-102”号機。艇首、および発動機ナセル前半の反射除け黒塗装、操縦室横の艇体側面に記入された、赤のプロペラ警戒帯に注目。

軍夜戦につぎつぎと撃墜され、帰還できたのは木下中尉機（801―95号）1機だけという惨状だった。

なお、これに先立つ1週間前の3月11日、八〇一空の二式飛行艇が、陸上爆撃機『銀河』24機をもって編制された梓特別攻撃隊による、長駆ウルシー泊地の米海軍機動部隊に対する攻撃、いわゆる第二次丹作戦において誘導任務を課せられ、3機が参加し、誘導は一応成功したものの、うち1機は未帰還となっている。

この第二次丹作戦、および前述した3月18日の沖縄周辺海域夜間索敵行が、いわば二式飛行艇にとって最後の大任となったのである。

戦力を消耗した八〇一空飛行艇隊は、その後、昭和20年4月末には詫間空に編入となり、のち八〇一は陸攻隊に改編されて、ここに海軍の実戦飛行艇隊は終焉を迎えたのである。その結末は、九七式飛行艇が就役し、十三試大艇の開発がはじまろうとしていた当時、海軍が夢想だにしない姿だった。

●二式大艇のあと

川西に十三試大艇を試作発注した海軍は、将来に本艇の大量配備を計画していたことから、その乗員訓練に使うための新型練習飛行艇の必要性を認め、昭和14年1月、愛知に対して十三試小型飛行艇〔H9A〕の名称で試作発注した。

愛知は、森盛重技師を主務者として同年5月に設計着手し、12月には早くもそれを完了して、試作1号機を翌15年9月に完成させた。

使用目的からして、斬新な設計の必要性は低かったが、外観は九七式飛行艇を小型化したような、パラソル主翼式の双発飛行艇にまとめた。ただし、垂直尾翼は1枚である。

発動機は、低出力の中島『寿』四一型改二空冷星型9気筒（710 hp）を搭載した。

テストの結果は、着水時の引き起こし操作をする際に、機体が落下する悪癖があることがわかり、発動機取り付け位置を下に下げ、あわせてフラップ改修、主翼幅の延長、機銃架の改良など、指摘された欠陥の修整に長期間を要した。

そして、ようやく実用域に達したと判定され、昭和17年2月、二式練習用飛行艇一一型〔H9A1〕の名称で制式兵器採用が決定した。

愛知 二式練習用飛行艇一一型〔H9A1〕

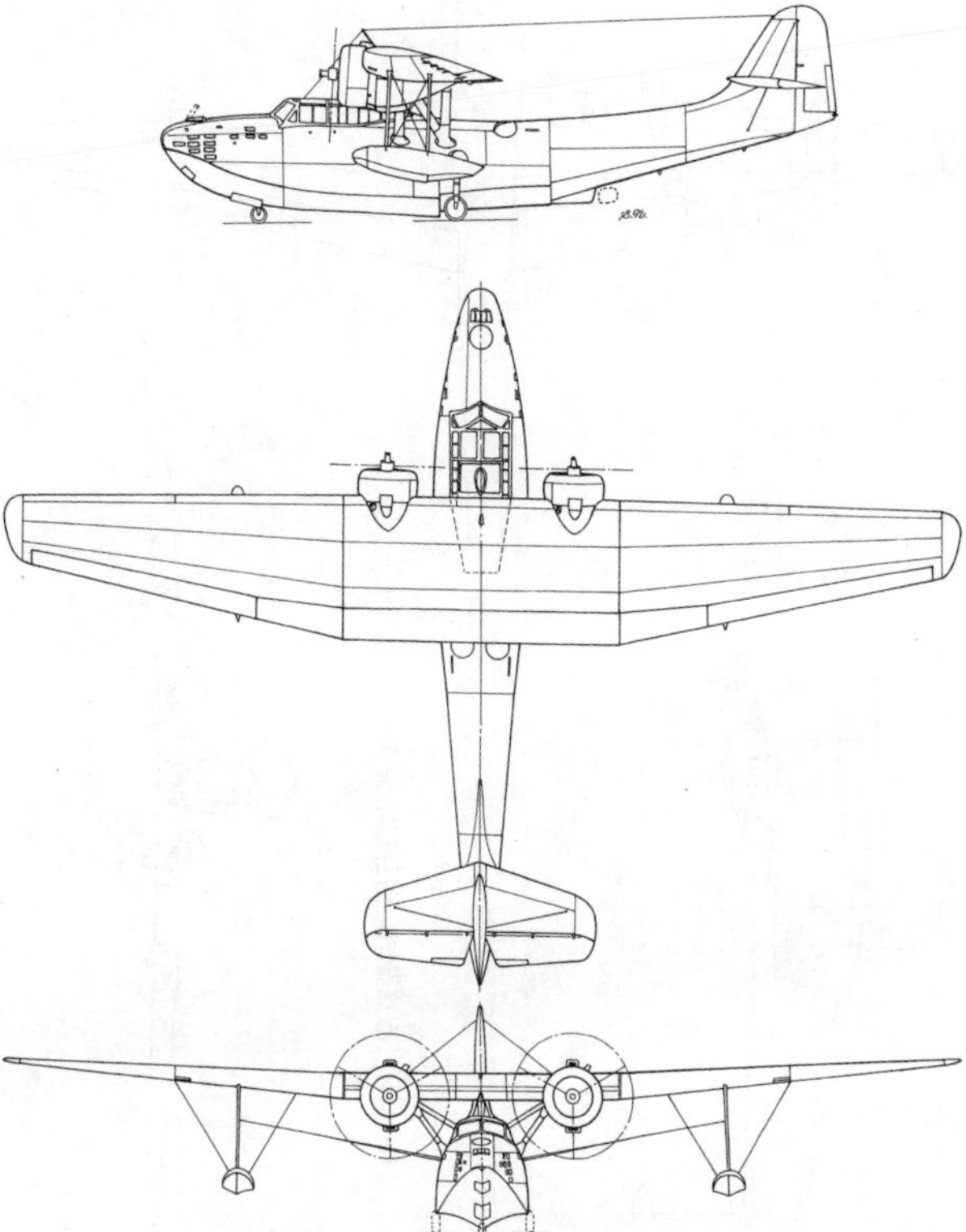

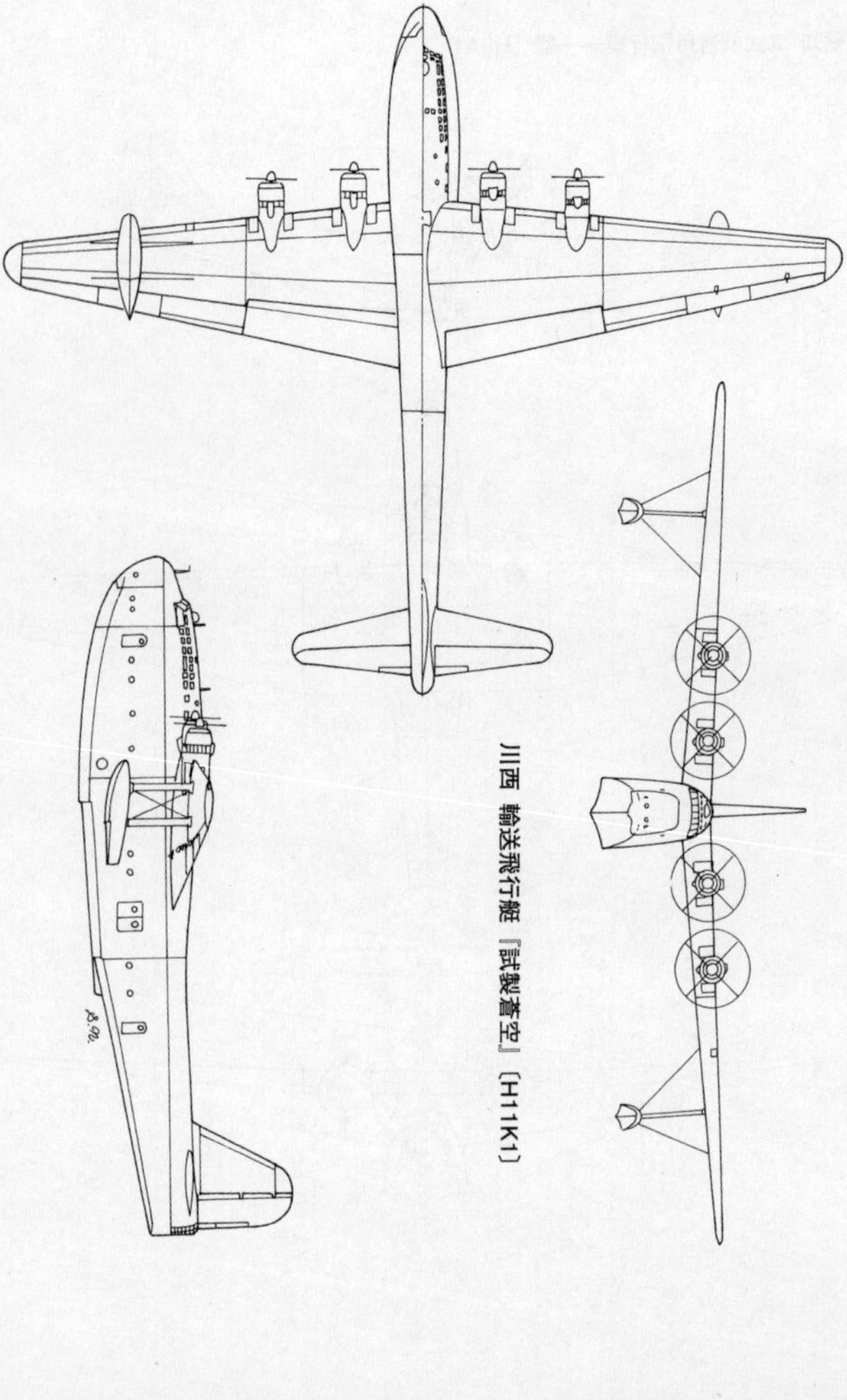

川西 輸送飛行艇「試製蒼空」〔H11K1〕

しかし、太平洋戦争の推移にともない、海軍が計画した二式飛行艇の大量配備構想は崩れ、その生産数は大幅に縮小、同時に二式練艇の必要性も薄れてしまった。

その結果、愛知では、昭和18年にかけて24機（試作機3機ふくむ）、他に日本飛行機（株）が4機つくったところで、二式練艇の生産は中止された。

戦況が悪化し、日本本土近海に米海軍潜水艦が多数出没するようになると、主として詫間航空隊に配備されていた二式練艇は、電探（レーダー）、磁気探知器を搭載して対潜哨戒機となり、当初の目的とは異なった任務に服しつつ、その生涯を終えた。

●海軍最後の飛行艇計画

十三試大艇の実用テストが進んでいた昭和16年、海軍は将来を見越し、航続力5000浬、総重量80ｔに達する巨大四発飛行艇の研究を川西に命じた。もちろん、まだ実機を試作するという段階ではなく、設計可能であるかどうかを検討するのが目的だった。

川西は、社内名称『K-60』として極秘のうちに研究着手したが、搭載発動機に予定した、三菱ヌ号5000hp（液冷H型24気筒ME2A 2500hpを2機結合したもの）の実用化の見込みがほとんどないことから、途中で中止された。

太平洋戦争も昭和18年後半になると、もう日本海軍が想い描いた、攻撃戦力としての大型飛行艇の活動は考えられなくなり、二式飛行艇は、輸送機としての存在感が高まってきた。

そこで、海軍は昭和19（1944）年1月、川西に対し、本艇をスケールアップした大型

▲日本敗戦当時、長崎県の大村基地に駐留していて、戦後米軍によって調査される、もと横須賀航空隊所属の二式練習用飛行艇“ヨ-21”号機。艇首に記入された“T-25”は米軍の識別標識で、非オリジナル。九七式、二式飛行艇と同様に、発動機ナセル両側の主翼前縁に、整備用ステップを組み込んでいたことがわかる。

▲日本海軍が試作発注した最後の飛行艇、川西 輸送飛行艇『試製蒼空』の1/2スケール・モックアップを、正面より見る。艇首の観音開き式扉が開いた状態になっている。しかし、全幅48m、全長37m、全備重量45tに達するこの巨大飛行艇は、敗戦を待たずに、事実上、試作中止状態となっていて、陽の目を見なかった。

二式飛行艇一二型詳細諸元、性能表

	乗員	10名 （実際には12〜13名搭乗）
主要寸度	全幅	38.00m
	全長	28.13m
	全高	9.15m
重量	自重	15,502kg
	搭載量	15,498kg（過荷重）
	偵察正規	24,500kg
	過荷重	31,000kg
	超過荷重	32,500kg
主翼	翼面積	160.00㎡
	翼舷長（付け根）	6.30m
	翼舷長（翼端）	2.30m
	上反角	内翼5°、外翼4°
	後退角	0°（25%翼舷線）
	取り付け角	3°
	補助翼面積	11.86㎡
	補助翼運動角	±20°
	フラップ面積	20.16㎡
	フラップ運動角	25°
補助浮舟（フロート）	左右浮舟間隔	24.654m
	排水量	2,400kg（片側）
垂直尾翼	高さ	4.04m
	面積	13.09㎡
	取り付け角	0°
	方向舵面積	3.93㎡（タブをふくむ）
	方向舵運動角	左右各30°
水平尾翼	全幅	10.00m
	翼舷長（付け根）	3.65m
	面積	22.20㎡（両翼計）
	取り付け角	0°
	昇降舵面積	4.28㎡
	昇降舵運動角	上げ25°、下げ10°
諸比	翼面荷重	153.1kg/㎡
	馬力荷重	3.31kg/HP（離昇） 3.98kg/HP（2速公称） 4.39kg/HP（超過荷離昇）
各種タンク容量	燃料	18.460ℓ
	潤滑油	1,000ℓ
	水メタノール	500ℓ
発動機	名称	三菱『火星』二二型
	型式	空冷星型復列14気筒
	離昇出力	1,850HP/2,600r.p.m.
	公称1速出力	1,680HP/2,100m
	公称2速出力	1,540HP/5,500m
プロペラ	名称・型式	住友/ハミルトン 可変ピッチ金属4翅
	直径	3.90m
	ピッチ	27°〜47°
性能	最大速度	252kt(466km/h)/ 4,500m（偵察正規状態）
	巡航速度	160kt(296km/h)/4,000m
	上昇力	8′53″/4,000m （偵察正規状態）
	航続力	3,862浬（超過荷最大） 5,920km（高度4,000mにおける実用航続力）
	実用上昇限度	8,760m
	降着速度	70kt(129km/h)
	離水速度	75.6kt(140km/h)/18.2s(正規) 81kt(150km/h)/28s(過荷重) 82.5kt(152km/h)/ 34.2s(超過荷重)
	水上旋回力	内側発動機停止状態にて右旋回は右発動機700r.p.m.　左発動機1,500r.p.m.で95m、左旋回は右発動機900r.p.m.　左発動機1,500r.p.m.で115m。
武装	二十粍機銃	5挺
	七粍七機銃	3〜7挺
	爆弾・魚雷	1,500kg×2、または800kg×2、または250kg×8、または60kg×16、または800kg魚雷×2。

諸元、性能一覧表

九一式一号飛行艇(H4H1)	九七式飛行艇二二型(H6K4)	九九式飛行艇(H5Y1)	二式飛行艇一二型(H8K2)	二式練習用飛行艇(H9A1)	輸送飛行艇「蒼空」(H11K1-L)
6～8名	9名	6名	10名	5～8名	5名
23.445	40.00	31.56	38.00	24.00	48.0
16.59	25.63	20.45	28.13	16.95	37.72
5.724	6.27	5.93	9.15	5.25	12.578
82	170	108	160	63.3	290
4,621	11,707	7,362	18,200	4,900	――
1,879	5,293	4,138	6,300	2,100	5,000
6,500	17,000	11,500	24,500	7,000	45,500
79.3	100	107	153	110	156.8
6.5	3.97	6.1	4.43	5.15	5.14
――	13,409	8,129	17,260	2,680	――
――	780	540	700	220	――
九一式一型 液冷W型12気筒	三菱「金星」四六型 空冷星型複列14気筒	三菱「震天」二一型 空冷星型複列14気筒	三菱「火星」二二型 空冷星型複列14気筒	中島「寿」四一型改二 空冷星型9気筒	三菱「火星」二二型 空冷星型複列14気筒
500	930	1,020	1,680	610	1,680
650	1,070	1,200	1,840	780	1,840
木製固定ピッチ4翅	金属製定速可変ピッチ3翅	金属製定速可変ピッチ3翅	金属製定速可変ピッチ4翅	金属製定速可変ピッチ3翅	金属製定速可変ピッチ4翅
3.60	3.20	3.71	3.90	2.95	3.90
213	339.8	306	466.7	324	――
159.2	222	222	296	241	――
103.7	102	113	131	110	――
3,000/22′29″	5,000/13′31″	3,000/11′32″	5,000/10′12″	3,000/11′14″	――
4,060	9,610	5,280	8,850	6,780	――
2,353km	4,791km(正規)	4,730km/21.3hr(正規)	7,192km/24.3hr(偵察時)	2,148km/8.9hr(正規)	3,700km
七粍七旋回機銃×2	七粍七旋回機銃×4 二十粍旋回機銃×1	七粍七旋回機銃×3	七粍七旋回機銃×4 二十粍旋回機銃×5	七粍七旋回機銃×2	――
1,000	1,600	500	2,000	250	※データはすべて計画値

輸送飛行艇を『試製蒼空』〔H11K〕の名称で試作発注した。

海軍の要求項目のうち、とくに注目されたのは、当時のアルミ合金不足を反映し、構造を全木製にすることと、艇内に収容した多数の兵員を、すぐに接岸上陸させられるよう、艇首に観音開き式扉を設けること、有効搭載量は5tを確保することであった。

発動機は、二式飛行艇一二型と同じ

日本海軍飛行艇

機名 / 項目	F-5号飛行艇	R-3号飛行艇	一五式一号飛行艇(H1H1)	八九式飛行艇(H2H1)	九〇式一号飛行艇(H3H1)
乗員数	4〜6名	6名	6名	6〜7名	9名
全幅(m)	31.59	29.10	22.973	22.14	31.047
全長(m)	15.16	17.67	15.11	16.286	22.705
全高(m)	5.75	5.20	5.192	6.13	7.518
主翼面積(m²)	131.3	――	125	120.5	137
自重(kg)	3,784	4,676	4,020	4,368	7,900
搭載量(kg)	2,016	1,914	2,080	2,132	4,000
全備重量(kg)	5,800	6,690	6,100	6,500	11,900
翼面荷重(kg/m²)	44.1	――	52.0	53.9	86.7
馬力荷重(kg/hp)	8.05	7.43	6.78	5.415	6.1
燃料容量(ℓ)	――	――	――	2,870	7,400
潤滑油容量(ℓ)	――	――	――	150	600
発動機名称/型式	ロールスロイス"イーグル" 液冷V型12気筒	広廠/ロレーン二型 液冷W型12気筒	ロレーン二型 液冷W型12気筒	広廠一四式550馬力 液冷W型12気筒	三菱/イスパノスイザ 液冷V型12気筒
公称出力(hp)	350	450	450	600	650
離昇出力(hp)	――	485	485	750	790
プロペラ型式	木製固定ピッチ4翅	木製固定ピッチ2翅	木製固定ピッチ2翅	木製固定ピッチ4翅	木製固定ピッチ4翅
プロペラ直径(m)	3.40	――	――	3.00	3.66
最高速度(km/h)	144.4	185.2	170	191.8	227.7
巡航速度(km/h)	――	――	――	129.6	157.4
着水速度(km/h)	――	――	――	97.4	111.8
上昇力(m/分秒)	1,000/15′00″	3,000/30′00″	3,000/33′50″	3,000/19′00″	3,000/17′00″
実用上昇限度(m)	3,550	――	――	4,320	4,500
航続時間、または距離(hr、km)	8.0hr	12.0hr	14.5hr	14.5hr	2,044hr
武装	七粍七旋回機銃×2	七粍七旋回機銃×2	七粍七旋回機銃×2	七粍七旋回機銃×4	七粍七旋回機銃×8
爆弾、または魚雷(kg)	――	――	――	500	1,000

『火星』二二型4基とし、艇体、主翼形状も、ほぼ同艇に準じた外観とした。

ただ、5tのペイロードを実現するために、全幅48m、全長37m、全備重量45tと、二式飛行艇よりふたまわりも大型、かつ重い機体になった。

川西は、竹内為信技師を主務者として、昭和19年1月10日に設計着手、空襲を避けるために、試作は徳島県・小松島の疎開工場で行なうことにされた。

まず、実物の½サイズのモックアップ（木型模型）を製作して、設計の是非を検討したが、これだけの大きな機体を全木製で製作するのは容易なことではない。

工作技術的な見通しが立たないうちに、日本本土はB-29の空襲によって混乱の度を増し、工員、技術者も不足して作業は遅々として進まなかった。

そしてなによりも、日本本土が戦場になっている状況下では、本機のような大型輸送飛行艇の使い道はほとんどなく、その開発意義さえも疑問視された。

そのため、海軍の正式な中止命令は出なかったが、川西での試作作業は、すでに敗戦を待たずに中断しており、最後の飛行艇『試製蒼空』は、陽の目を見ないまま消え去った。

●総括

日本海軍が心血を注いだ大型飛行艇は、結果的に太平洋戦争では目算が外れて、その高性能を生かす場面がなく、不本意な実績に終わった。

使いようによっては、英空軍のショート・サンダーランドや、米海軍のコンソリデーテッドPBYカタリナのように、性能的には平凡ながら飛行艇本来の職務などに徹すれば、もっと有効な働きができたとも考えられるが、事はそう簡単ではない。

広い太平洋を縦横に活動するには、機体が高性能というだけでは駄目で、万全の補給、支援設備、精度の高いレーダー、通信、連絡網、潜水艦や各航空部隊との密接な連携、充分な数などの要素が欠かせない。しかし、日本海軍にはこれらの要素のいずれをも満たす力はなかった。二式飛行艇の実績が振るわなかったのも、むべなるかなである。

いずれにしろ、飛行艇そのものの存在価値は、陸上大型機の飛躍的な発達によって、第二次世界大戦を最後に尽きてしまう運命にあった。

第三章　九六式水偵、九七式飛行艇、二式飛行艇の機体構造

第一節　九六式水上偵察機

章の冒頭に、いきなり飛行艇の名を冠しない機体が登場して、奇異に感じられるかもしれぬ。しかし、この九六式水上偵察機は、水偵の名称を冠してはいるものの、実際には飛行艇であり、夜間の敵艦隊触接任務に徹するよう〝特化〟した、異色の〝夜偵〟である。

この九六式水偵は、夜偵としての最初の実用機であるが、前作の六試夜偵、および後継機の九八式水上偵察機もふくめた開発の経緯については、二〇〇七年に光人社より刊行した拙著『日本の水上機』中に記述した。

本来なら、同書中に掲載すべきであったが、諸般の都

▲取扱説明書の冒頭に掲載されている、九六式水偵の左後方アングルの全姿写真。夜・偵という特殊任務に適するよう、海軍機としては他に例のない、全面黒色塗装を標準にしていた。その姿から“カラス”の通称名で呼ばれたことも、うなずける。設計、性能がよく似ている、イギリスのスーパーマリン“ウォーラス”に比較すると、開発年度は少し新しい九六式水偵だが、実用性はウォーラスに及ばない。

愛知　九六式水上偵察機〔E10A1〕
基本三面図（寸法単位mm）

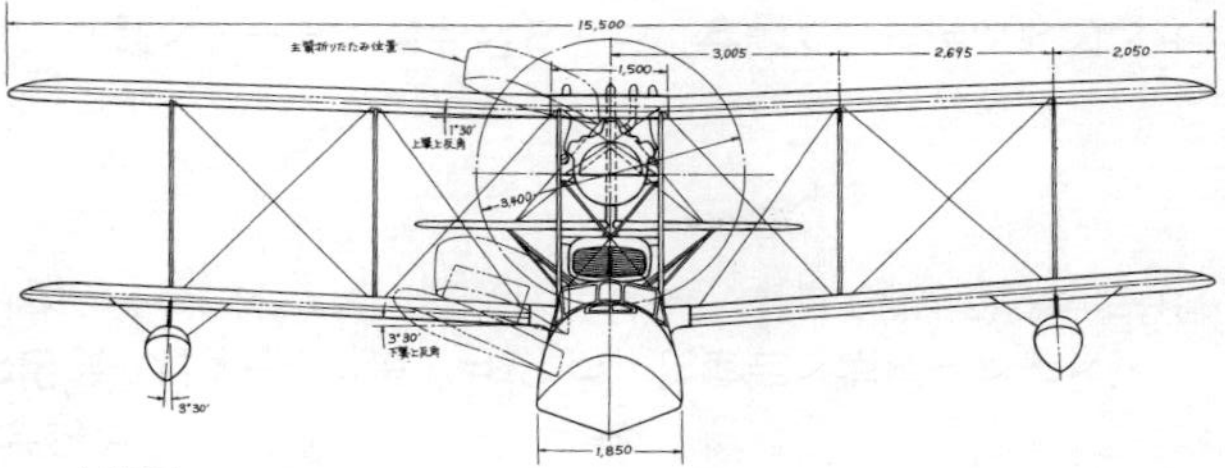

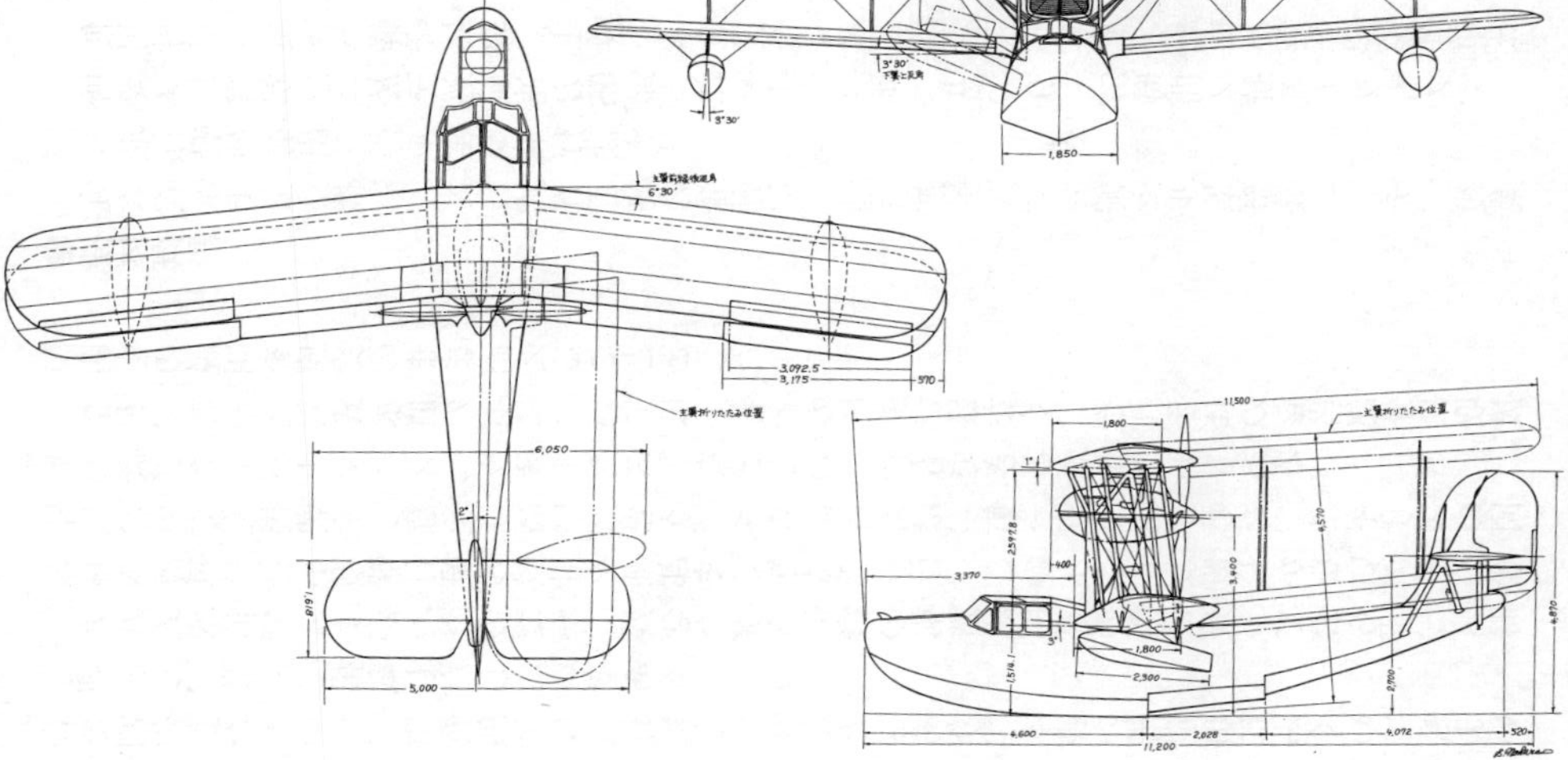

合で割愛したものの、実質的には飛行艇ということもあり、本書の構造項にふくめてもよいと判断し、敢えて掲載したしだいである。

九八式水偵でもよかったのだが、残念ながら同機の構造説明書の類は残っておらず、当時の日本海軍単発小型飛行艇の設計を細部まで知る手段は、この九六式水偵しかない。その意味においても掲載する意義は高いと思う。さらに言えば、第一章で紹介した、イギリスの同形態機、スーパーマリン〝ウォーラス〟などとの比較もできる意味あいもある。

なお、この九六式水偵の項については、著者の解説ではなく、それぞれの該当部分に取扱説明書の説明を原文のまま添えることとした。

●機体概説

九六式水上偵察機ハ、九一式五百馬力発動機二型ヲ推進式ニ装備セル偵察機ニシテ、複葉四座飛行艇型射出シ得ル艦載飛行機ナリ。

所要ノ偵察状態ニ於テ巡航速力65節（注：120㎞／h）、9・57時間ノ航続力ヲ有ス。

使用材料：艇体ハ軽金属製、主翼ハ木金混合骨組ニ羽布張リ外皮、舵面ハ鋼管熔接骨組ニ羽布張リ外皮ナリ。

●艇体

軽合金ヲ主用シ、全長10・7m、全幅2・1m、高サ2mナリ。外鈑ハ、主トシテ超ジュラルミン鈑ヲ用ヒ、曲率大ナル箇所ハジュラルミン鈑トスル。龍骨（注：中心線上の基本材）、肋材及縦通材ハジュラルミン製ナリ。前端ヲ偵察席、並ニ銃手席トシ、旋回銃架ヲ装備ス。主操縦席、副操縦席及電信席ハ遮蔽式ニシテ、前方部ハ安全硝子ヲ用ヒ、天井、側面等ハセルロイド板ヲ用ヒテ視界ヲ良好ナラシム。電信室ニハ発電機出入口及蓋ヲ有ス。

　基準翼ハ、艇体肋材ニ固着ニシテ、前後桁肋材間ニ燃料タンクヲ設置シ、上面ハ蓋ニテ覆フ。

　第一階段（注：下面ステップの意）及第二階段部ハ、射出機ノ取付受金ヲ装備シ、後桁肋材

艇体主要部構造/艤装図

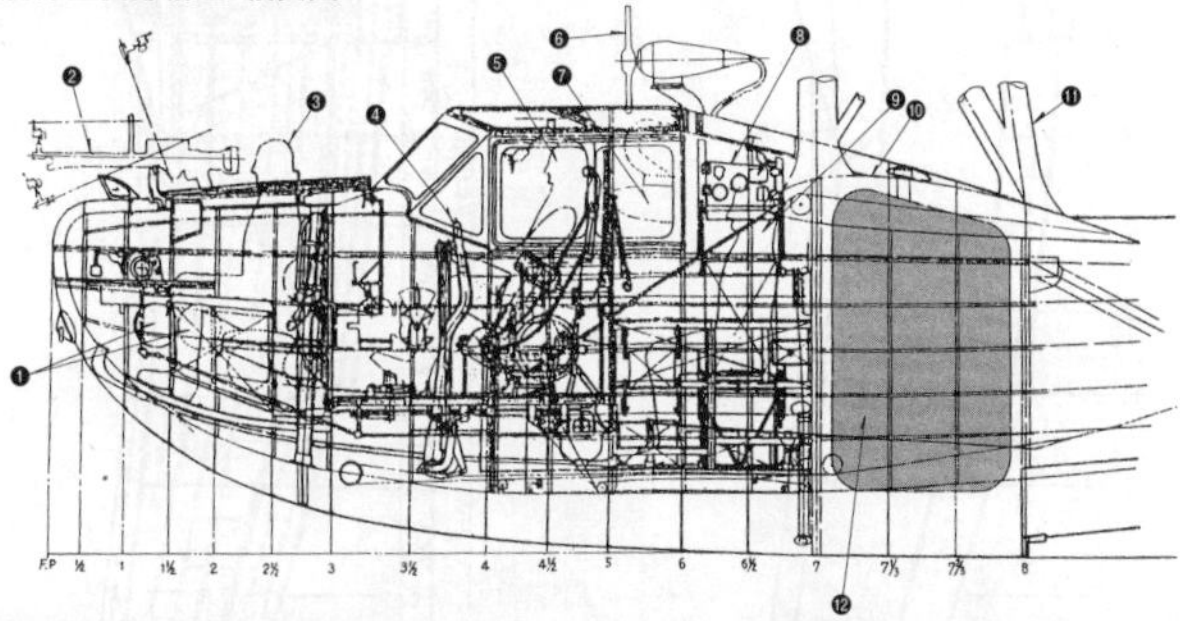

❶七粍七機銃用予備弾倉
❷留式七粍七旋回機銃
❸偵察/銃手
❹操縦桿
❺操縦士（右）/、副操縦士（左）
❻発電機用プロペラ
❼発電機用プロペラ格納位置
❽無線機
❾無線士
❿下翼取り付け位置
⓫発動機取り付け支柱
⓬艇体内燃料タンク

艇体断面図

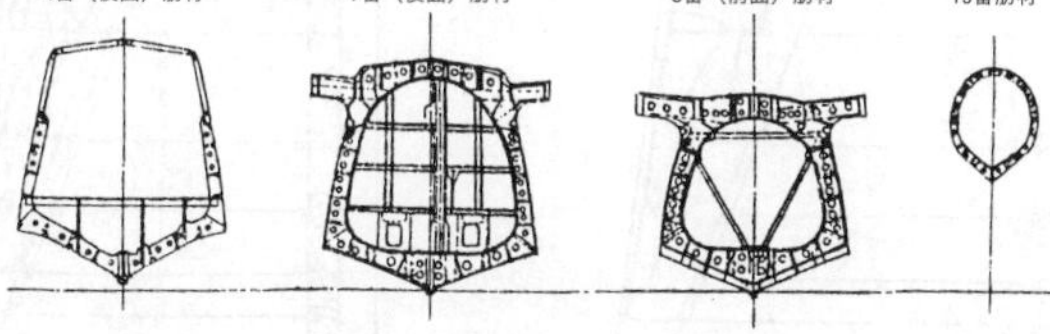

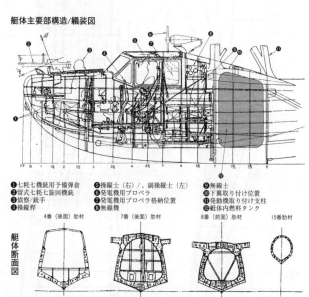

艇体骨組み図

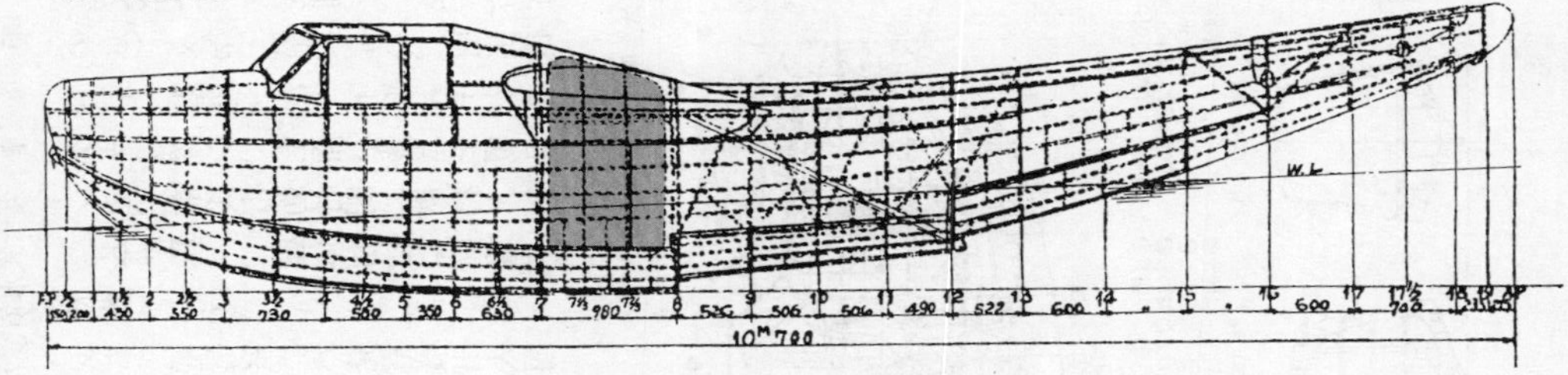

艇体外鈑構成、および鈑厚（寸法、および鈑厚単位mm）

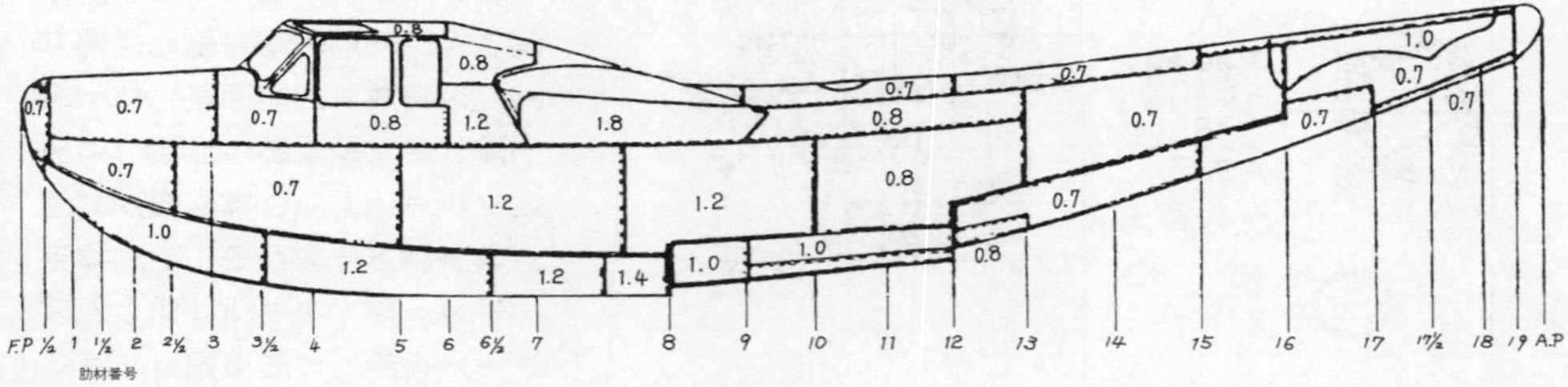

間ニ斜支柱ヲ設ケテ射出応力ヲ支持ス。艇後端ニハ、下部垂直安定板及尾翼支柱取付金具ヲ装着シ、尾部翼ヲ支持ス。

●主翼

木金混合骨組ニ羽布張リ外皮ニシテ、上部中央翼、左右上翼、左右下翼及基準翼ヨリ成リ、基準翼ハ艇体ニ固定ナリ。左右上、下翼ハ折リタタミ可能ナリ。

上、下翼ハ、等翼幅等翼弦ノ複葉ニシテ、上翼ハ取付角1°、上反角1°～30′、後退角6°～30′、下翼ハ取付角3°、上反角3°～30′、後退角6°～30′ヲ有ス。

中央翼ハ、鋼管製ニシテ前後桁、翼小骨ヨリナリ、前方部ニ冷却水タンクヲ装着シ、後縁部ハ発動機ノ積卸シヲ行フタメ、切欠キ副翼ヲ有ス。上面ニ吊揚装置ヲ装備ス。

上翼ハ木製箱型桁、木製小骨、翼内支柱ヨリ成リ、前縁部ハ整形小骨ヲ有シ、ベニヤ板ヲ張リ表面ヲ整形ス。付根部後縁ハ主翼折リタタミ時ニ於テ、取外ス副翼トナル。翼端部ニハ補助翼ヲ装着ス。

下翼ハ上翼ト同一構造ニシテ、補助翼操縦装置ヲ通シ、右

艇体主要部断面図（正面より見る）

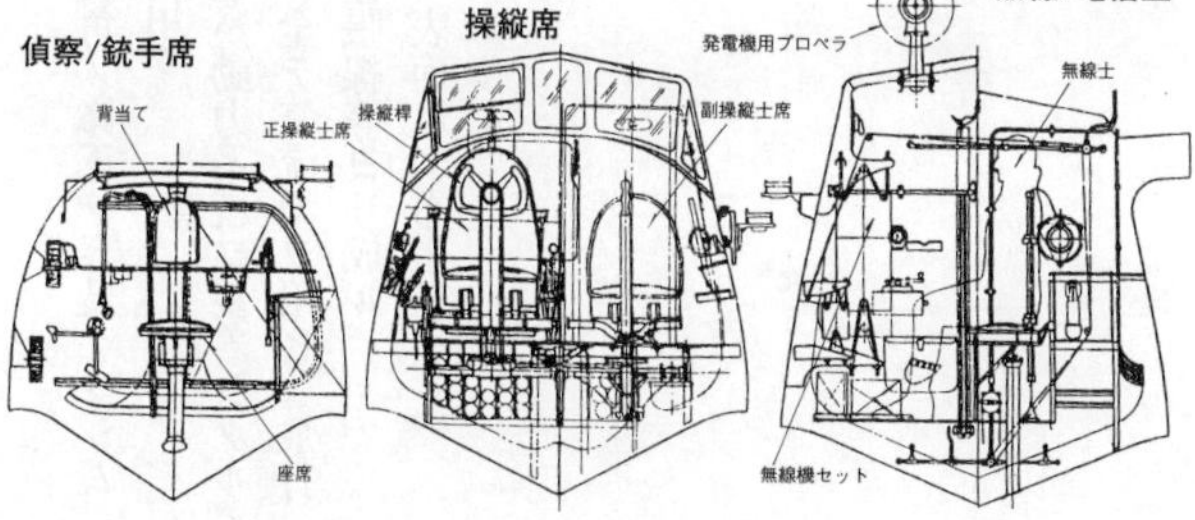

下翼付根部ニハ焼夷散弾格納筐ヲ装着シ、上面ニハ覆ヲ設ク。

翼取付金具及張線取付金具ハ特殊鋼ヲ用ヒ、翼取付金具ニハ上反角ノ修正ヲ容易ナラシムルタメ、球形軸承ヲ用フ。支柱類取付金具ハ軟鋼鈑（ろ102）ヲ用フ。

翼間支柱ハ円型鋼管ヲ用ヒ、バルサニテ整形ヲ行フ。中央部支柱ハ動力系統ヲ装着シタル後、ジュラルミン鈑覆、及バルサニテ気流型ニ整形ヲ行フ。張線ハ全テ気流型ヲ用ヒ、飛行張線左右各4本、降着張線左右各4本、中央翼支柱張線、翼間支柱張線等ヨリ成ル。

補助翼ハ鋼管ノ熔接製ニシテ、前縁部ニジュラルミン鈑ヲ張リ、表面ハ羽布張リナリ。

下部基準翼ト下翼付根部トノ間隔ハ、ジュラルミン鈑製覆ニ依リ整形ス。

副翼ハ鋼管ノ熔接製ニシテ羽布張リ外皮ナリ。

●主翼折リタタミ、及展張要領

折リタタミ

本機ハ主翼ヲ折リタタミ格納スルコトヲ得。

(イ) 折リタタミ用補助支柱ヲ取付ケ、予メ適当ナル長サニ調整ス。
(ロ) 両舷上下共副翼ヲ外ス。
(ハ) 補助翼ト主翼トノ間隙ニI型金具ヲ入レ、補助翼ヲ固定ス。
(ニ) 艇体後部側方ニ固縛支柱ヲ取付ク。
(ホ) 下翼ト基準翼トノ覆ヲ取外ス。

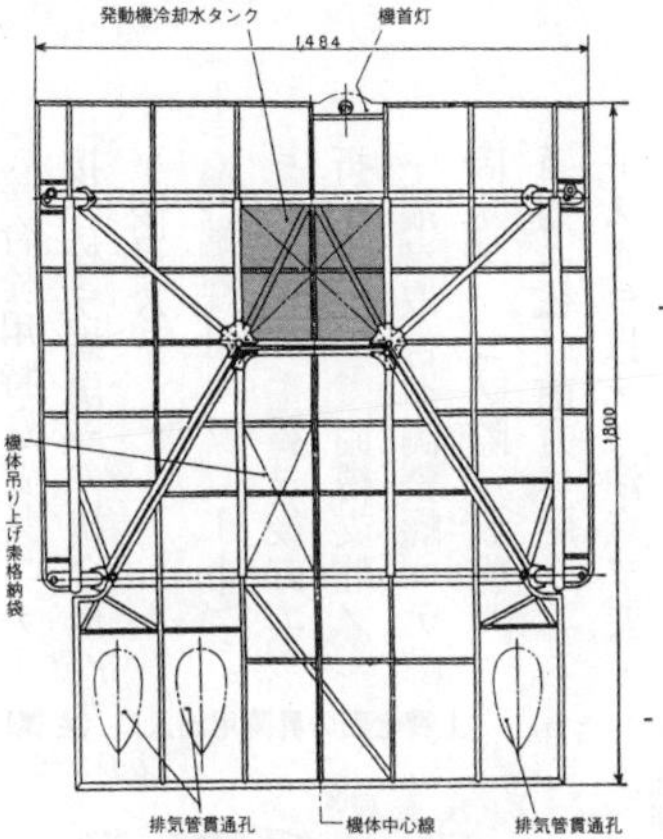

上翼中央翼組み立て（寸法単位mm）

主翼組み立て図（寸法単位mm）

上翼

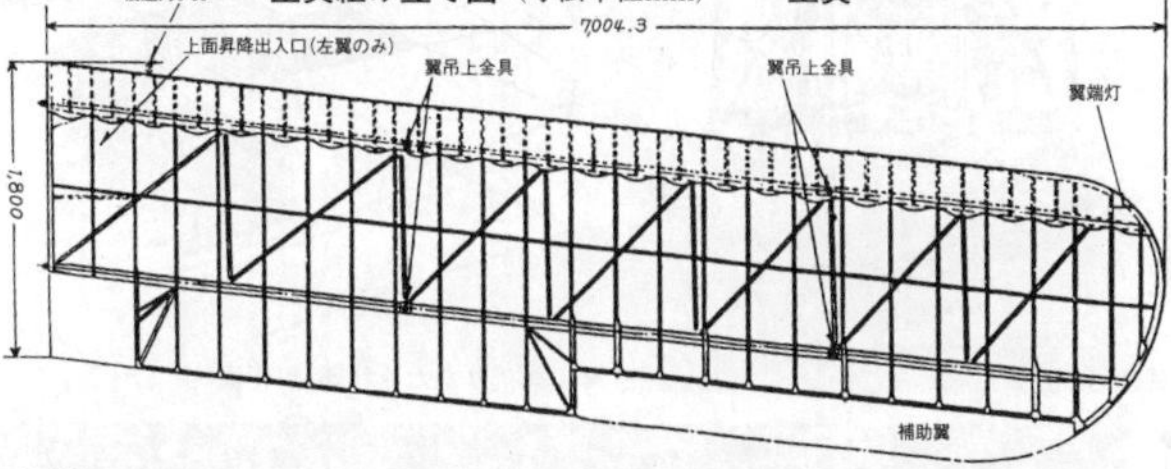

下翼

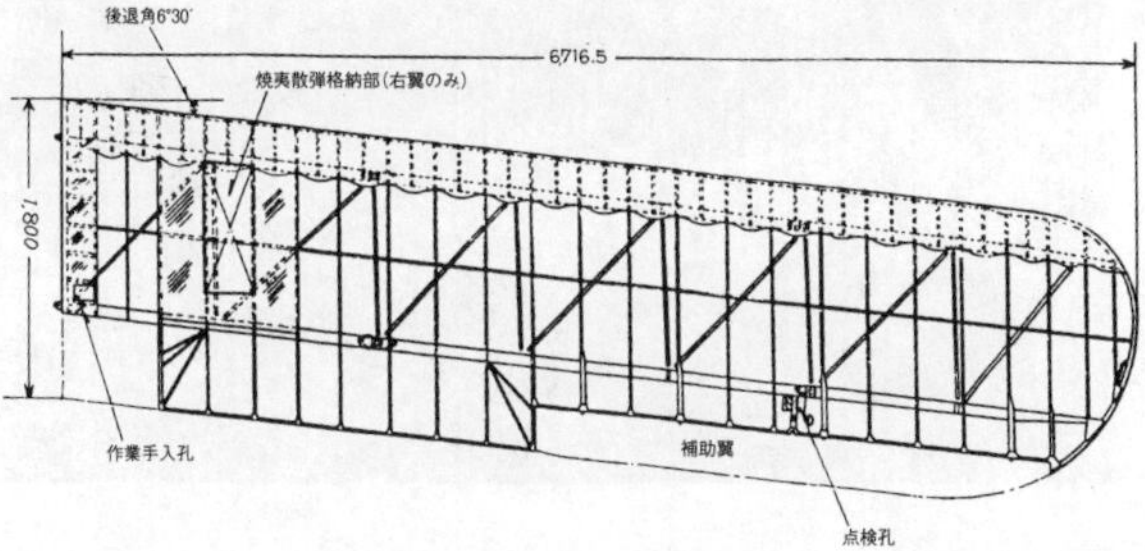

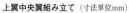

（ヘ）接合栓用特殊要具ニテ接合栓ヲ螺戻シ、接合栓ヲ後退ス。

（ト）翼端浮舟（フロート）ヲ保持シ、主翼ヲ後方ニ折リタタミ、固縛支柱ノ一端ヲ取付ケ調整螺ニテ固定ス。コノ際、翼組ハ重力ニ依リ前方ニ戻ラントスルヲ以テ、注意ヲ要ス。

展張

展張ハ、折リタタミ時ノ作業ヲ逆ニ行フ。コノ場合速力計接続部、操縦索等ニ注意スベシ。

●尾翼

上翼上面の昇降用出入口（左翼）
（寸法単位mm）

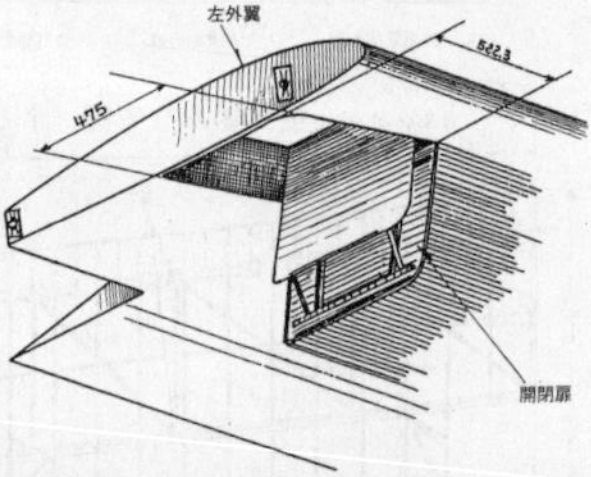

◀主翼折りたたみ状態。（正面）

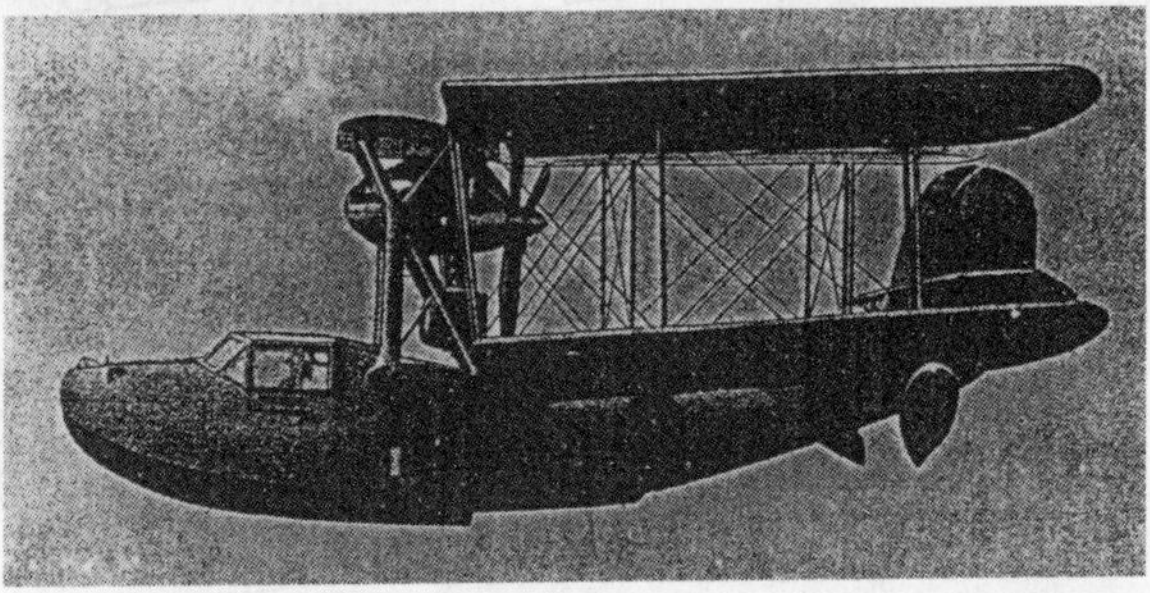
▶主翼折りたたみ状態。（左側面）

下部垂直安定板ハジュラルミン製ニシテ、上部垂直安定板、水平安定板、昇降舵及方向舵ハ鋼管熔接製骨組ニ羽布張リ外皮ナリ。

上部垂直安定板ハ、下部垂直安定板取付角左2°ヲ中心トシ、左2°右2°修正シ得ル如ク、前後共各2本ノボルトニテ取付ク。

方向舵ハ4個ノ蝶番ニ依リ、垂直安定板ニ取付キ、上方3個ノ蝶番軸ハ上カラ一本ノ差込栓ニ依リテ取付ク。方向舵下部後縁ニ方向修正舵ヲ装備ス。

水平安定板ハ、支柱及張線ニ依リテ艇体及垂直安定板ニ

水平尾翼骨組み図（寸法単位mm）

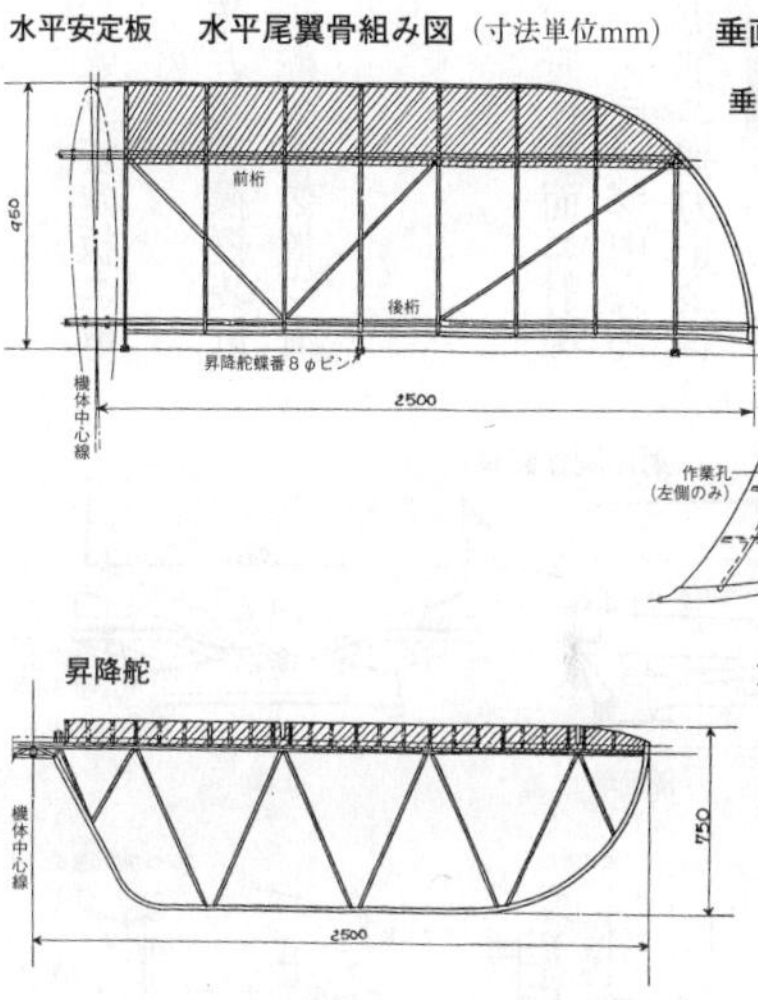

垂直尾翼骨組み図（寸法単位mm）

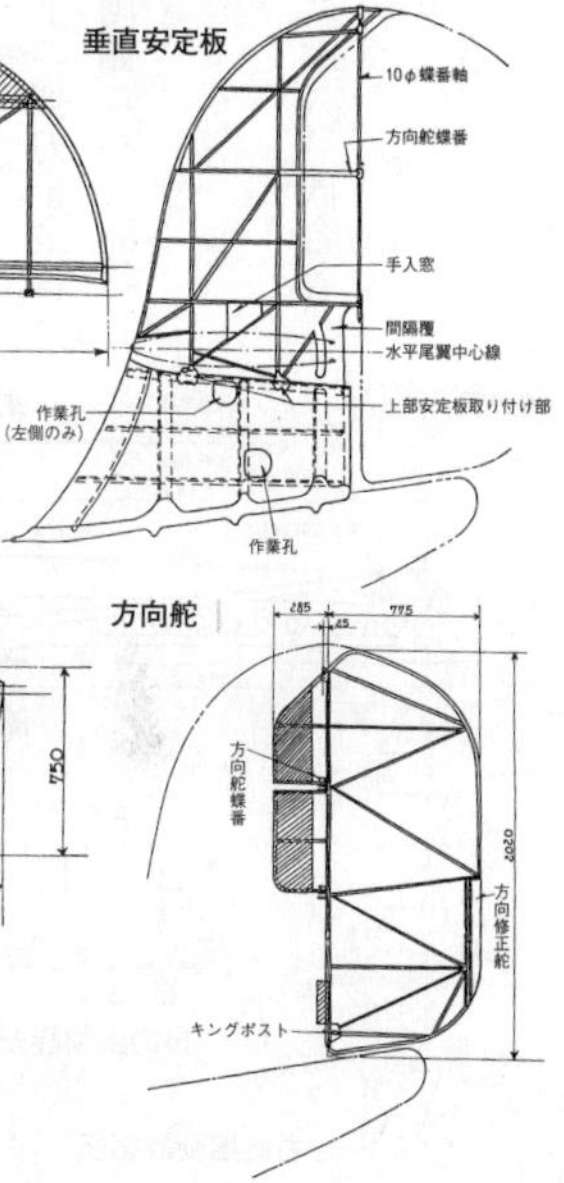

取付ク。

昇降舵ハ６本ノピンニ依リテ、水平安定板ニ取付ク。

下部垂直安定板内ニ、昇降舵及方向舵操縦装置、尾翼取付角度調整装置、方向修正舵操縦装置ヲ有ス。

●射出関係装備

本機ハ射出飛揚ニ適スル如ク、艇体下面ニ射出金物ヲ有ス。スナワチ艇体ノ第一ステップ中央部ニ推力金物、及第二ステップ中央部ニ推力止金物ヲ有ス。又第一ステップ前方底面両側ニハ、射線方向へ三度俯角ヲ有スル当鈑アリ。

滑走車嵌合要領

飛行機及滑走車嵌合要領ハ下図ニ示ス。嵌合各部ノ基準間隙ハ左表ノ如シ。

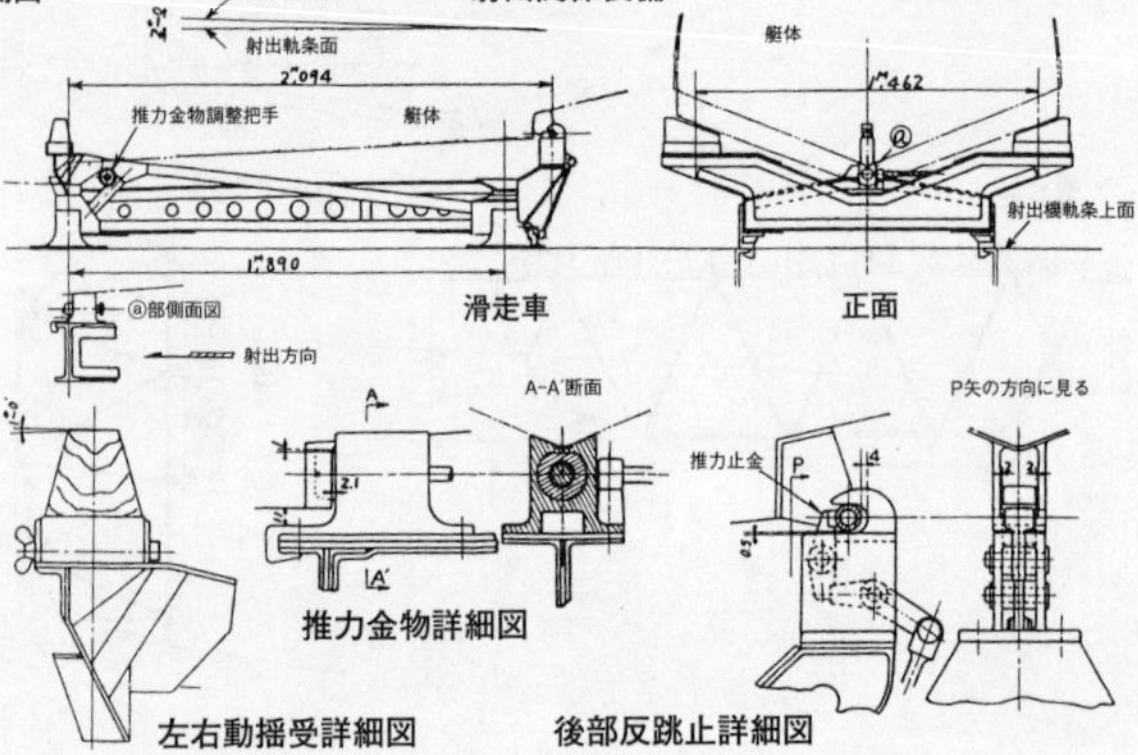

射出関係装備

前方推力金物（mm）						
	推力面	ラム 上面	ラム 下面	ラム 左	ラム 右	キール受面
	0	1	0	0	0	0

後部反跳止金物（mm）						
	プロペラ推力止金	横軸 上面	横軸 下面	横軸 後方	横軸 左	横軸 右
	0	0	0・5	4	2	2

調整法

（イ）飛行機ヲ滑走車ニ搭載スル場合ニハ、滑走車ノ後部推進止金ヲ開放シ、射出推力金物ラムヲ充分後退セシメタル後、艇体ヲ滑走車後部反跳止金物ノヤヤ前方ヘ静カニ下シ、飛行機ヲ後退セシメテ後部反跳止金物ト嵌合セシメ、直チニ推力止金ヲ起シ後部金物ノ嵌合ヲ終ル。次ニ艇体キールヲ滑走車前部金物V型受金部ヘ置ク。コノ際両者左右動揺受モ同時ニ接触スルモノトス。

（ロ）ラムヲ動カシ艇体推力金物推力面ニ当ルマデ前進セシム。コノ際過大ニラムヲ押シ後部金物推力止部ヲ強ク圧スルコトナキ様、注意ヲ要ス（コノ部ハ互ニ軽ク触レ合フ程度トス）。

（ハ）嵌合ヲ終リタルトキハ、点検孔ヨリ見テ、ラム先端部ガヨク艇体推進面ニ当リイルヤ否ヤ、其ノ他各嵌合部ノ間隙指示通リナルヤヲ検スベシ。

●補助浮舟（フロート）

総容量302ℓナリ。三番肋材ハ水防隔壁ヲナシ、前後部ニ二分ス。外板ハ上面0・7㎜、底面0・8㎜ノジュラルミン鈑ニシテ縦通材、肋材等全テジュラルミン製ナリ。

前後支柱、迎角線及両側張線ニ依リ、下翼ニ取付ケラル。

●乗員席装置

主操縦座席

座席ハジュラルミン製ニシテ、三型落下傘ヲ装備シ、三型安全帯ヲ取付ケ、上下調整式ナリ。背当頂部ニ射出時ノ頭受枕アリ。上下調整ヲ行フコトヲ得。

副操縦座席

座席ハジュラルミン製ニシテ回転式ナリ。三型安全帯ヲ取付ク、下部ニ三型落下傘ヲ収納ス。射出時ノ頭受枕ヲ肋材上部ニ装備ス。

補助浮舟組み立て図（寸法単位mm）

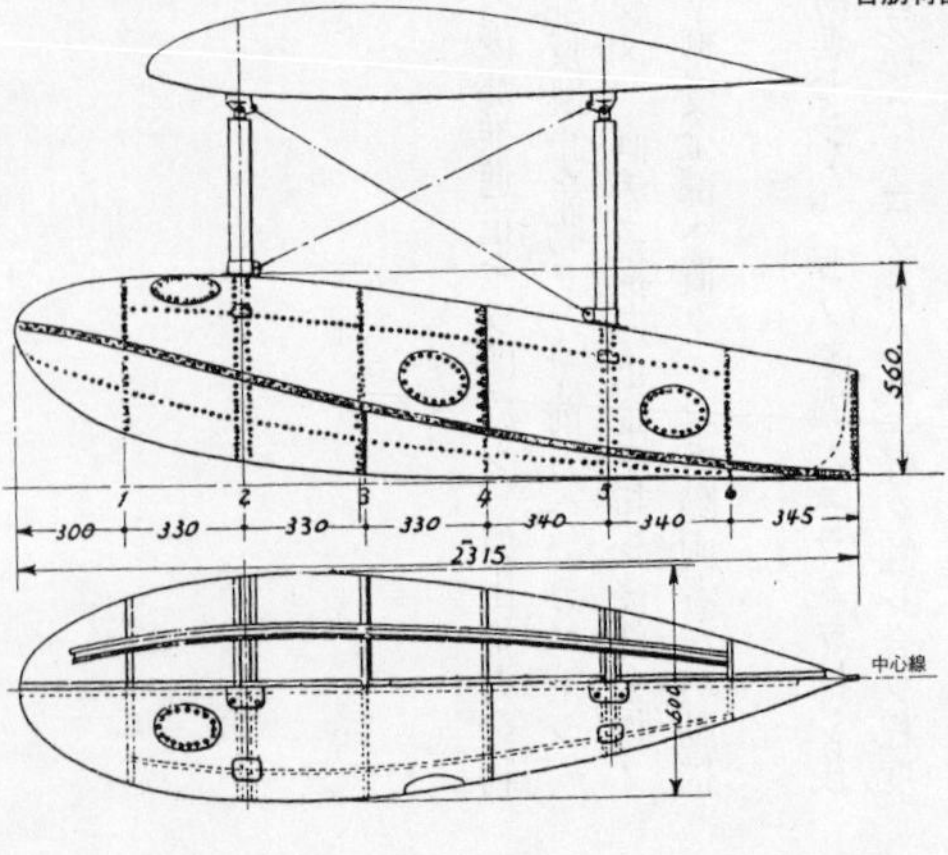

各肋材断面

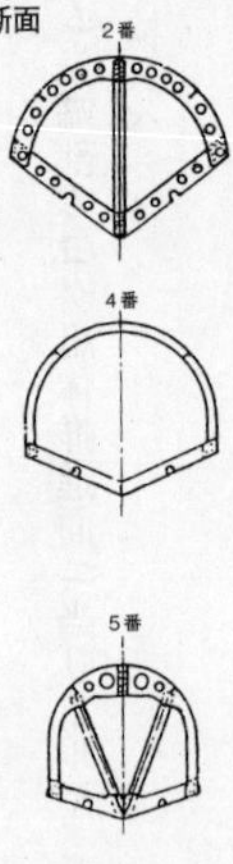

❶照明用電路接断器
❷航空羅針儀二型改
❸航空時計
❹前後傾斜計二型
❺一号速度計二型
❻精密高度計
❼針路指示器
❽旋回計二型
❾須式定針儀
❿昇降計
⓫針路指示用感度調整器
⓬須式水平儀
⓭一号回転計一型
⓮電路接断器
⓯燃料計
⓰燃料計
⓱油温計
⓲油圧計三型
⓳水温計
⓴着水高度警報器

操縦席計器板配置（第４号機以降）

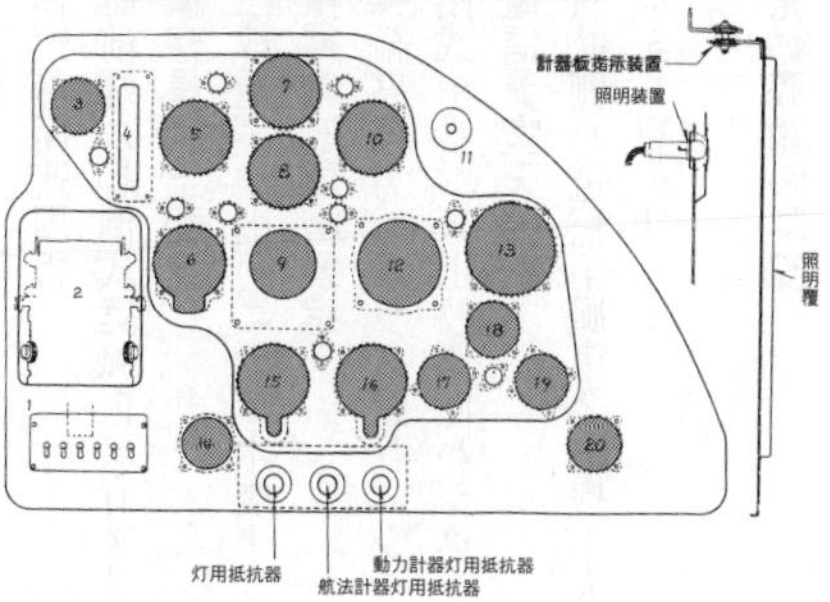

偵察席計器板配置

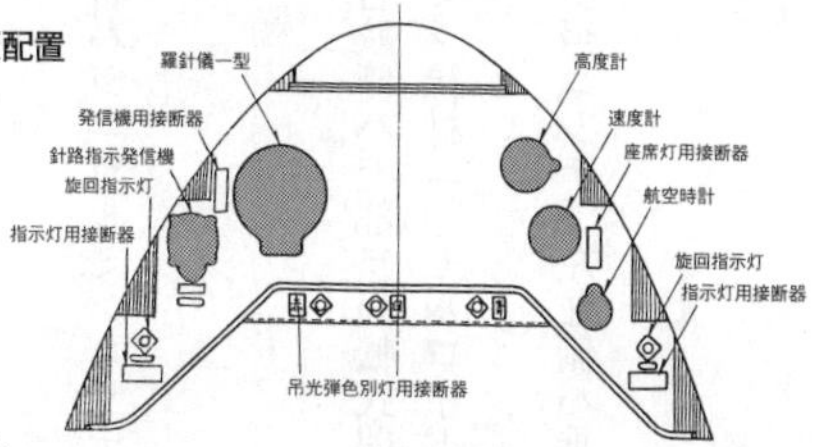

偵察員座席構成

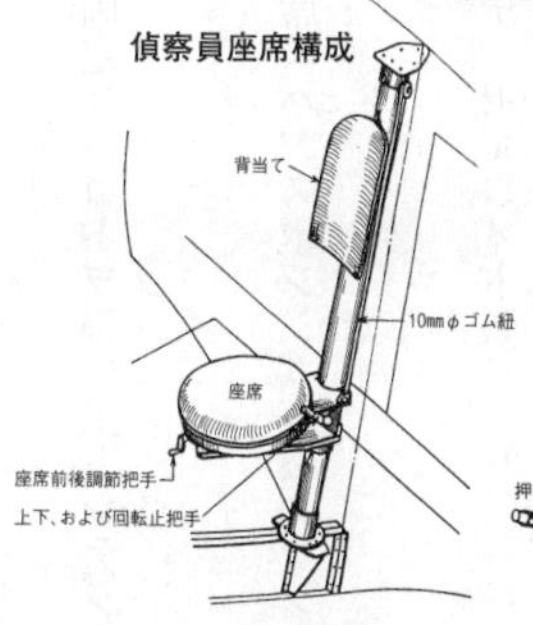

主操縦座席構成

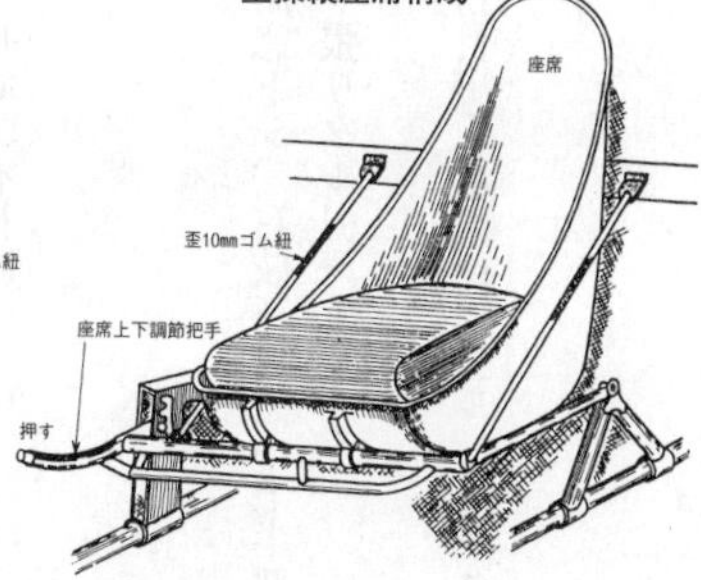

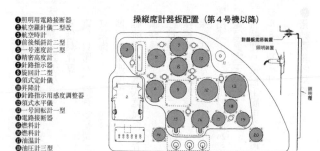

偵察員座席
腰掛ハ上下前後調整、並ニ回転式ニシテ、任意ノ位置ニ固定スルコトヲ得。主トシテジュラルミン製ナリ。
電信員座席
電信員席ハ、鋼管熔接製ニシテ折リタタミ式ナリ。各座席ニハ、スポンジゴム製クッションヲ装備ス。
偵察員席遮風板
艇前端ニ起倒式遮風板ヲ有ス。縁材ハジュラルミンニシテ、セルロイド張リナリ。
偵察員席上面蓋
三枚重ネノ引戸ニシテ木製ナリ。
操縦席遮風板及窓
操縦席前方ハガラス張リニシテ、右舷側ハ上部ヲ回転式開閉窓トシ、右舷三角窓ハ上半部開閉式ナリ。天上及側面ハジュラルミン縁材ニ、セルロイドヲ張リタル引戸ナリ。
電信員室天井窓
右舷側ハ電信用風車発電機出入用引戸ニシテ、左舷側ハ乗務員出入用引戸トナル。各ジュラルミン製ナリ。

●発動機関係装備

発動機架

発動機架ハ、鋼管熔接製ニシテ、中央翼支柱ニ四本ノボルトニ依リテ取付ク。発動機支基ハジュラルミン鈑ノ箱型ニシテ詰木セラル。発動機取付ボルト部ニハゴム製緩衝装置ヲ有ス。

発動機覆

発動機覆ハ、アルミニウム鈑製ニシテ、発動機ノ手入ヲ便ナラシムルタメ、数部分ニ分割セラル。

冷却器及支基

冷却器ハN・K・F式ニシテ、幅９８８㎜、高サ４５０㎜、深サ２５４

広廠 九一式五〇〇馬力液冷W型12気筒発動機 内部構造図

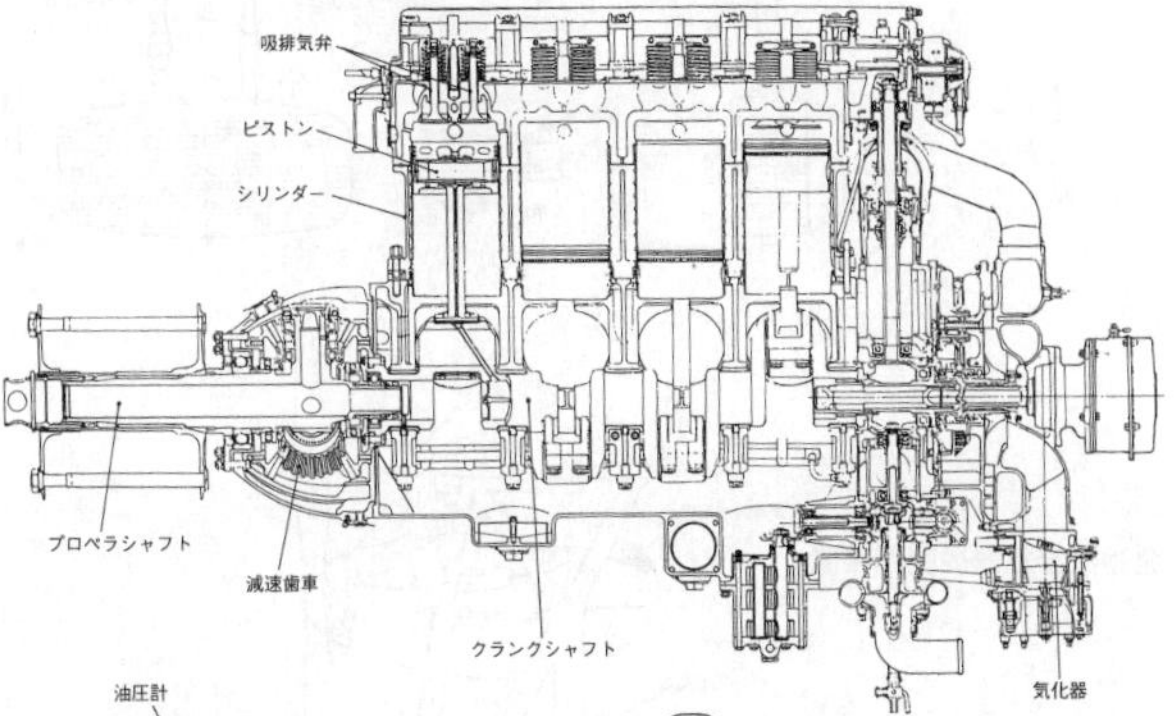

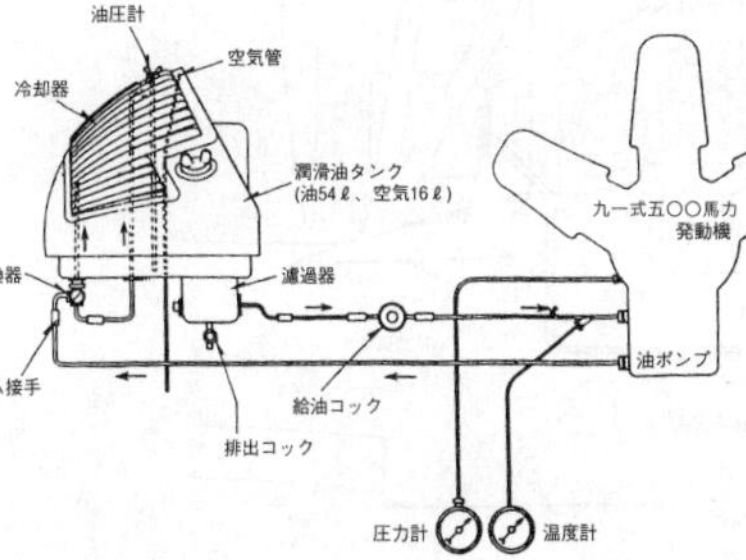

潤滑油系統図

発動機冷却器系統図

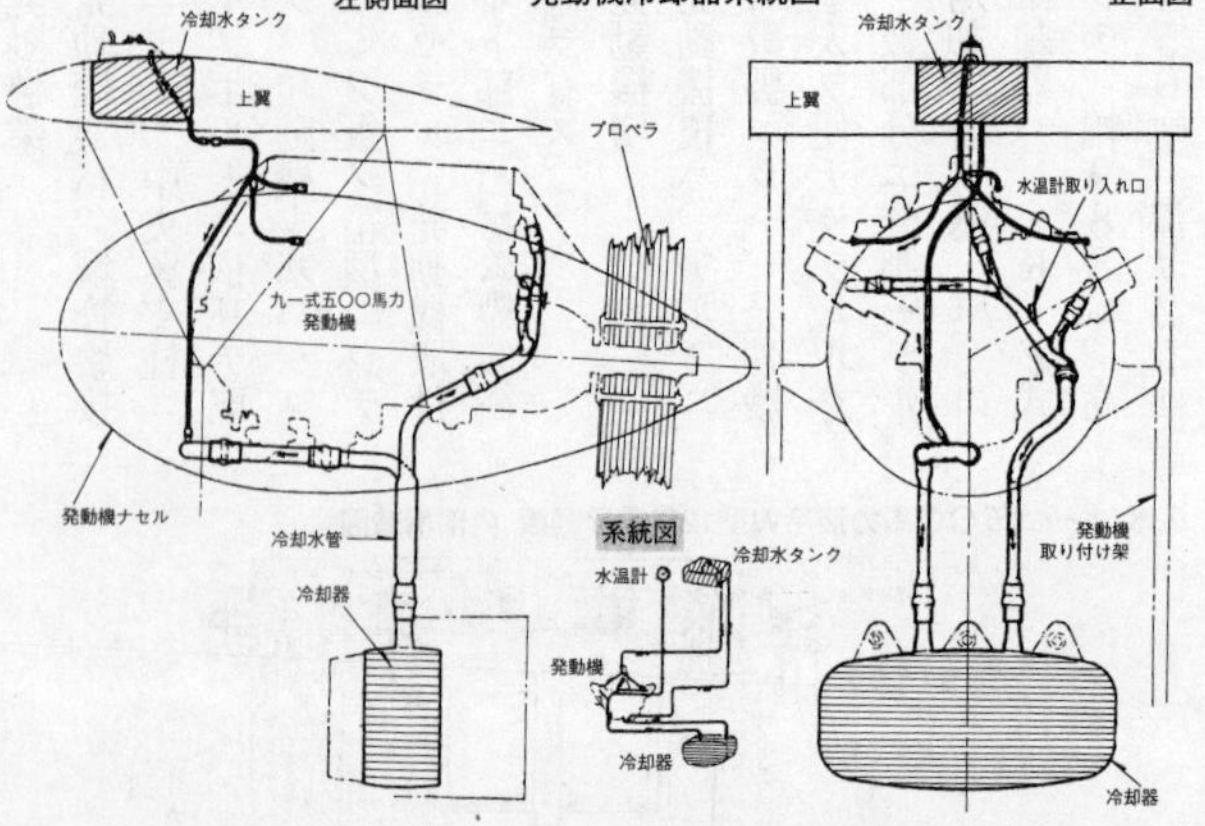

発動機冷却器扉開閉装置

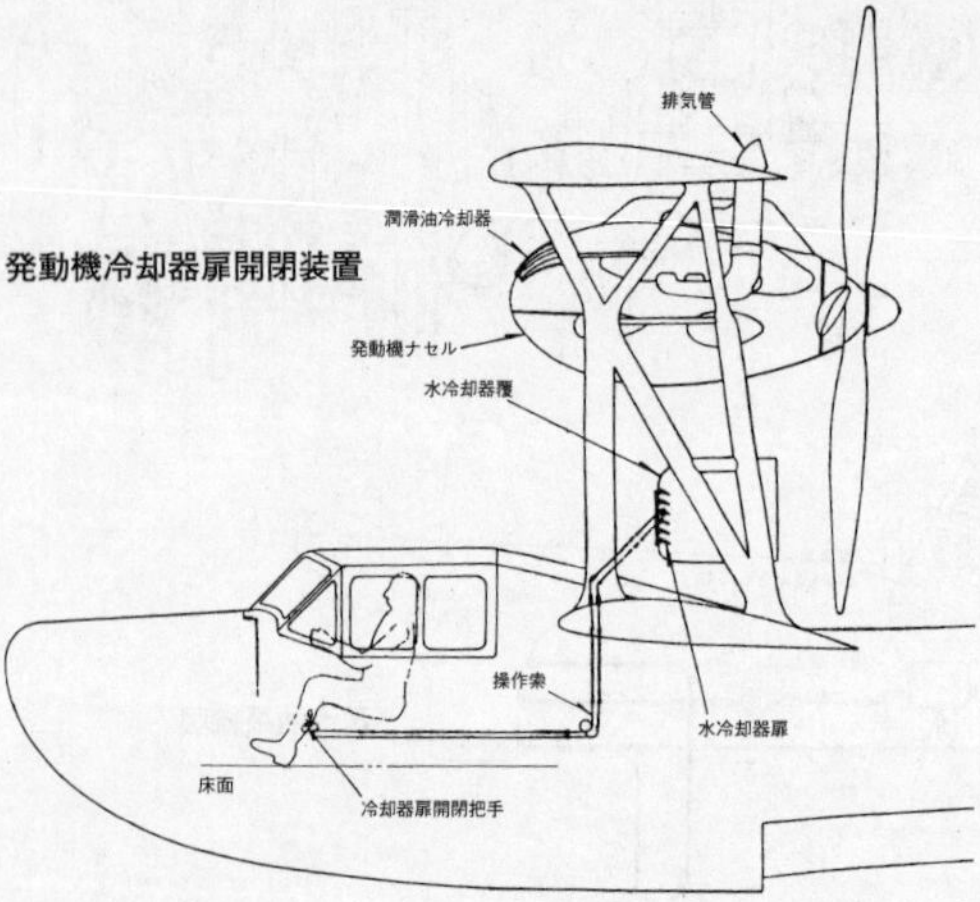

無線電信機装備要領

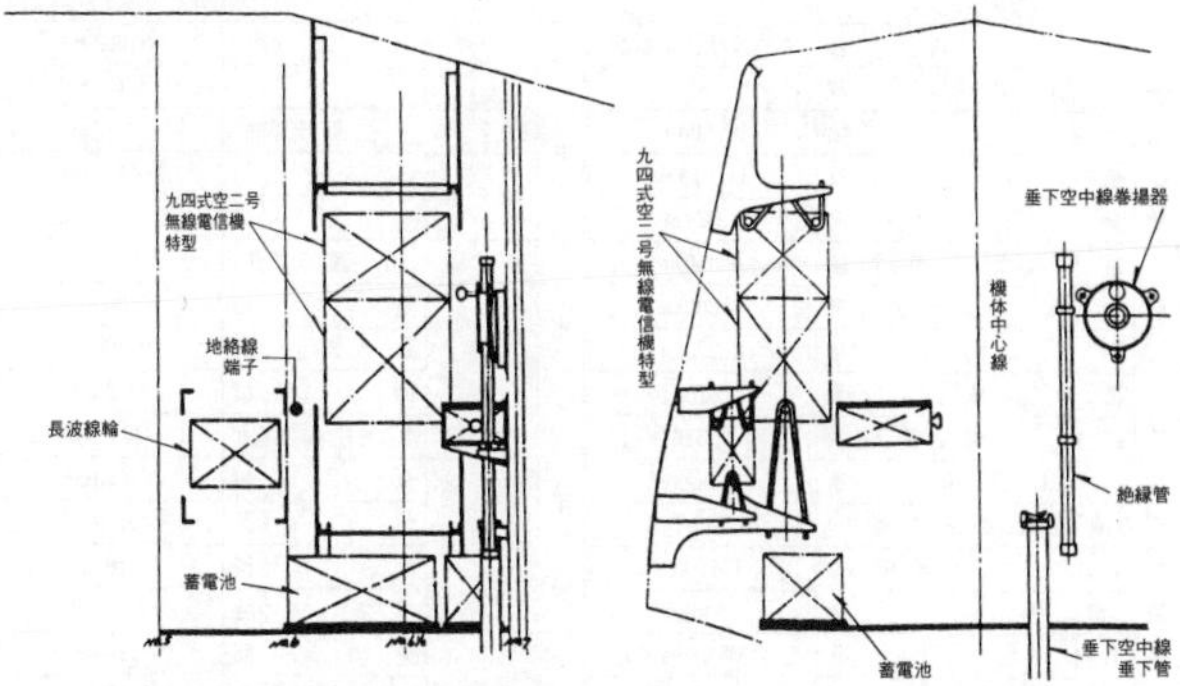

旋回機銃取り付け要領（第６号機以降より）

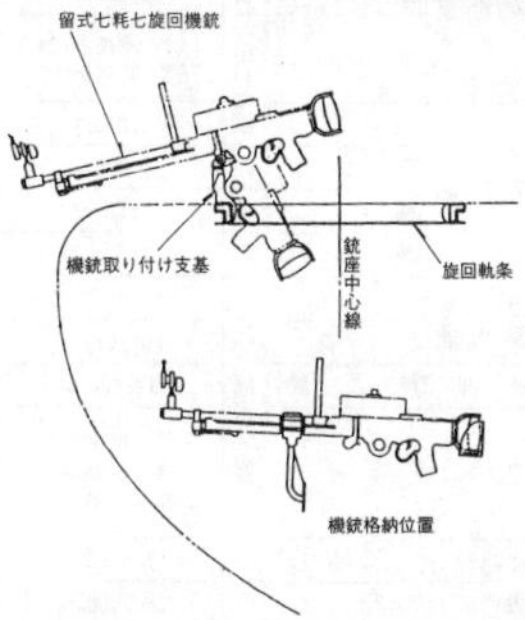

無線電信機用風車発電機装備要領

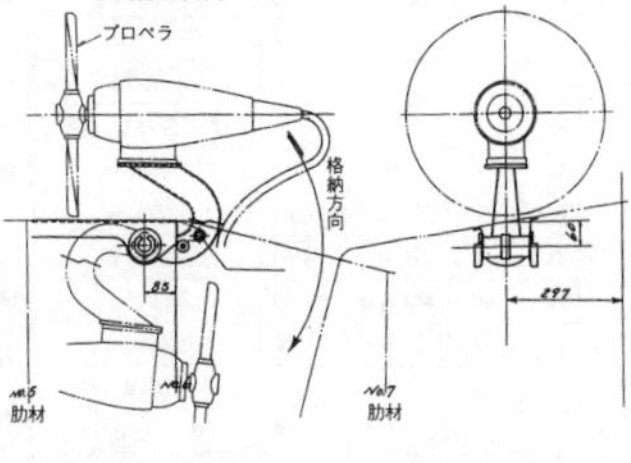

航空灯配置図

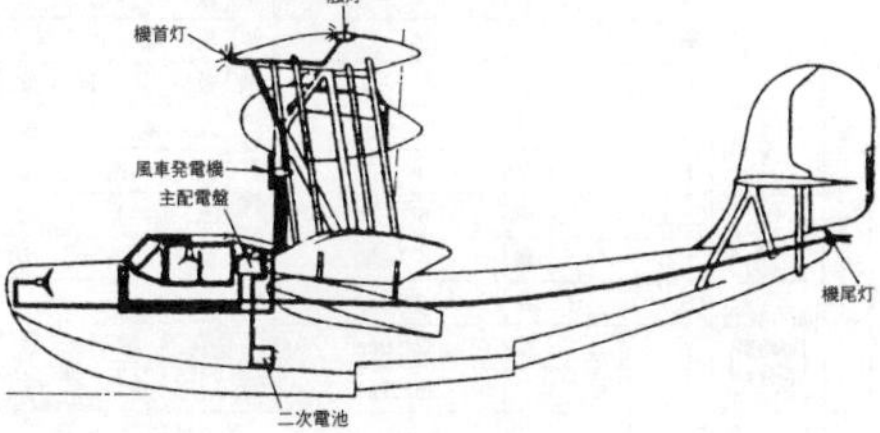

九六式水上偵察機 詳細諸元/性能表

名称			九六式水上偵察機
座席数			4
主要寸度	全幅		15.500m
	全長		11.219m
	全高		4.570m
	折りたたみ時全幅		6.050m
重量	正規全備重量		3,300kg
	自動量		2,225kg
	搭載量		1,075kg
	搭載／正規全備重量		0.326
翼面荷重			63.2kg/m²
馬力荷重（公称馬力にて）			6.6kg/hp
燃料タンク（2×585ℓ）			1,170ℓ
潤滑油タンク			54ℓ
発動機	名称		九一式五百馬力発動機二型
	公称馬力		500hp
	最大馬力		650hp
	回転数（毎分）正規／最大		2,000/2,300r.p.m
	減速比		1/2
プロペラ	直径		3.400m
	ピッチ		3.500m
	翅数		組み合わせ4翅
主翼	幅（上下共）		15.500m
	弦長（上下共基準）		1.800m
	翼型（上下共）		Boeing 106
	翼間隔（基準）		2.5975m
	食い違い（スタッガー）	基準	0.4000m
		外翼	0.3658m
	上翼取り付け角	基準	1°～0′
		第一支柱下	0°～46′
		第二支柱下	0°～30′
	下翼取り付け角	基準	3°～0′
		第一支柱下	2°～46′
		第二支柱下	2°～30′
	上反角	上翼	1°～30′
		下翼	3°～30′
	後退角	上翼	6°～30′
		下翼	6°～30′
	面積（補助翼を含む）	上翼	27.2m²
		下翼	24.9m²
		計	52.1m²

補助翼	幅	上	3.092m
		下	3.175m
	弦長（上下共）		0.382m
	面積	上	2×1.144m²
		下	2×1.117m²
	運動角度（上下共）		+20°～−20°
水平尾翼	尾翼	全幅	5.000m
		弦長	0.890m
		面積	4.132m²
		取り付け角調整範囲	+4°～10′、−4°～20′
	昇降舵	全幅	5.000m
		弦長	0.750m
		面積	3.164m²
		運動角度	+24°～−20°
垂直尾翼	垂直安定板	全幅	2.180m
		全高	1.150m
		面積	1.553m²
		取り付け角	上左1°～30′ 下左2′～0′（0°乃至左4°に修正可能）
	方向舵	全幅	2.010m
		全高	1.006m
		面積	1.732m²
		運動角度	左右各々30°
	方向修正舵	幅	0.065m
		高	0.767m
降着装置	補助浮舟間隔		11.400m
	浮舟寸度		幅 0.600m 高 0.495m 長 2.315m
	浮舟容積		2×302ℓ
兵装	機銃		留式旋回機銃 1
	爆弾		焼夷散弾 30kg
	無線電信装置		九四式空二号無線電信機特型1
飛行性能	最大速度（海面上）		107kt（198km/h）
	巡航速度		65kt（120km/h）
	低速度		（91.6km/h）
	上昇力		高度3.000mまで23分42秒
	航続力		9.57時間

㎜ニシテ上面ニ懸吊金具ヲ有ス。水流ハ右舷側ヨリ入リ左舷側ニ出ル。重量73kgナリ。

冷却器ハ、上部ニ通ゼル二本ノ縦通材ニ、二本ノボルトニ依リテ取付ク。縦通材ハ、ジュラルミン箱型ニシテ詰木セラル。

冷却器覆ハ、前方ニシャッターヲ装備ス。中央翼支柱、及上部縦通材ニテ支持ス。

補給水タンクハ、中央翼内ニアリ、アルミニウム製ニシテ容量水19ℓ、空所6ℓナリ。

第二節　九七式飛行艇

最初にお断わりしておくが、以下に紹介する機体構造は、昭和15年10月に海軍航空本部が作製した、二号二型（のちに二二型と改称）の取扱説明書に基づいたものである。

九七式飛行艇の生産型としては、ほかに二号一型（一一型）、二号三型（『金星』四六型発動機搭載の二三型）、二三型があるが、おもに発動機が異なるだけで、機体構造はほとんど変わらない。

輸送飛行艇型については、客室、操縦室などの写真は現存するものの、椅子配置などをふくめた、公式図、取扱説明書の類が現存していないので、今回は割愛する。

●艇体

艇体は全金属製で、合わせ高力アルミニウム合金第二種鈑SDCH（超ジュラルミン）、およびSDCR（同）材により組み立てられている。

肋骨（フレーム）は、0番〜42番までの計43本で、ほぼ600㎜の間隔を置いて配置。底部中心線上に、骨組み式内竜骨材を縦通し、別に竜骨と艇稜部との中間に、左右各1本の軽減孔付き補助竜骨材を通し、基本的な骨組みを形成している。

なお、肋骨の一部は艇体内を5区画に分ける、扉付きの水防隔壁となっており、事故、戦闘損傷により、破孔を生じて浸水しても、この扉を閉めることによって内部全体への浸水を

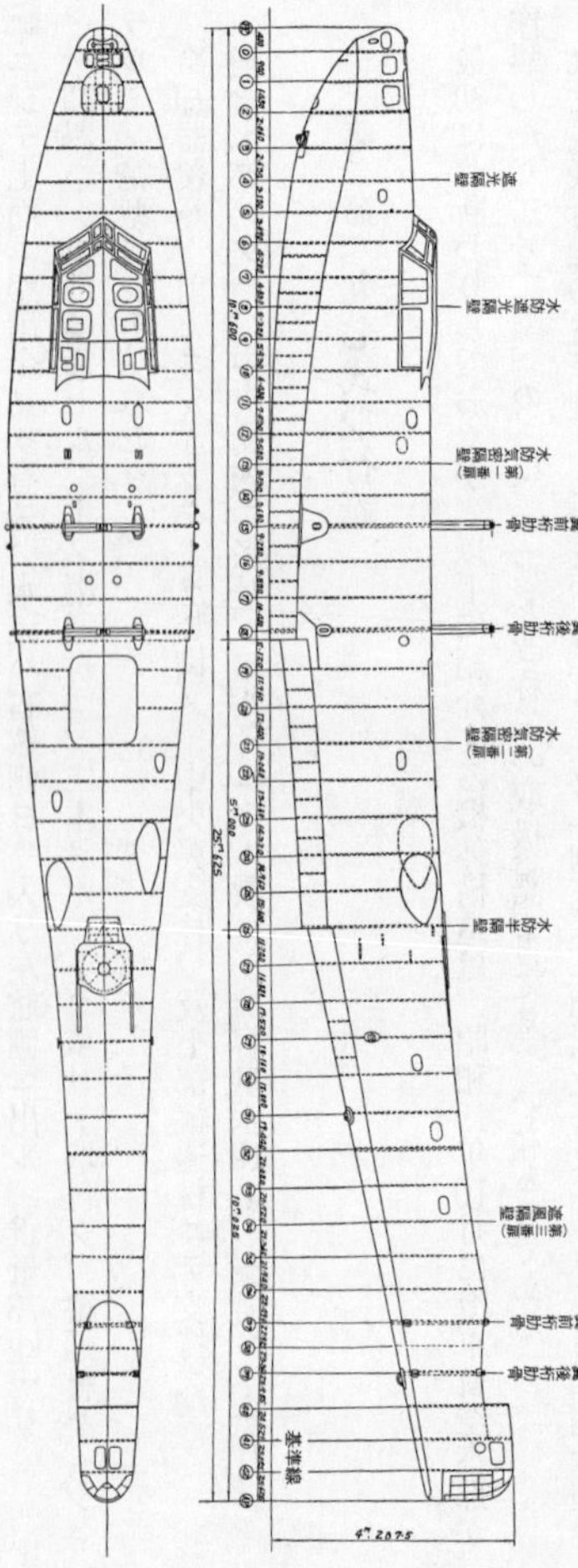

図1：艇体全体骨組み寸度図

図２：艇体内部配置図

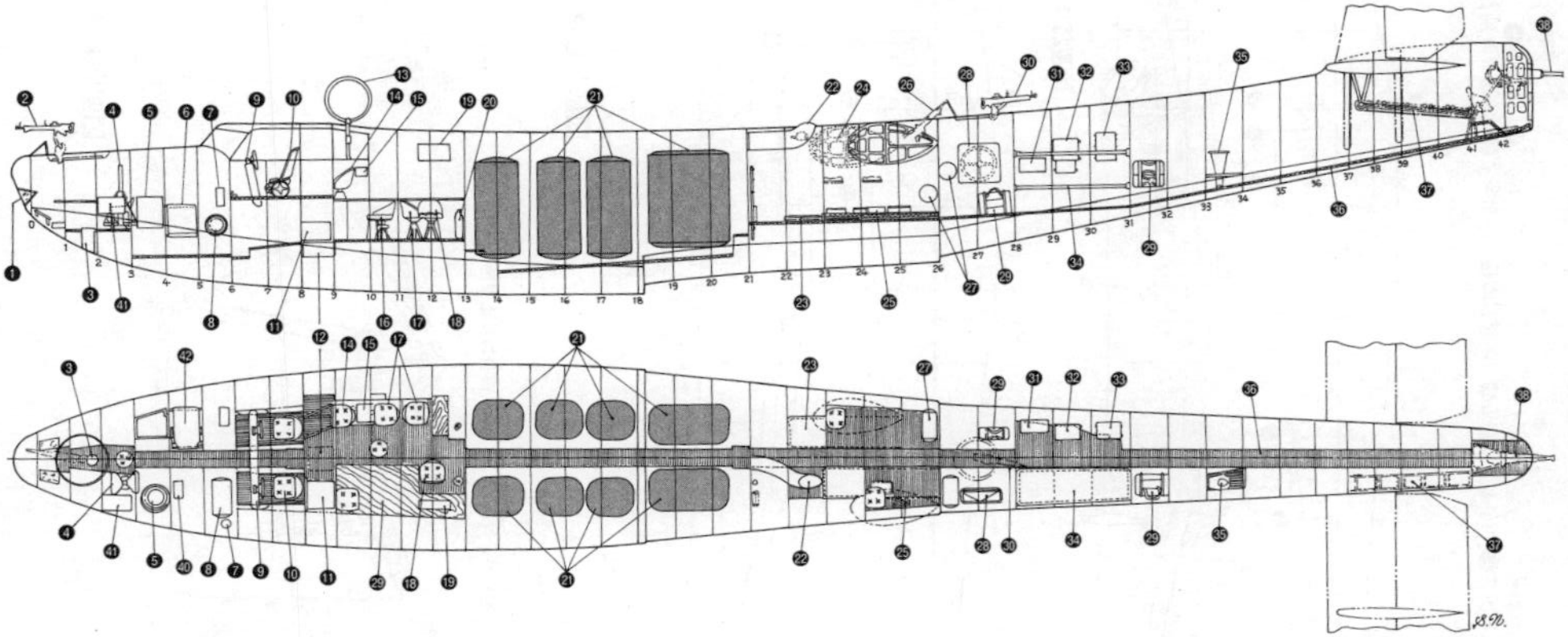

❶前方観測窓、❷前方七粍七旋回機銃、❸照準孔、❹錨、❺錨鋼格納庫、❻休憩椅子、❼自動操縦装置用油タンク、❽飲料水タンク、❾操縦桿、❿操縦席、⓫吊光投弾/携帯信号灯格納箱、⓬航法目標灯格納箱、⓭枠型空中線、⓮指揮官席、⓯九七式空四号無線機受信機、⓰無線席、⓱機上整備員席、⓲無線席、⓳T式無線帰投装置、⓴消火器、㉑燃料タンク、㉒燃料タンク室空気抜き孔、㉓寝台、㉔右側銃座位置、㉕銃手踏台、㉖側方七粍七旋回機銃、㉗飲料水タンク、㉘水中制動器、㉙救命具、㉚中央七粍七旋回機銃、㉛無線機用予備電球格納箱、㉜九七式空四号無線機送信機/管制器、㉝九六式空三号無線電信機、㉞寝台、㉟便器、㊱フロアー、および通路、㊲弾倉運搬装置、㊳二十粍旋回機銃、㊴机、㊵バッテリー格納箱、㊶装抵盤格納箱、㊷休憩椅子

図３：艇体断面図

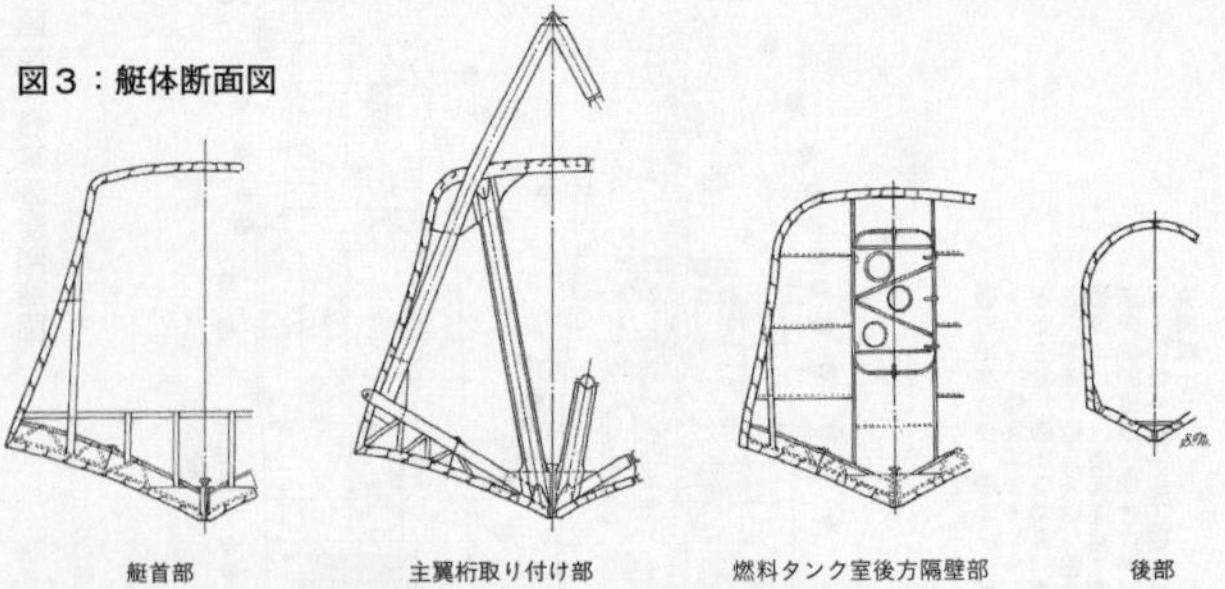

図４：乗員配置図

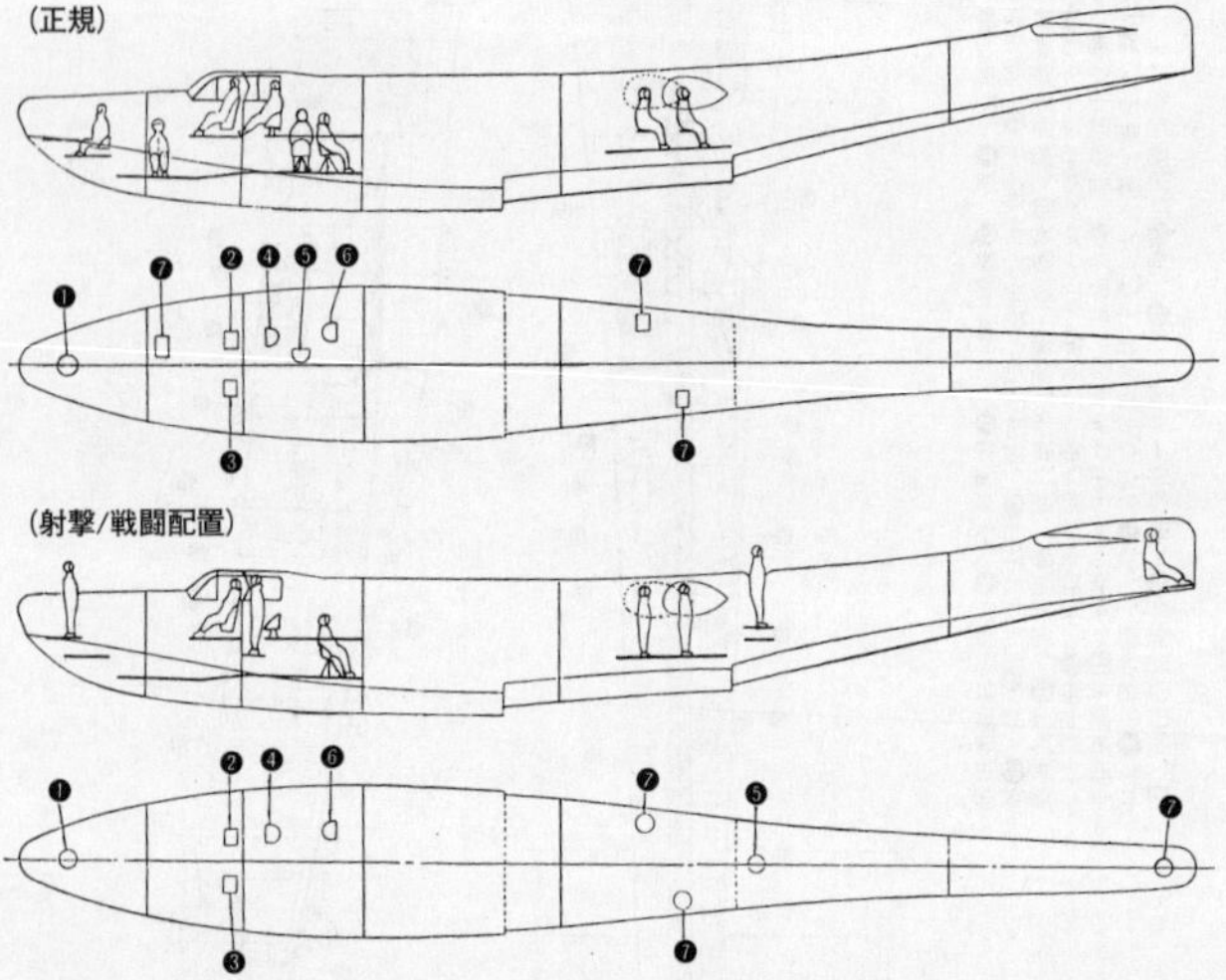

❶前方見張り兼銃手、❷正操縦士、❸副操縦士、❹指揮官（機長）、❺無線士（後部のいずれかの銃手を兼ねる）、❻機関士、❼予備員（銃手）

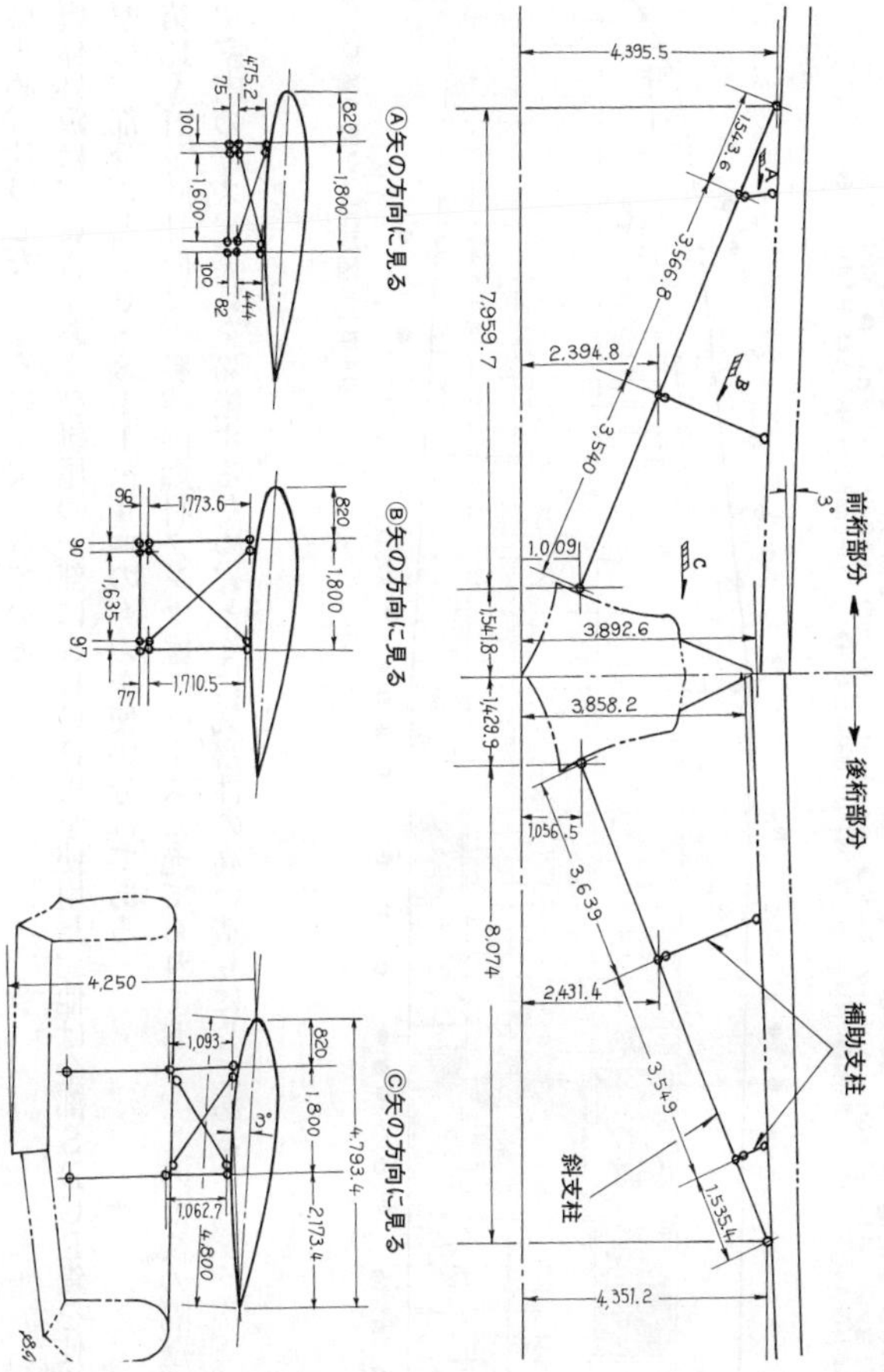

図5：主翼組み立て基本寸度（寸法単位：mm）

食い止め、沈没しないように工夫されている。

艇体外鈑は、艇首、および艇尾の一部にSDCH鈑を使用し、他は全部SDCR鈑を使用。鈑厚は、部分ごとに0・8～1・4㎜のものを使い分けてある。

第13～21番肋骨間は、艇体内燃料タンク室スペースに充てられており、この前後の隔壁扉は、室内のガス、臭気を隔絶するため、とくに気密性の高い造りにしてある。

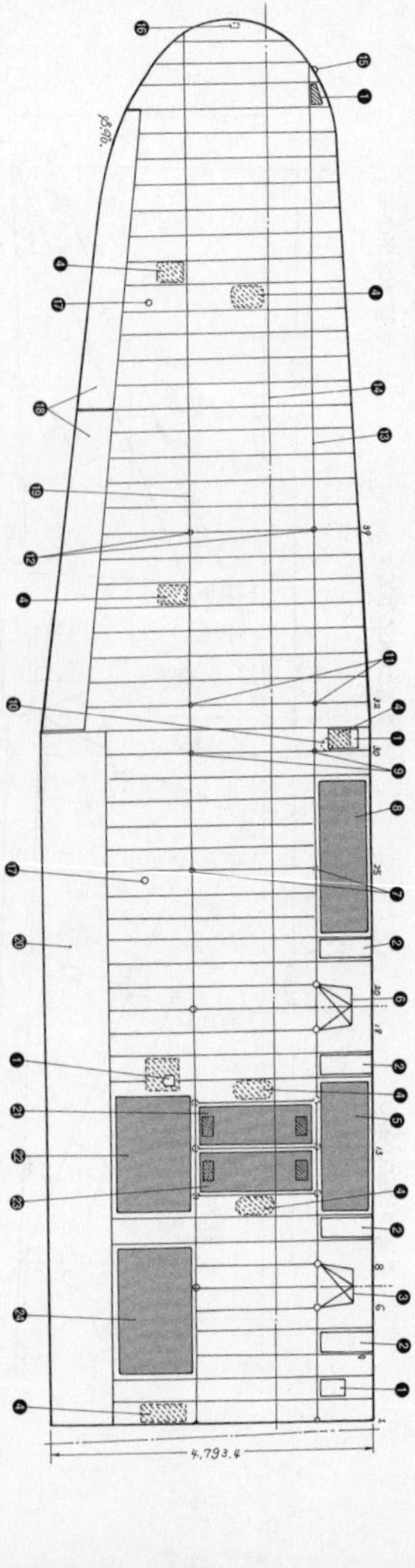

図6：主翼骨組み、配置図（寸法単位：mm）

❶翼上面点検窓、❷発動機点検用足場（出入式）、❸内側発動機取り付け架、❹翼下面点検窓、❺翼内前縁2番燃料タンク、❻外側発動機取り付け架、❼外側補助支柱取り付け金具、❽翼内前縁4番燃料タンク、❾外側支柱取り付け金具、❿着水灯（下面）、⓫翼端浮舟取り付け金具、⓬翼端浮舟張線取り付け金具、⓭前桁中心線、⓮翼舷30％ライン、⓯舷灯、⓰碇泊灯、⓱編隊灯、⓲補助翼、⓳後桁中心線、⓴フラップ、㉑翼内桁間4番燃料タンク、㉒翼内後縁4番燃料タンク、㉓翼内桁間2番燃料タンク、㉔翼内後縁2番燃料タンク

図7：主翼断面図

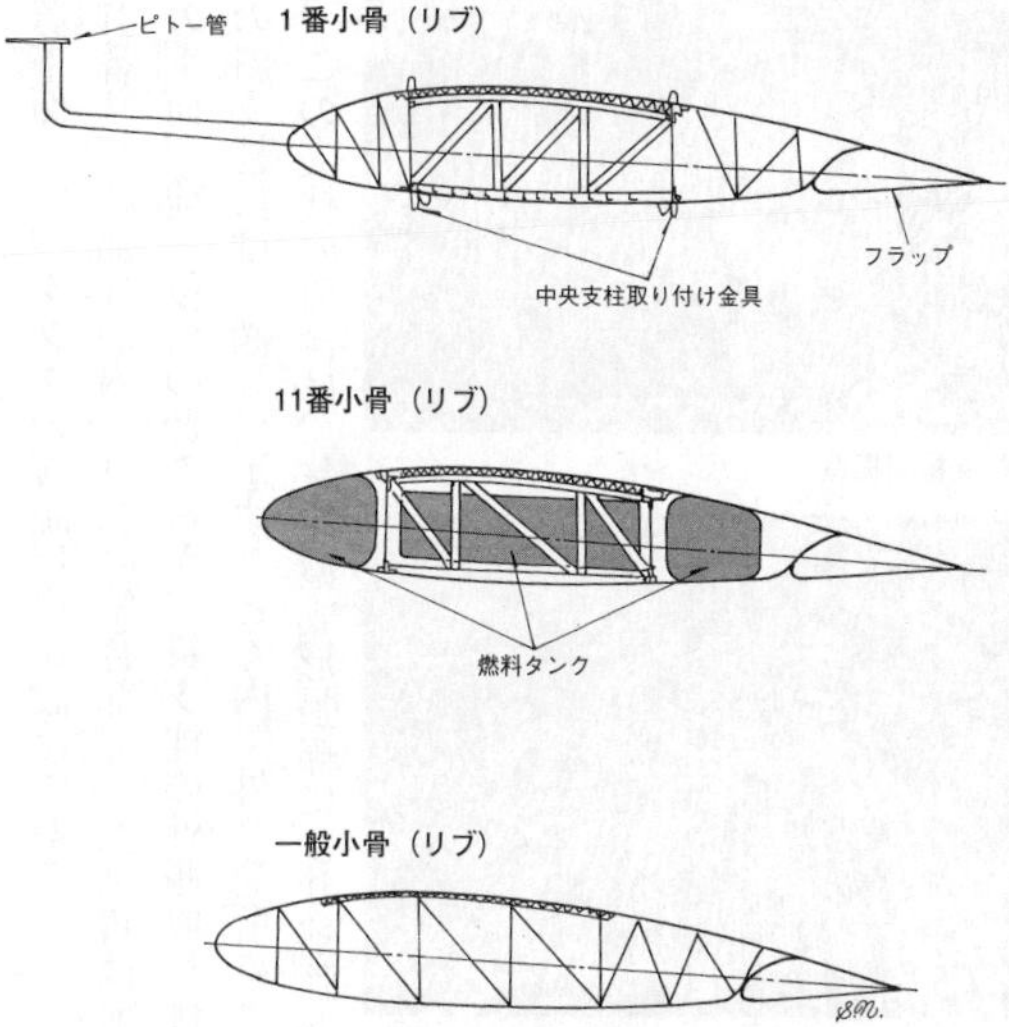

第15、および18番肋骨が、それぞれ主翼前、後桁の取り付け部となり、上方はその取り付け支柱を兼ねた一体造りに、下方は斜支柱の取り付け基部となっている（図1〜3参照）。

九七式飛行艇の正規乗員は9名で、通常飛行時、および射撃、戦闘時の配置は図4に示すとおり。

●主翼

主翼は、高翼（パラソル型）単葉半片持ち翼で、SDCH、およびSDCR鈑製のプレート・ガーダー式前、後桁を配置し、この間を強固な小骨（リブ）にて結合、上面にSDCR製の波状鈑を翼幅方向に張り、その上にSDCH鈑を重ね張りして、軽量ながら、捩れなどに強い構造を採っている。

左右内、外側発動機間の内部は、前縁、桁間、後縁部にそれぞれ燃料タンクが配置され、これらの各部主翼下面には、タンクの着脱用扉が設けてある。

第31番リブの部分が内、外翼の結合部で、上反角は前者が3°—0′、後者が4°—30′。第30番リブの下面、前、後桁のところが、斜支柱の外側取り付け部となる。

この斜支柱には、図5に示すごとく内、外2箇所にクロームモリブデン鋼製の補助支柱が付き、この支柱の前後は、気流型成形張線により補強されている（図5〜7、写真1〜2参照）。

後桁後方、燃料タンク収納部より外側の外皮は羽布張りとし、重量軽減をはかっている。

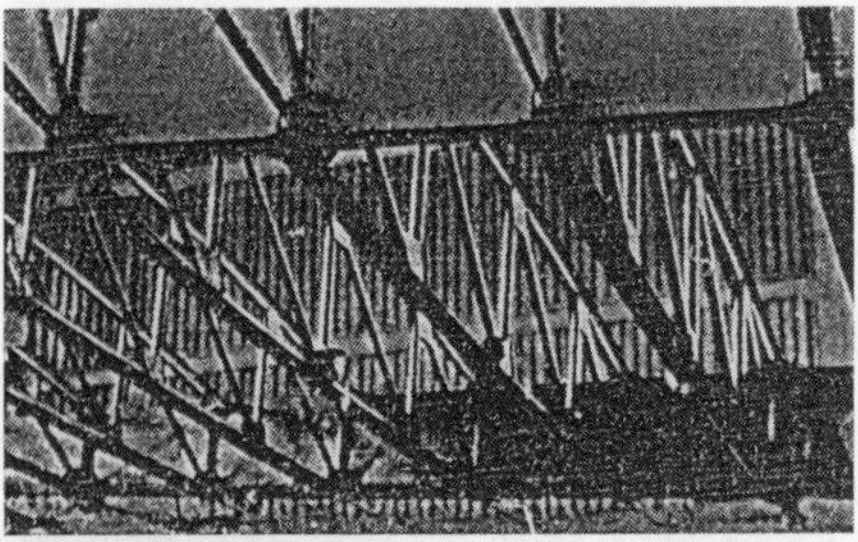

写真1：主翼前後桁間構造

写真2：主翼上面波状板取り付け要領
（画面右が前縁方向）

●フラップ

フラップは、左右の内翼後縁幅いっぱいにおよぶ、面積23・96㎡（ちなみに零戦二一型の主翼面積は22㎡）の大きなもので、大重量機ゆえに、揚力の高い親子式二重フラップを採用している。親フラップの最大下げ角は30°で、このとき子フラップは45°に下がる。操作は油圧式。

親フラップは骨組みがＳＤＣＨ鈑、外鈑はＳＤＣＲ鈑だが、上、下面ともに、後半分は羽布張り外皮とし、重量軽減をはかってある。子フラップはすべてＳＤＣＲ鈑製（図８）。

図８：フラップ構造図（下面側より見る）

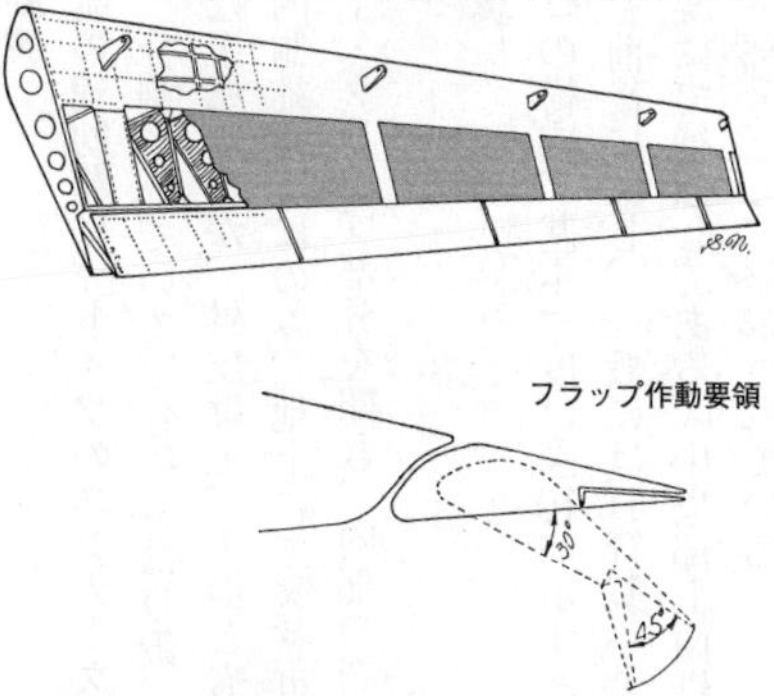

図９：補助翼構造

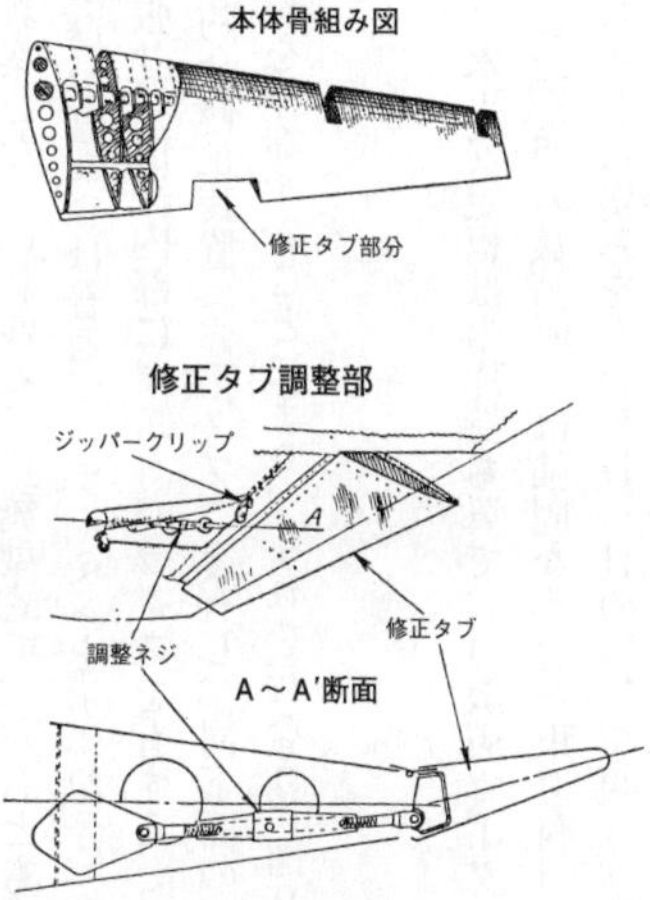

●補助翼

本艇の補助翼は、ドイツのユンカース社が考案した、いわゆる二重翼型式で、左右とも内、外に二分割されている。骨組みはD鈑、およびD管（Dは普通ジュラルミンを示す記号）を使った金属製だが、外皮は上、下面とも羽布張り。前縁内部にマス・バランスを有する。左内側補助翼にのみ、地上にて調整可能な釣合修正装置（修正タブ）を有し、同下面のジッパー・クリップ部分を開き、内部の調整ネジを伸縮することにより、これを行なう（図9）。

●尾翼

全体の構成、基本寸度は図10に示すとおり。水平安定板は半片持ち翼で、D鈑製ガーダー式桁を前後に配し、一般にはD管製小骨を、また桁間の数箇所には強固な小骨を取り付け、緊張線にて補強してある。中央部上面は、ゆるやかに膨みをもつSDCHの外鈑を張り、艇体の一部分として整形されている。

水平安定板下面と艇体尾部間には、ガス溶接による軟鋼製斜支柱（気流型断面）が取り付けられ、強度を保っている。

昇降舵は、D管桁とD鈑製小骨で骨組みを構成し、外皮は羽布張りとなっている。左右昇降舵は艇体中心の槓桿取り付け部にて分割されており、前縁内部にはマス・バランスを有する。

左右昇降舵とも、後縁には飛行中に上下20°までの範囲内で操作し得る修正舵（バランス・

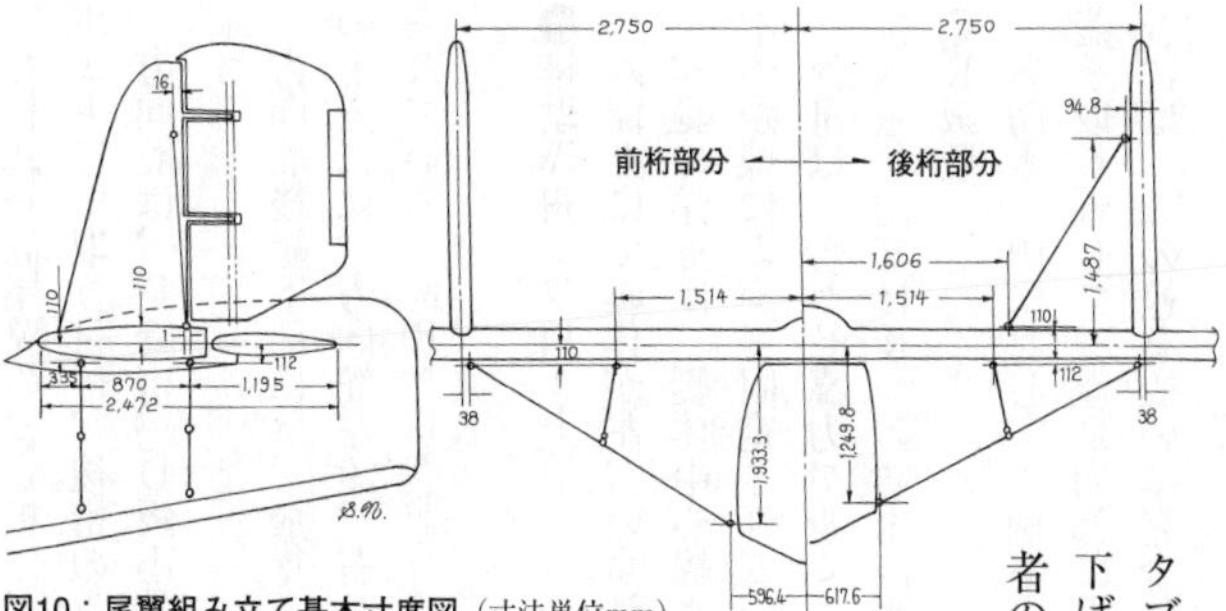

図10：尾翼組み立て基本寸度図（寸法単位mm）

図11

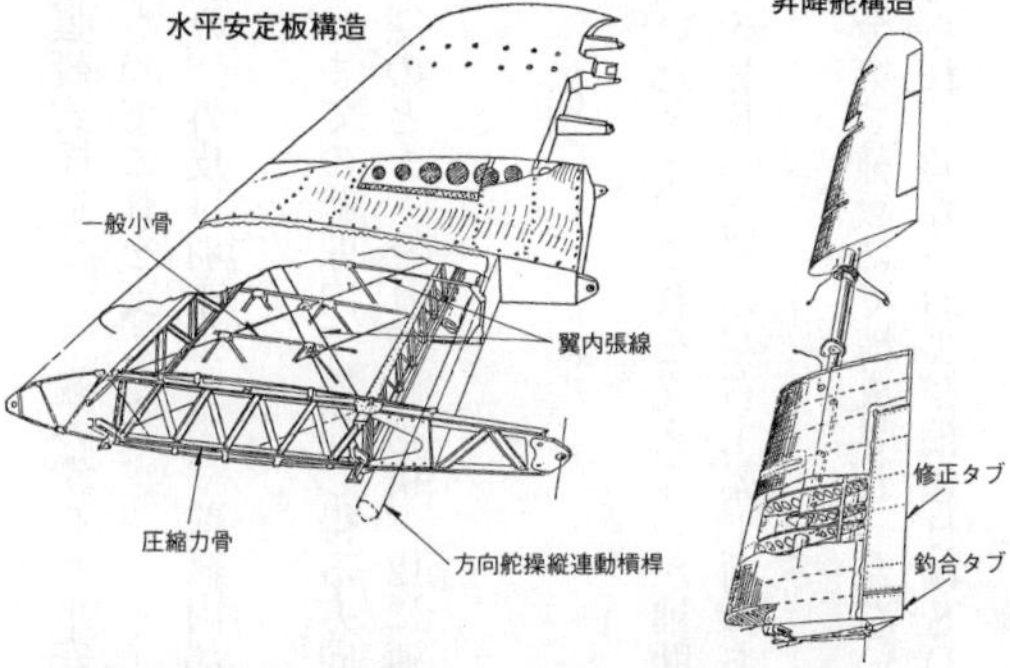

図12

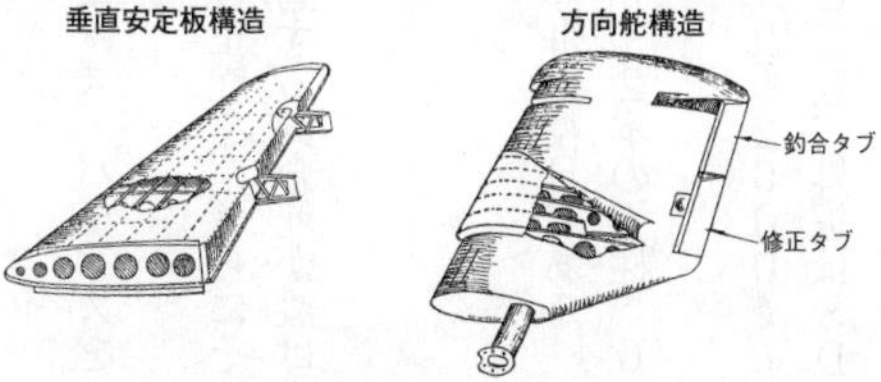

タブ）を有し、その外側には、さらに釣合舵（昇降舵上げ舵25°、下げ舵15°に対し、釣合舵は下側に25°、上側に15°連動）を設け、操縦者の操舵力の軽減をはかっている。

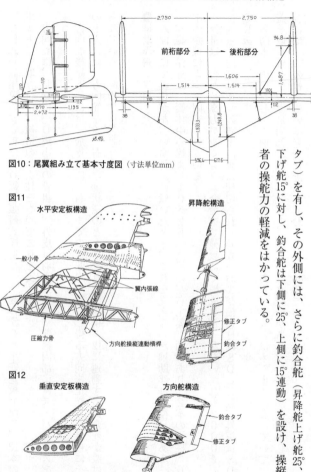

2枚式垂直尾翼の安定板は、D鈑製張殻式構造で、下端の鍔を水平安定板上面に、12本のボルトにて取り付け、後桁のみ支柱をもってこれを支えた。

方向舵は、D管桁、D鈑小骨の骨組み、外皮は羽布張りで、前縁内部にマス・バランスを有する。

方向舵後縁下部には、飛行中に左右18°までの範囲内で操作し得る方向修正舵を、さらにその上方には、方向舵左29°、右30°作動状態のとき、それぞれ約9°、12°に連動する釣合舵が設けられている（図10〜12参照）。

●補助浮舟（フロート）

水面上にて艇体が左右いずれかに傾いたとき、これを支えるのが補助浮舟の役目である。本艇の浮舟は、艇体中心線より10525㎜位置の左右主翼下面にあり、2本の支柱、6本の張線によって固定されている。

浮舟は、合わせ高力アルミニウム合金第二種鈑にて構成され、左右いずれも2000ℓの排水量。内部は4つの防水区画に仕切られ、肋骨、および縦通材はSDCH鈑、外鈑はSDCR鈑製。

各防水区画に対し、1個あての点検孔と手入孔があり、手入孔はネジ止めになっていて、蓋を取り外して、浮舟内部に出入りできる。底部には水抜栓があり、浮舟内部に浸水した場合には、この栓を抜いて完全に排水しておくことが必要である。

図13：補助浮舟（フロート）構成（左側を左前上方より見る）

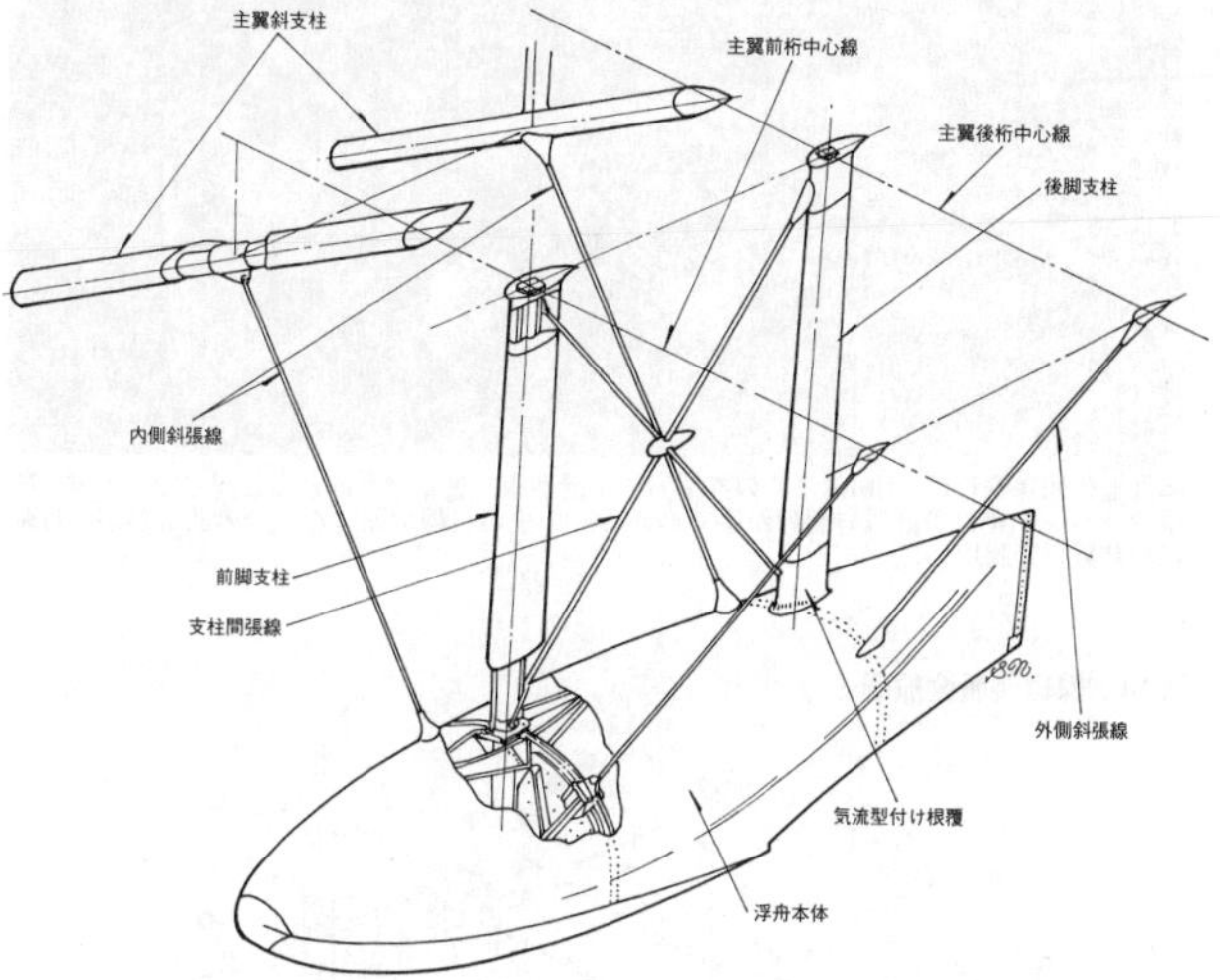

支柱本体はＳＤＣＨ鈑を鋲止めした構成で、断面は楕円形をしており、上端はボルトにて主翼下面の金具にピン結合され、下端は４本のボルトにて浮舟上面に固定された。その支柱の周囲は、ベニア板製の気流型断面整形材で覆ってあり、その表面には羽布を張って防水性を高めてある。それぞれの張線は、両端とも股状接手により、主翼下面、同斜支柱、浮舟上面の金具に取り付けられている（図13参照）。

●操縦装置

操縦席は左右並列式で、右側が正操縦士席となる。左右席の前方に〝冂〟形の操縦桿が通っており、昇降舵の操作は正、副操縦士が２人が

▲九七式輸送飛行艇〔H6K4-L〕の操縦室内主計器板。通常型とほとんど同じで、手前の操縦桿、ハンドル、各計器の配列がよくわかる。中央の白線で囲った部分の諸計器が、自動操縦装置の管制用。

図14：操縦装置全般図

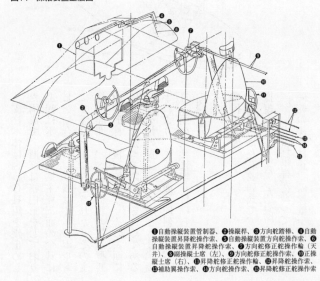

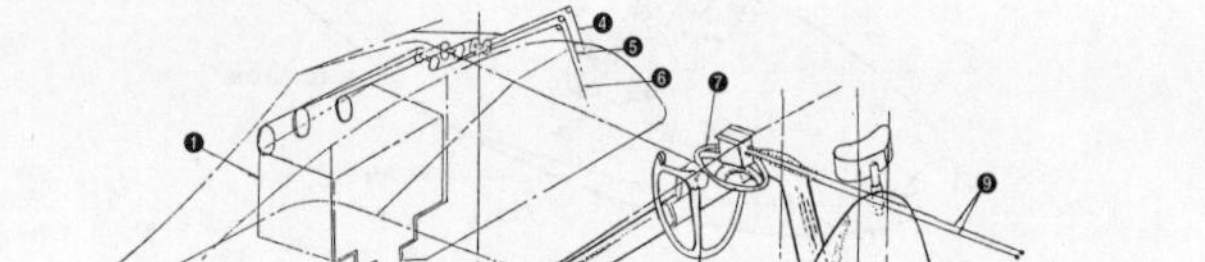

❶自動操縦装置管制器、❷操縦桿、❸方向舵踏棒、❹自動操縦装置昇降舵操作索、❺自動操縦装置方向舵操作索、❻自動操縦装置昇降舵操作索、❼方向舵修正舵操作輪（天井）、❽副操縦士席（左）、❾方向舵修正舵操作索、❿正操縦士席（右）、⓫昇降舵修正舵操作輪、⓬昇降舵操作索、⓭補助翼操作索、⓮方向舵操作索、⓯昇降舵修正舵操作索

図15：操縦室内主計板配置

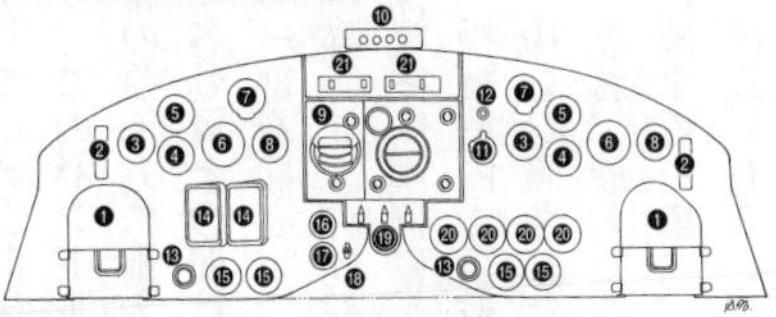

❶航空羅針儀一型改
❷前後傾斜計
❸速度計
❹旋回計
❺針路認定指示器
❻水平儀
❼精密高度計
❽昇降度計
❾自動操縦装置管制器
❿火災警報表示灯
⓫航空時計
⓬近路弁操作柄
⓭感度調整器
⓮電圧回転速度計二型
⓯排気温度計
⓰フラップ開度表示器
⓱着水高度警報灯
⓲フラップ開度表示器スイッチ
⓳自動操縦装置用油圧計
⓴給入圧力計二型
㉑発動機点火スイッチ

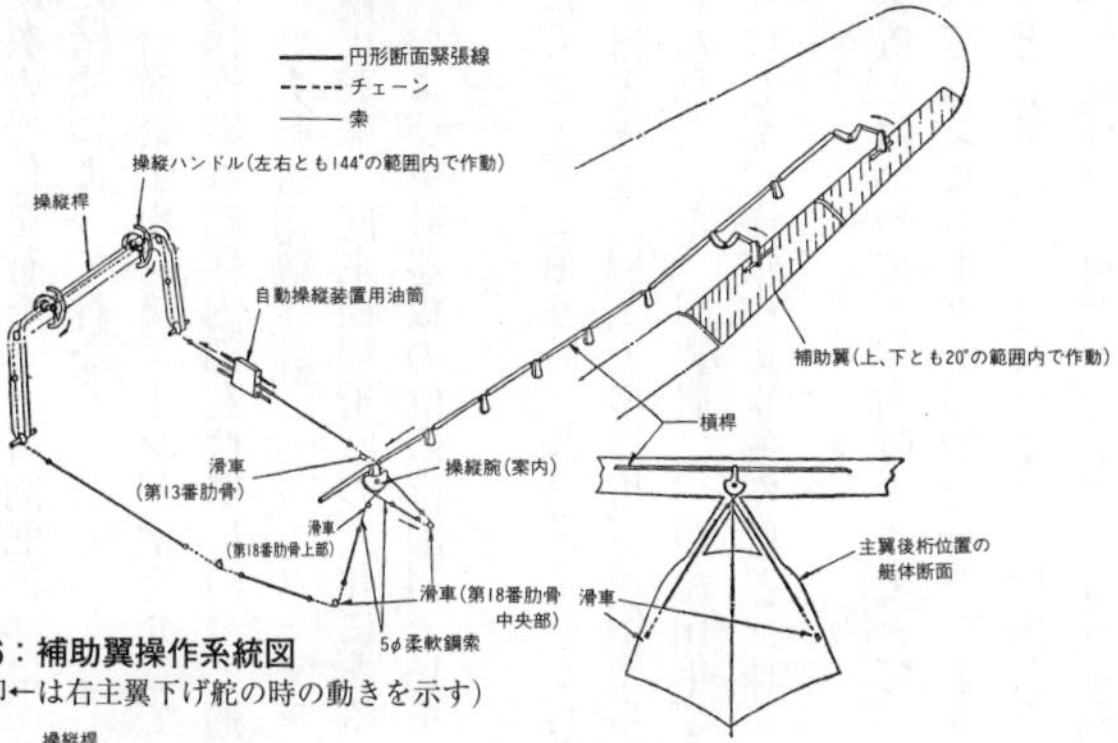

図16：補助翼操作系統図
(矢印←は右主翼下げ舵の時の動きを示す)

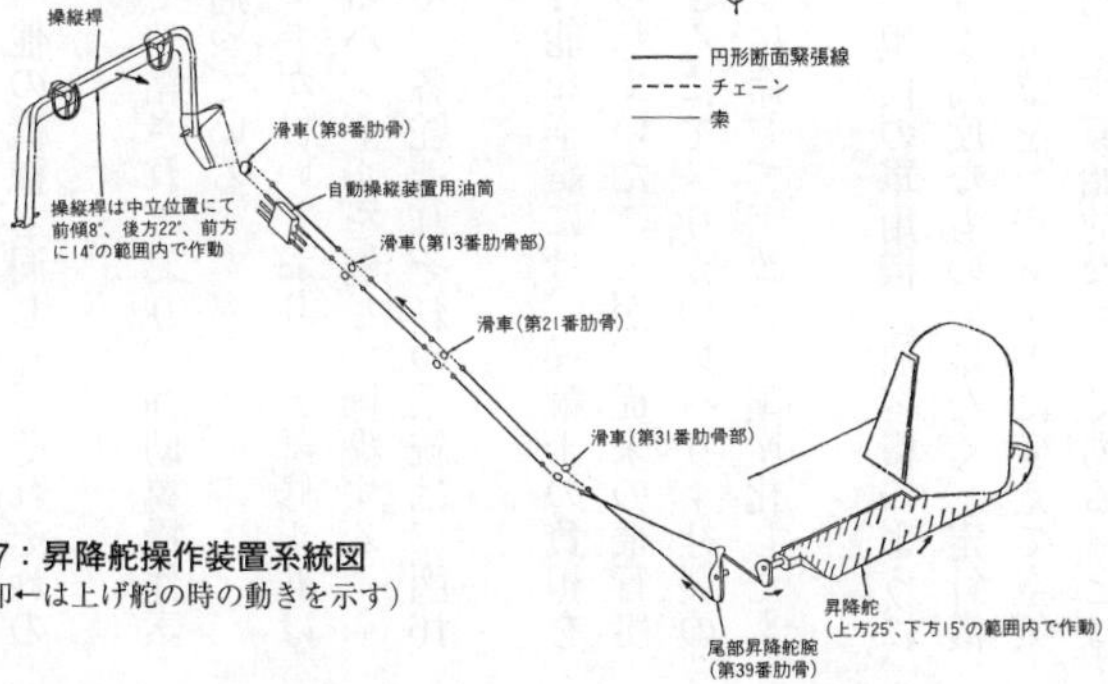

図17：昇降舵操作装置系統図
(矢印←は上げ舵の時の動きを示す)

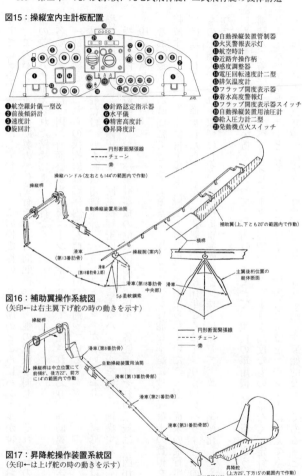

かりでこれを前後に動かして行なう。この操縦桿の、左右席のところにハンドルが付いており、このハンドルで補助翼の操作を行なう。方向舵操作は、他の機種と同じく、それぞれの席の前下方に備えられた踏棒によって行なう。

各動翼との間は、円形断面緊張線、チェーン、索を介して連結されており、補助翼操作索の一部を除き、これらの操作索は艇体内部右側壁に沿って通っている。

昇降舵、方向舵には、舵力軽減用修正舵（バランス・タブ）が付いており、昇降修正舵は操縦室内両側に、方向修正舵は、同主操縦士席の天井にあるハンドルを廻して操縦する。

操縦室内の全般配置、および主計器板の位置は図14、15を、各舵それぞれの系統は、図16〜19を参照されたい。

なお、最大で27時間にもおよぶ（偵察時）長時間飛行が可能な本艇には、操縦士の負担を軽減するために、とくに自動操縦装置（大型機用）が備えられていたことが、従来の飛行艇にはみられない、進歩した点だった。同装置は、昭和10年ごろにアメリカのスペリー社製のものを輸入、これを原型にして、海軍が東京航空計器（株）に命じて、改良、国産化したものである。

もっとも、自動操縦装置とはいっても、当時のこととて、現代の軍用機／旅客機のように、離陸から着陸まで、すべてコンピューター制御で行なうような高度なものではなく、定針儀と人工水平儀をセンサーとして用い、これによって検出した偏位を、空気圧差に変えて空気弁に伝え、その空気弁軸が油圧弁に直結していて、3舵を動かす原始的なものである。とは

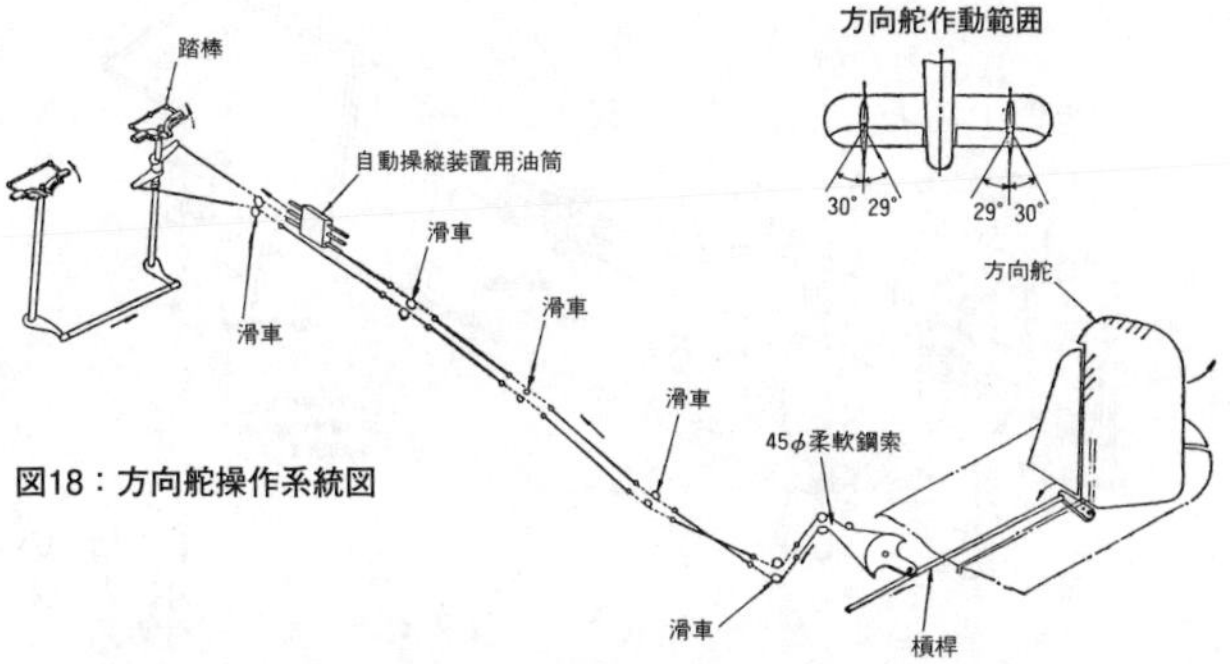

図18：方向舵操作系統図

図19：各修正タブ操作装置系統図

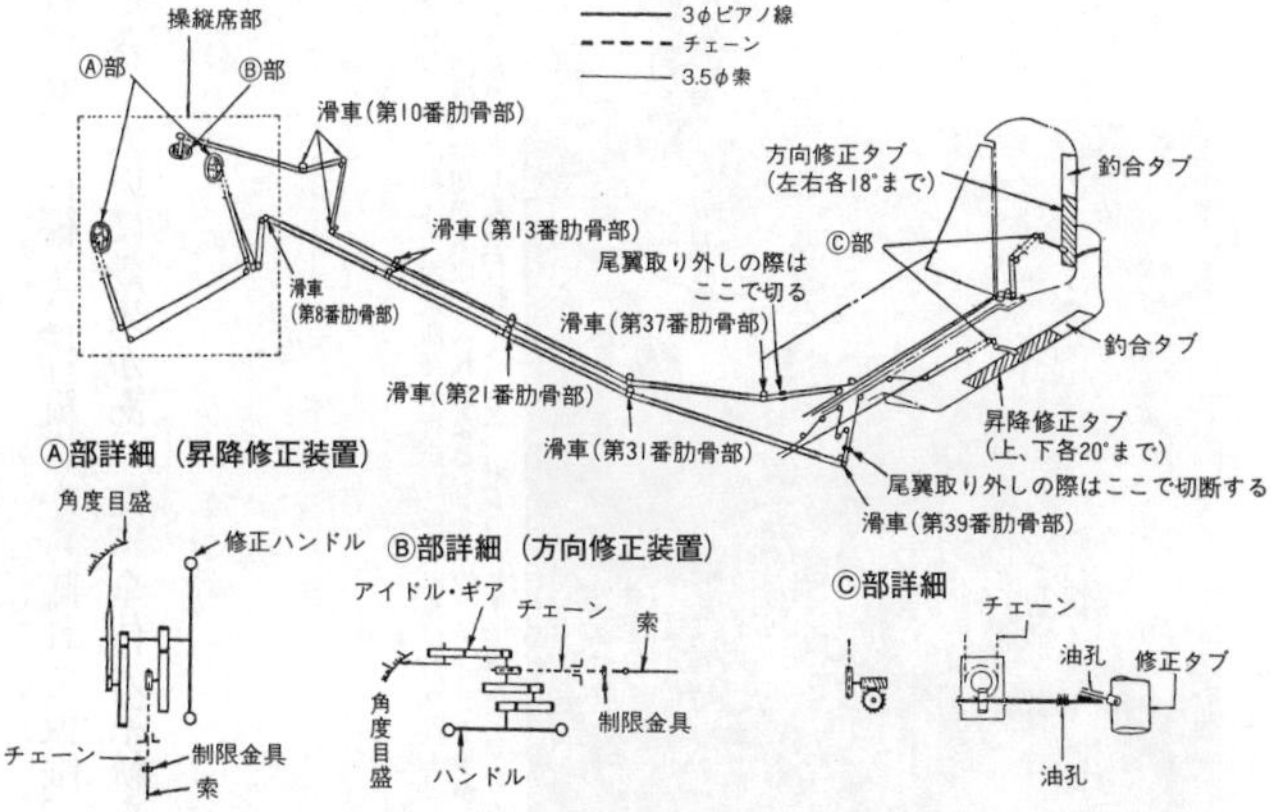

いえ、これだけでも、操縦士は操縦席から離れて仮眠、休憩はとることができ、大いに効果があった。全体の系統を図20に示す。

図20：自動操縦装置系統図

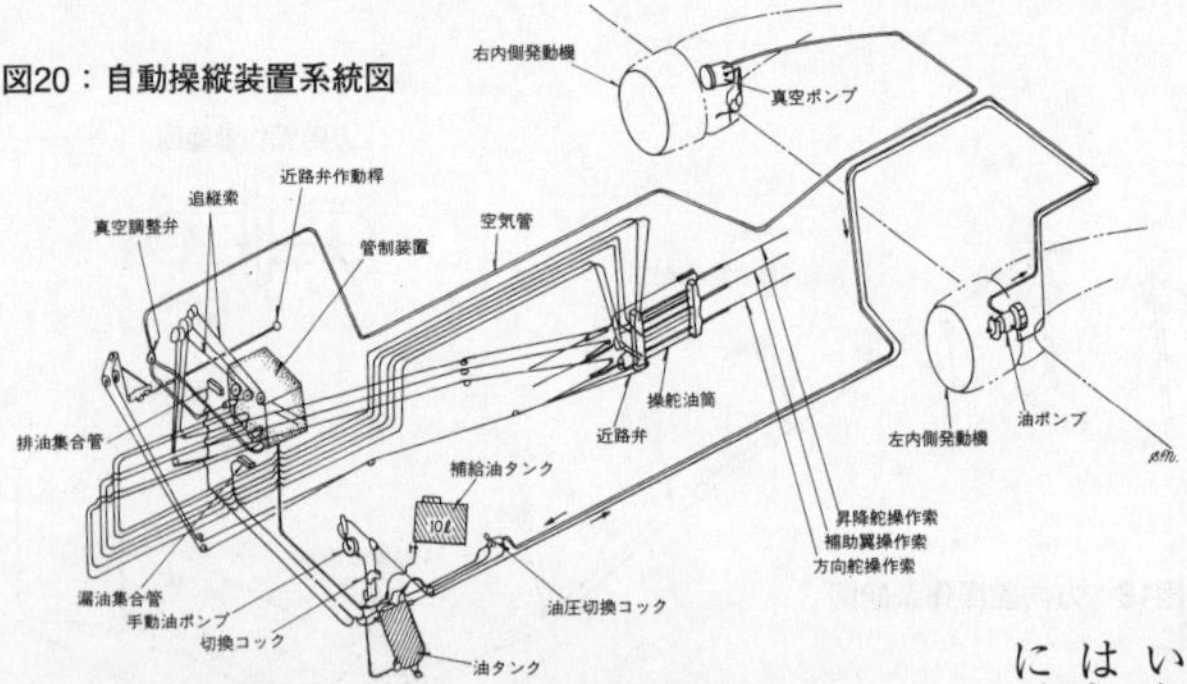

◀発動機を始動した、民間型〝川西式四発飛行艇〟のナセル付近クローズアップ。カウルフラップ、潤滑油冷却空気取り入れ口などもふくめたディテールがよくわかる。民間型も、発動機は九七式飛行艇一一、二二型と同じ金星四三型であった。

●動力装備

原型機、九試大型飛行艇を除き、九七式飛行艇は、三菱『金星』シリーズ各型発動機を搭載した。

金星は、三菱が最初にモノにした、空冷星型複列14気筒発動機で、その安定したパワー発揮と、実用性の高さは抜群で、中島の『栄』系とともに、日中戦争期〜太平洋戦争全期間を通じ、日本陸海軍軍用機の主力発動機として君臨した。

生産期間は足掛け10年間（昭和11〜20年）にもおよび、主要な生産型だけでも12種、出力は最初の三型の８４０hpから、最後の六二型の一五〇〇hpへとかなりパワーアップしている。

これら各型のうち、九七式飛行艇が搭載したのは、四三、四六、五一、五三型の4種。

四三、四六型は離昇出力１０８０hpで、九七式飛行艇の一一、二二型が搭載、五一、五三型は同１３００hpで、同二三型がそれぞれ搭載した。

写真２、３：「金星」四六型発動機

正面

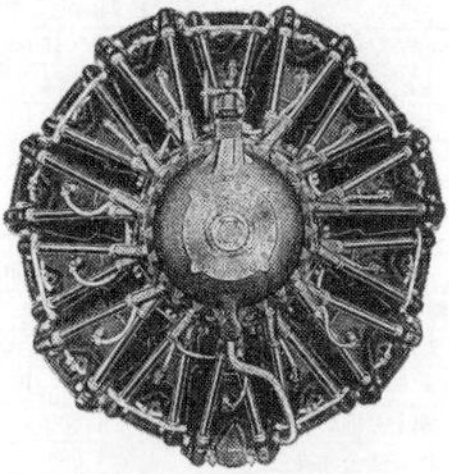

右側面

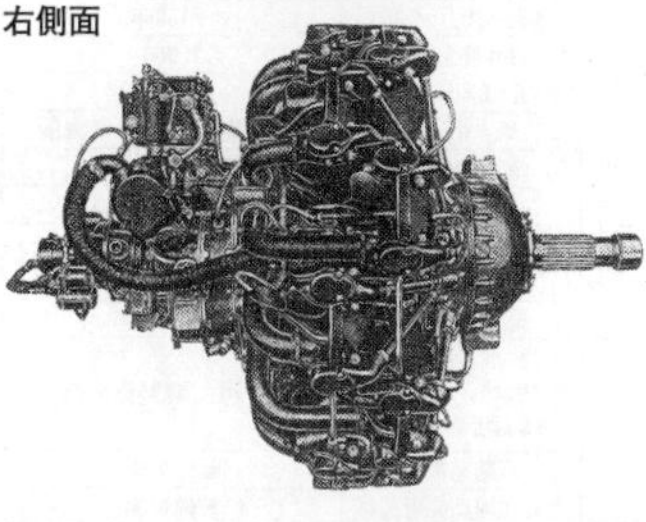

「金星」四一型発動機諸元表

（金星四〇型系取扱説明書より）

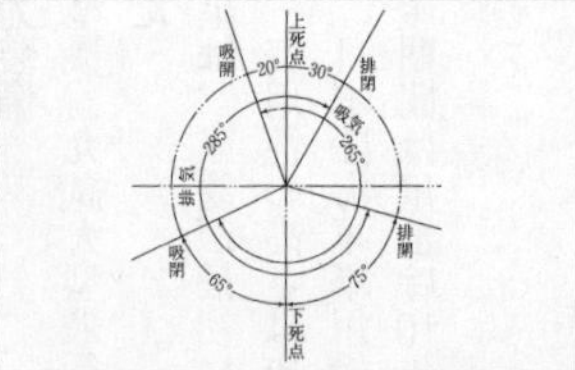

燃料	種　　類	オクタン価87以上
燃料	消　費　量	於離昇馬力　340kg/馬力/時以上 於公称馬力　320kg/馬力/時 於巡航速度　210kg/馬力/時
燃料	圧　　力	0.15〜0.25kg/cm
潤滑油	種　　類	航空鉱油
潤滑油	消　費　量	毎時毎馬力10kg
潤滑油	圧　　力	6.0〜6.5kg/cm
発動機の大きさ	全　　長	1,646mm（電動起動器装着の場合）
発動機の大きさ	外　　径	1,216mm
発動機重量	乾燥状態	560kg（但し下記を含まず）
発動機重量	プロペラボス	18.55kg
発動機重量	起　　動	18.50kg
発動機重量	導　風　板	9.40kg
発動機重量	そ　の　他	3.00kg

型　　式	14気筒複列固定星型空冷式
筒径×行程	140mm×150mm
全行程容積	32.34ℓ
圧　縮　比	6.6
減速装置型式	遊星平歯車式
減　速　比	0.700
公称回転数	2.500
巡航回転数	2,000〜2,150
離昇最大回転数	2,550
クランク軸回転方向	後方より見て右廻り
プロペラ回転方向	同　　上
地上公称馬力	1,000
公称高度公称馬力	1,080
公称高度	2,000m
公称給入圧力（水銀柱）	＋150mm
離昇最大馬力	1,060
離昇最大給入圧力（水銀柱）	＋200mm
気　化　器	中島三連式75甲型（降流型）
起　動　機	電動起動器一型
磁石発動機	空廠式14CF2L型
点火栓（プラグ）	アイチRT１型
燃料ポンプ	四翼偏心式
潤滑油ポンプ	三重歯車式
スペリー用真空ポンプ、計器用真空ポンプ及びス式自動操縦装置用油ポンプ	左の中二種装備可能
直結発電機	装備可能
九五式同調発射装置	装備可能
油圧式可変節プロペラ	ハミルトン２段変節式又はハミルトン恒速プロペラ（第18535号以降）
点火順序	R　1　3　5　7　2　4　6 F　2　4　6　1　3　5　7
点火時期	上死点前22度〔第３番シリンダー（主接合棒シリンダー）に就て〕
弁開閉時期	〔第３番シリンダー（主接合棒シリンダー）に就て弁間隙吸排共前列1.30mm、後列1.15mmのとき〕
吸　入　開	上死点前20°
吸　入　閉	下死点後65°
排　出　開	上死点前75°
排　出　閉	下死点後30°

金星四三、四六、五一、五三各型は、本体そのものはまったく変わらず、気化器、点下栓、燃料ポンプ、磁石発電機など補器類の違い、水噴射ポンプの有無が異なる点。代表として、写真2、3に四六型の外観を、また四一型のデータを上の表に付しておく。

発動機取り付け架は図21に示したとおりで、クロームモリブデン鋼管を、溶接にて組み合わせたもの。4本の傾斜ボルトにて、主翼前桁に取り付けられる。前端の7個の発動機固定部には、防振用ゴムが組み込んであり、振動を柔らげるようにしてある。

カウリングは、図22に示すとおり、カウルフラップを有する3分割パーツから成り、調整ネジ4個にて発動機本体に固定される。

海上での整備／点検を考慮し、左右2枚のパネルは、取り外すことなく、上方に開いた状態で支柱により固定、下面の1枚は、外したあとは索により吊り下げるようになっている。

なお、海上での発動機整備／点検に際しては、それぞれの発動機ナセル両側の主翼前縁に組み込まれた、足場が引き出されるようになっており、この方法は後継機二式飛行艇にも引き継がれた（図23参照）。

●燃料系統

九七式飛行艇一一型では、燃料容量が合計7765ℓにとどまり、九試大艇の試作にあたって海軍が要求した、2500浬（4630㎞）以上という航続性能は満たしていなかった（2230浬――4129㎞）。

しかし、二二型になると、燃料容量は2倍近い13410ℓに増大し、上記要求値をようやく満たすことができた（2590浬――4796㎞）。ドラム缶に換算すると67本分に相当し、たしかに厖大な量である。

この、厖大な量の燃料を収容するために、艇体内には8個、主翼内には12個、あわせて20

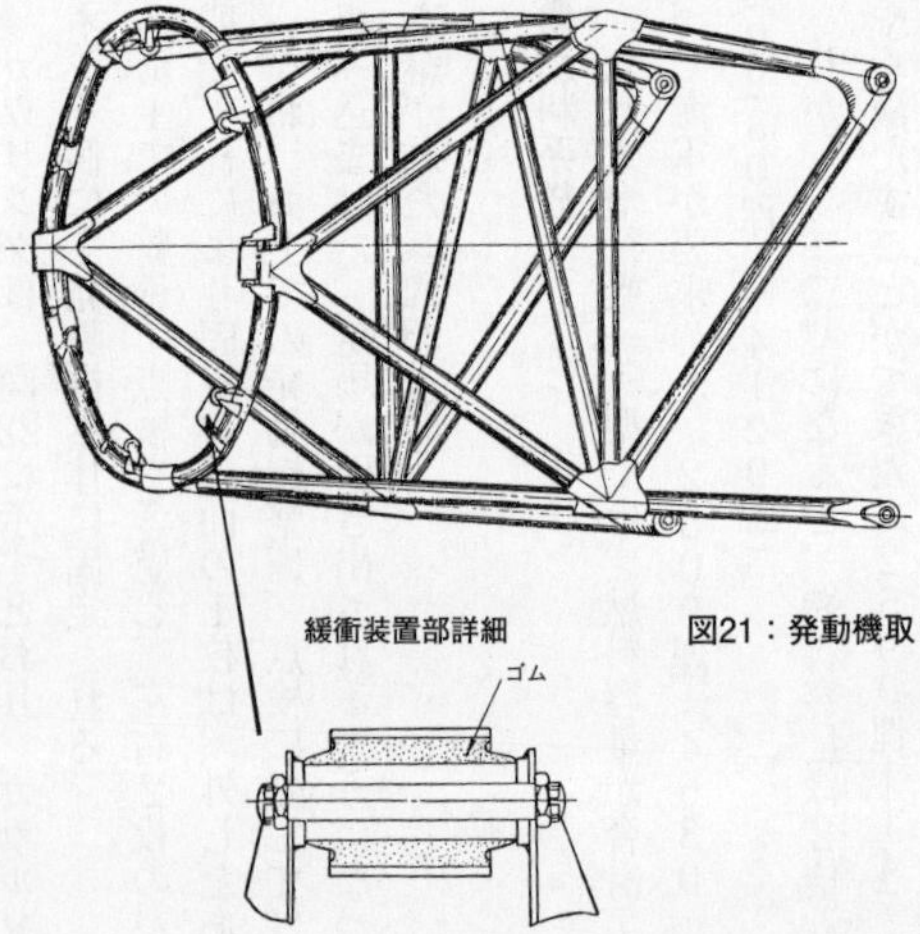

図21：発動機取り付け架

図22：発動機ナセル構成
(二二型)

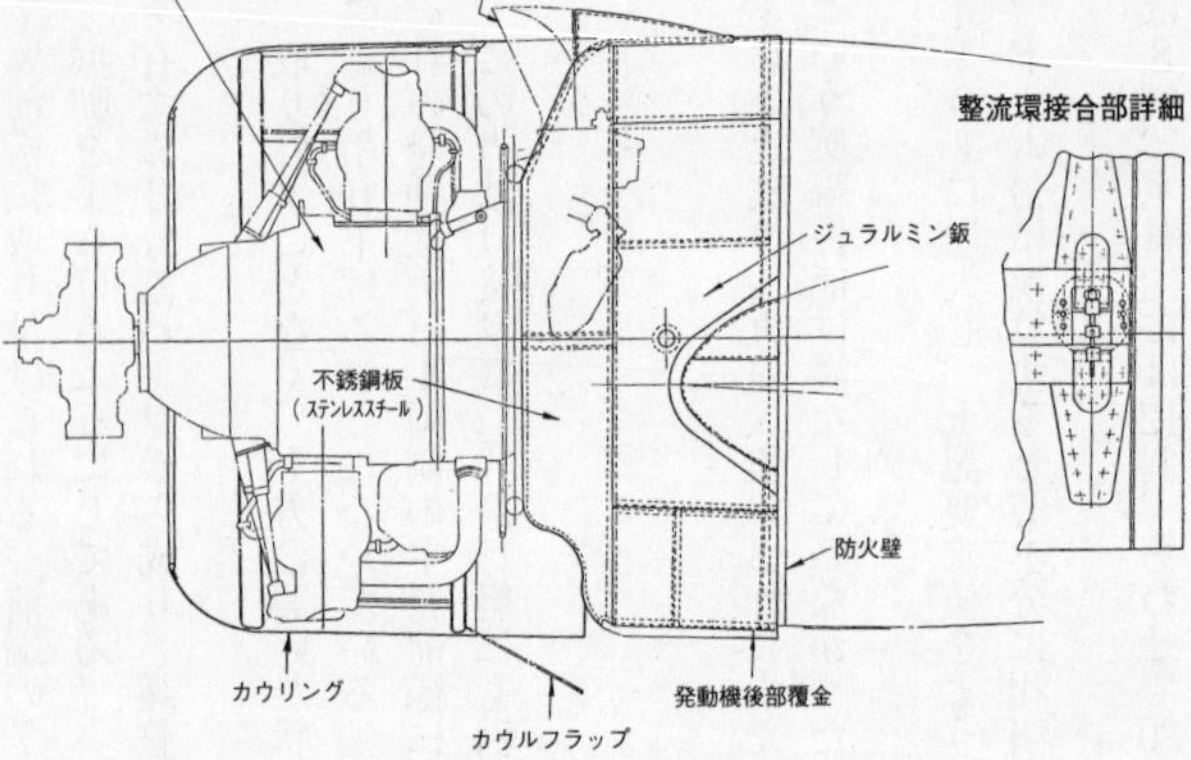

図23：発動機点検用足場構成

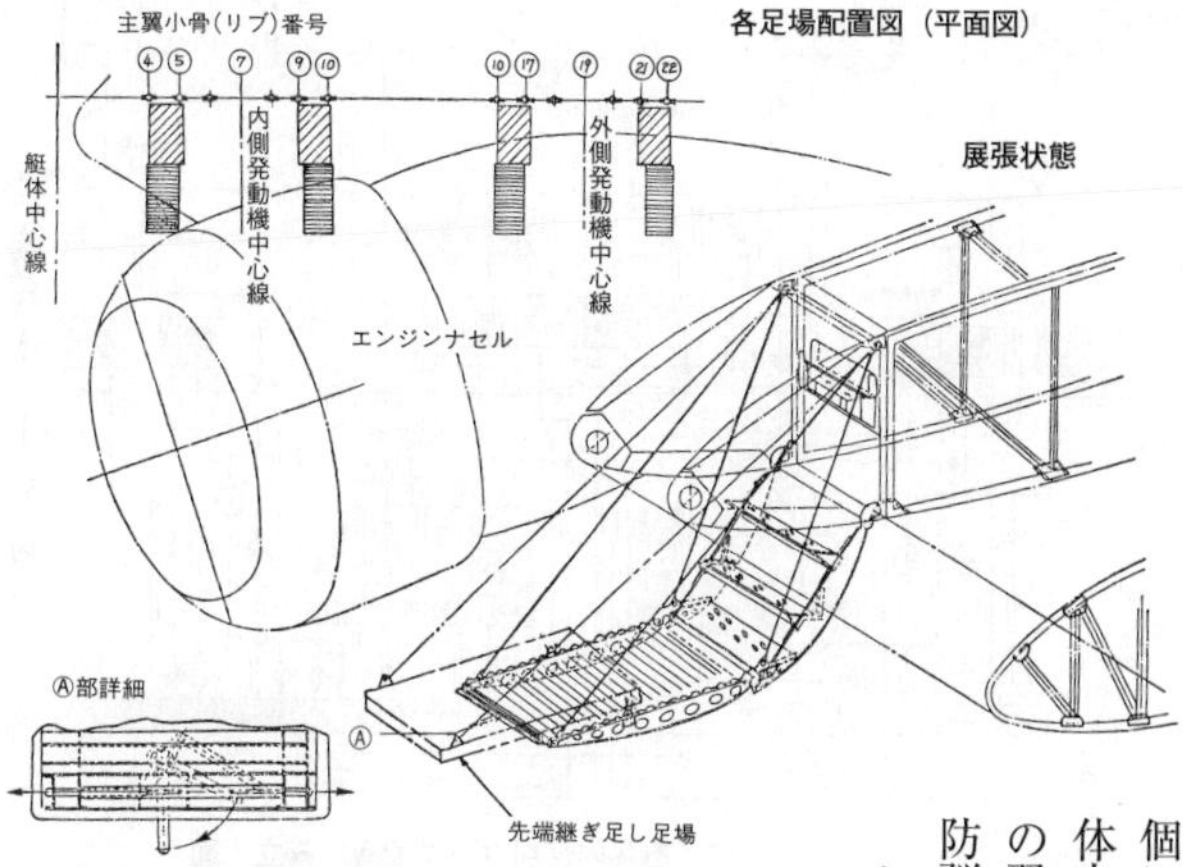

個にもおよぶタンクが設けられたのである。艇体内と翼内桁間タンクはアルミニウム鈑製、他の翼内タンクはジュラルミン鈑製で、いずれも防弾の配慮はなされていない（図24参照）。

これらタンク群と、各発動機を結ぶ配管要領

図24：各燃料タンク

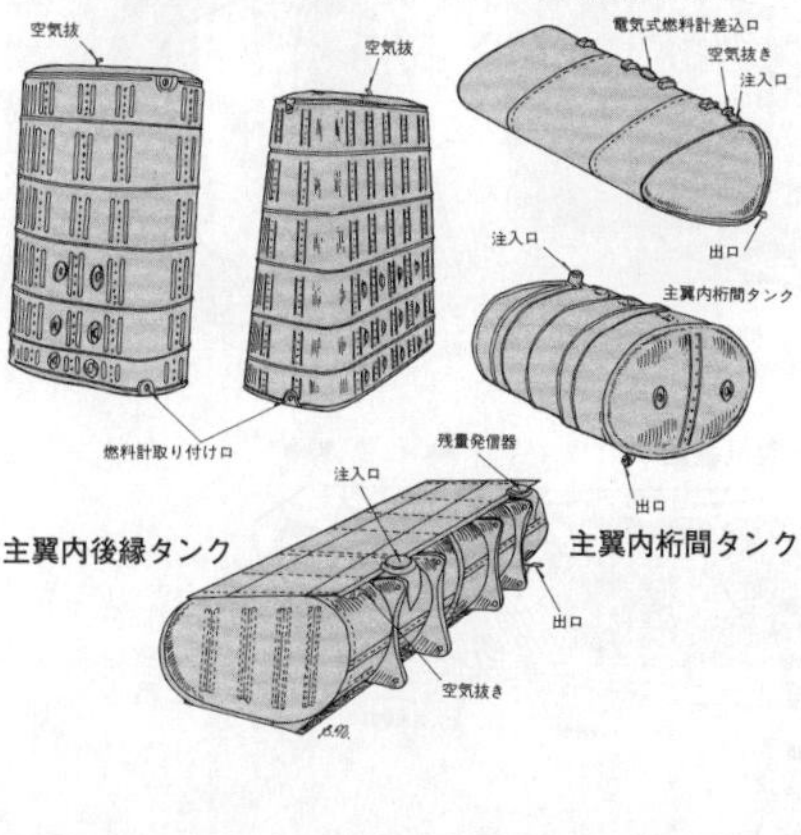

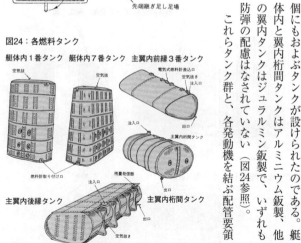

図25：燃料系統図

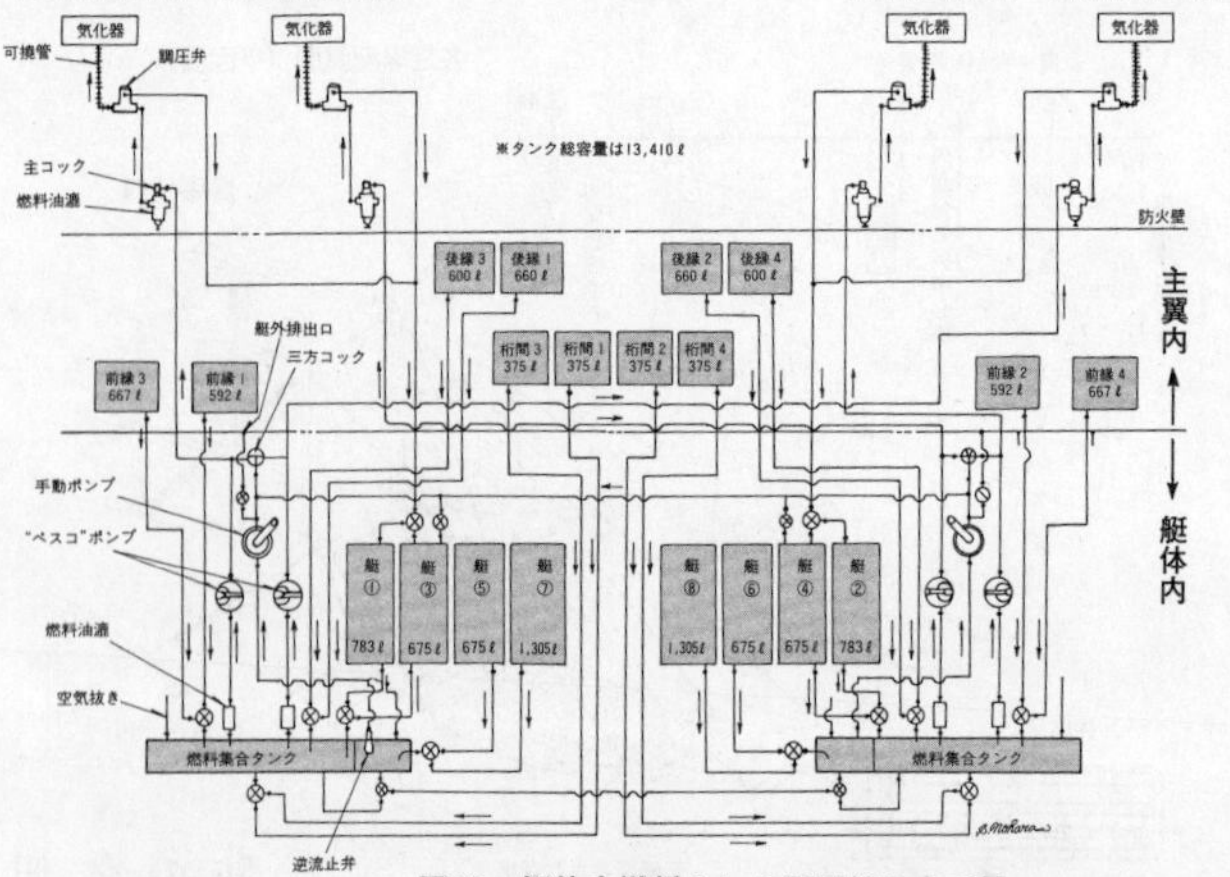

図26：艇体内燃料タンク配置組み立て図

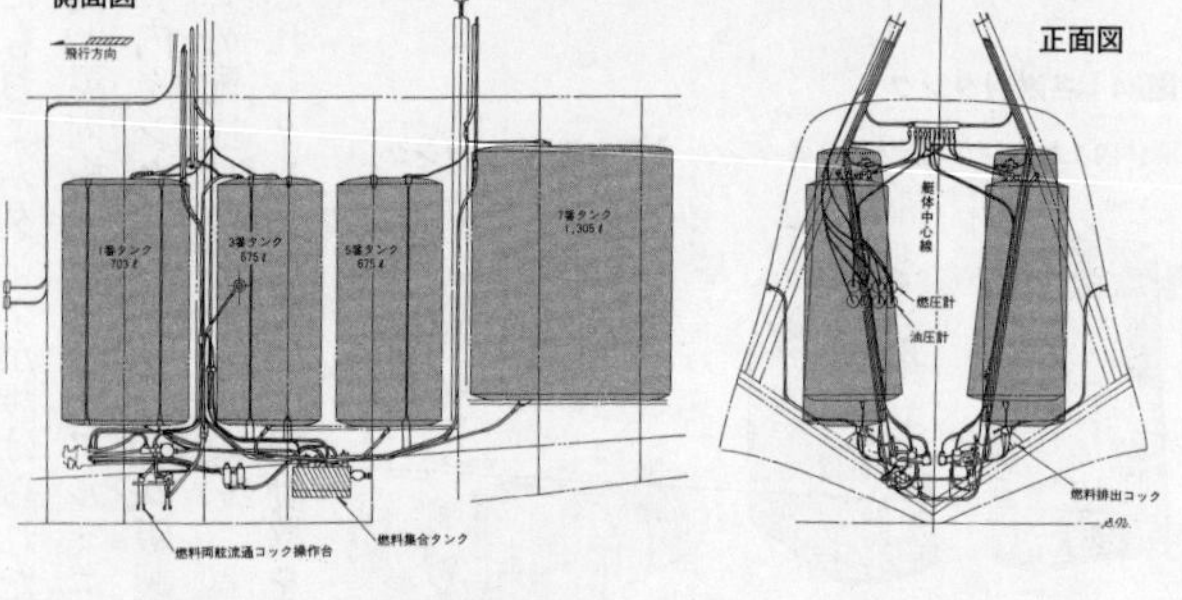

図27：艇体内燃料タンク室換気装置

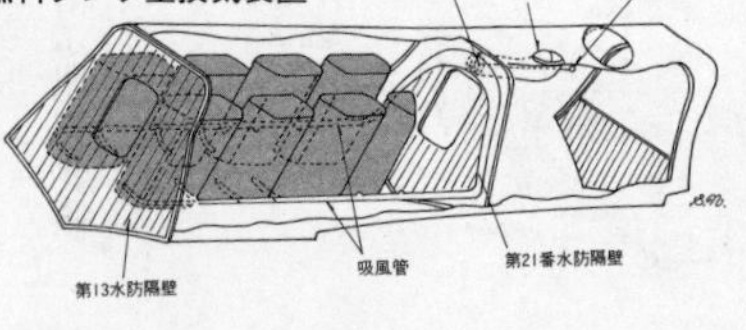

を示したのが図25。

各タンクの燃料は、いちど艇体内の集合タンクに送られ、ここから油圧ポンプによって各発動機に供給されるようになっている。油圧ポンプが故障したときに備え、艇体内には手動ポンプが設置されていた。

燃料管の大部分はアルミニウム合金管で、一部に可撓管、および硅素青銅管を使用している。

艇体内の燃料管配置、およびタンク室換気装置の要領は図26、27に示す。

艇体内タンクは、第18〜21番肋骨間の上面に設けられた大型扉、翼内タンクは、それぞれのタンク設置部下面に設けられた扉より着脱する。

●潤滑油系統

潤滑油系統は、左右それぞれ

図28：潤滑油系統図

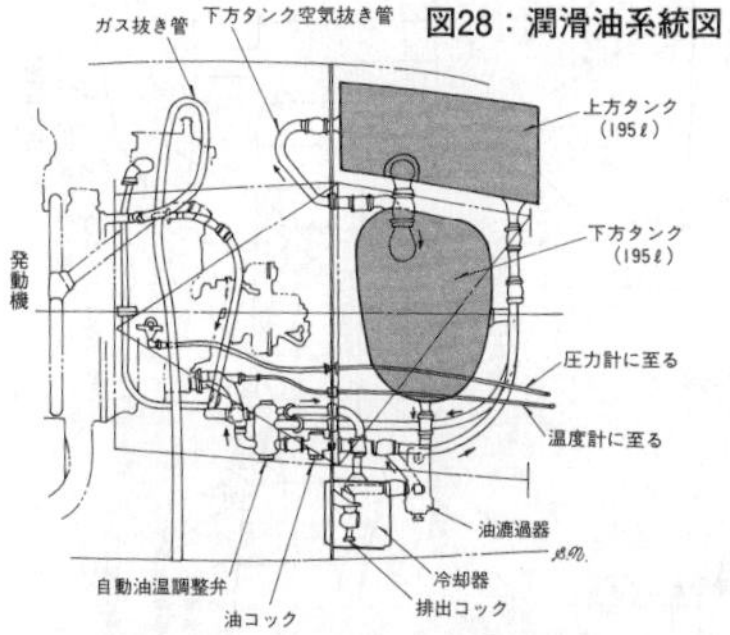

図30：潤滑油冷却器

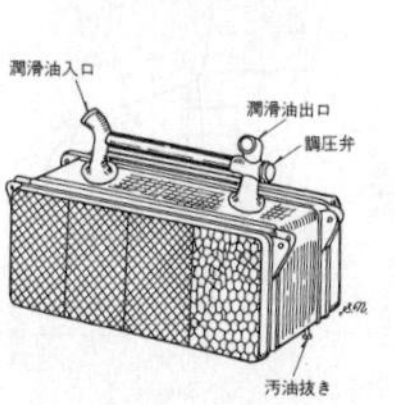

図29：潤滑油タンク

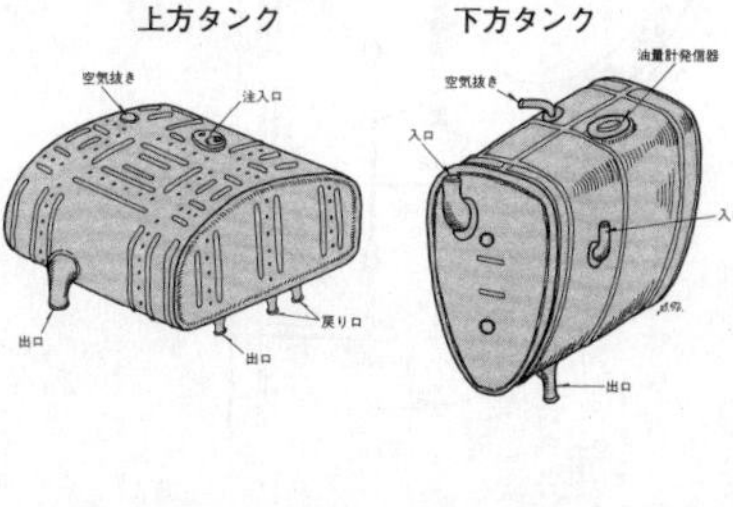

図31：射撃兵装配置図

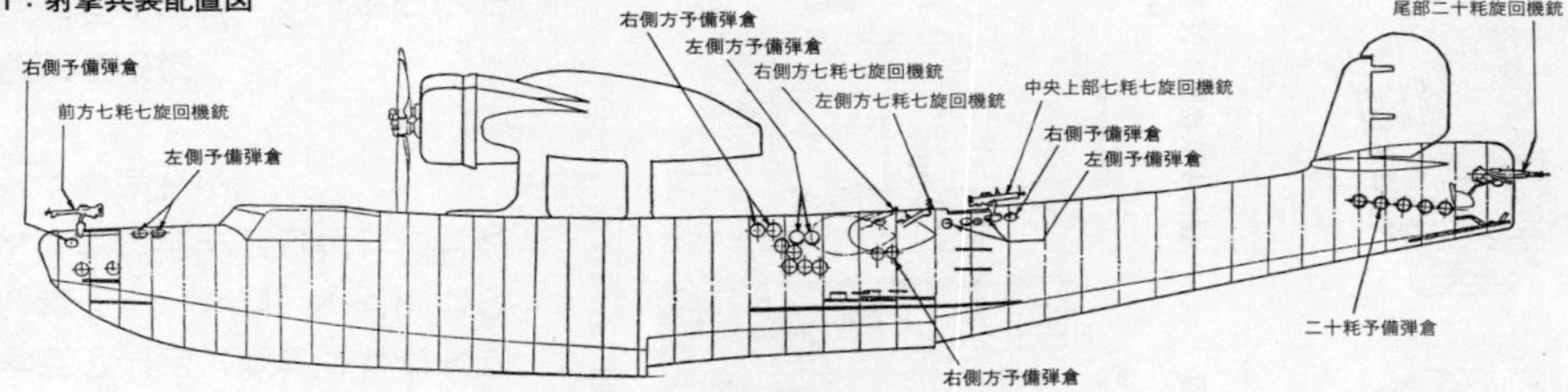
右側予備弾倉
前方七粍七旋回機銃
左側予備弾倉
右側方予備弾倉
左側方予備弾倉
右側方七粍七旋回機銃
左側方七粍七旋回機銃
中央上部七粍七旋回機銃
右側予備弾倉
左側予備弾倉
尾部二十粍旋回機銃
二十粍予備弾倉
右側方予備弾倉

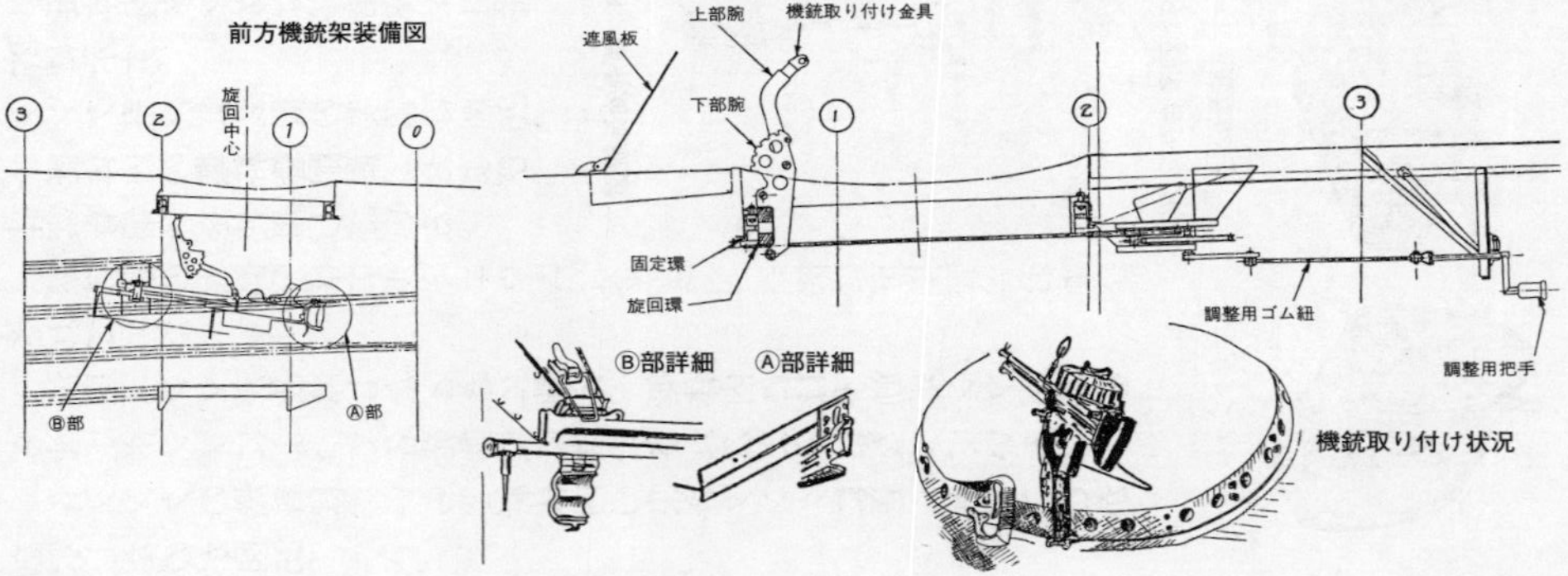
前方機銃架装備図
旋回中心
Ⓑ部
Ⓐ部
遮風板
上部腕
機銃取り付け金具
下部腕
固定環
旋回環
調整用ゴム紐
調整用把手
Ⓑ部詳細
Ⓐ部詳細
機銃取り付け状況

図32：側方銃座、および防蓋装備要領

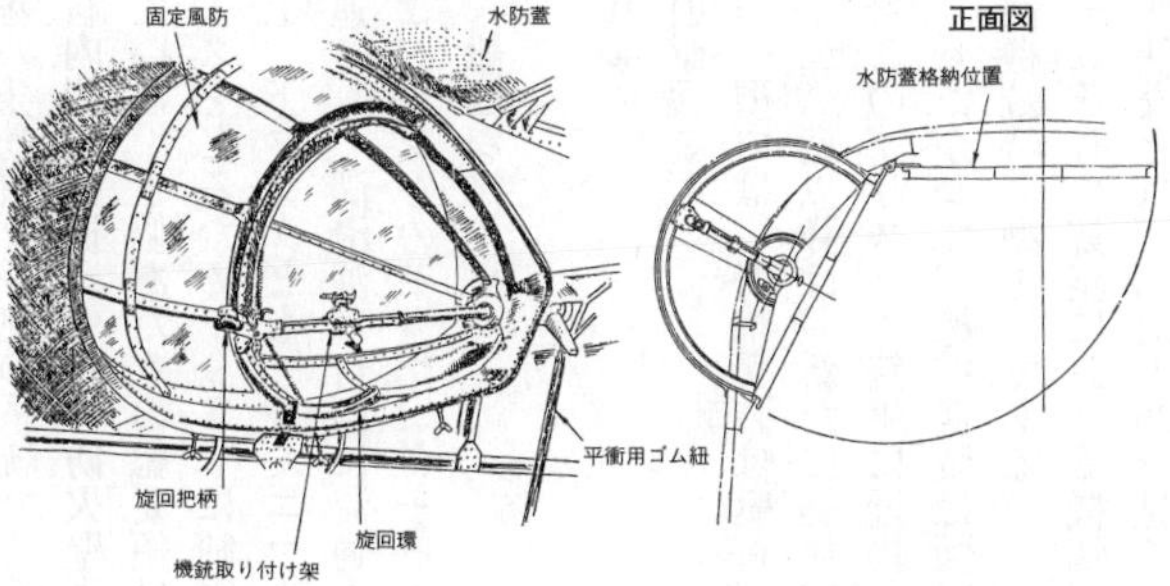

図33：中央上部機銃装備要領

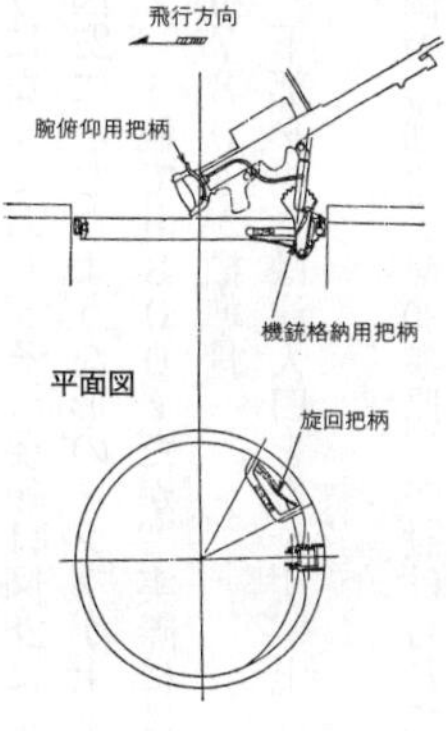

図34：尾部二十粍旋回機銃装備要領

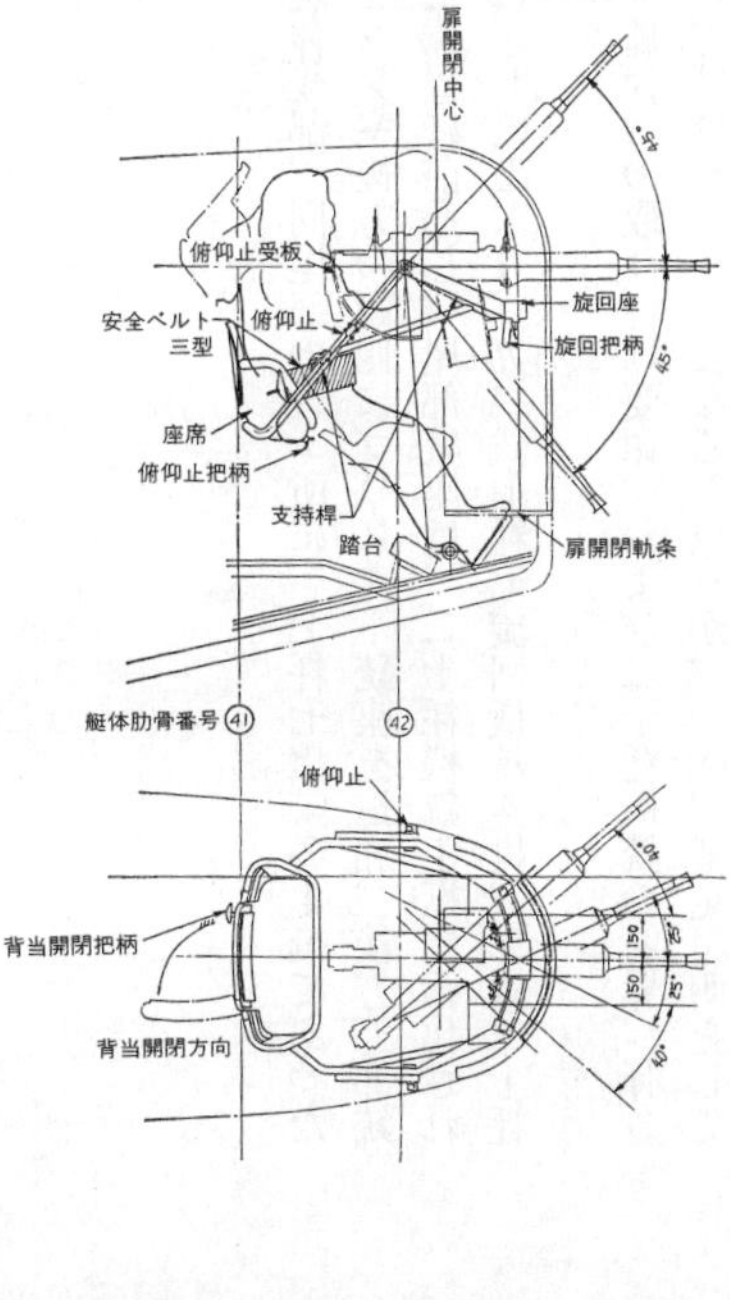

2基の発動機を1組の系統でまかなうようになっており、その要領は図28に示す。タンクは左右内側発動機ナセルの防火壁直後に、図29に示したような形のタンクが上下に2個設置されている。1個あたりの総要領は200ℓ、4個で計800ℓだが、実際には5ℓの空虚スペースをとるため195ℓに制限され、計780ℓが標準量。

上、下タンクともアルミニウム鈑製で、下部タンクは注入口をもたず、上部タンクと管にて連結し、潤滑油は自由に流通する。

このタンクの下方に、各ナセルごと1個の冷却器（図30参照）が設けられているが、構造は一般的な蜂の巣型。

●兵装

〈射撃兵装〉

一一型では、射撃兵装は艇首、艇体後部、同尾部の3ヵ所に、七粍七機銃各1挺であったが、二二型以降は、新たに艇体内タンク室後方の両側にブリスター銃座を追加、後方上部銃座もこのブリスター銃座に近接した位置に前進し、尾部銃座は、二十粍機銃1挺に強化された。したがって、標準武装は図31に示したとおり、九二式七粍七旋回機銃4挺、恵式二十粍旋回機銃特一型1挺である。

それぞれの銃座における機銃、予備弾倉の取り付け要領、および二十粍機銃の射界、弾倉運搬法などは、図31～35を見ていただけばおわかりになると思うが、一応、補足説明をして

図35：尾部二十粍機銃用弾倉運搬装置

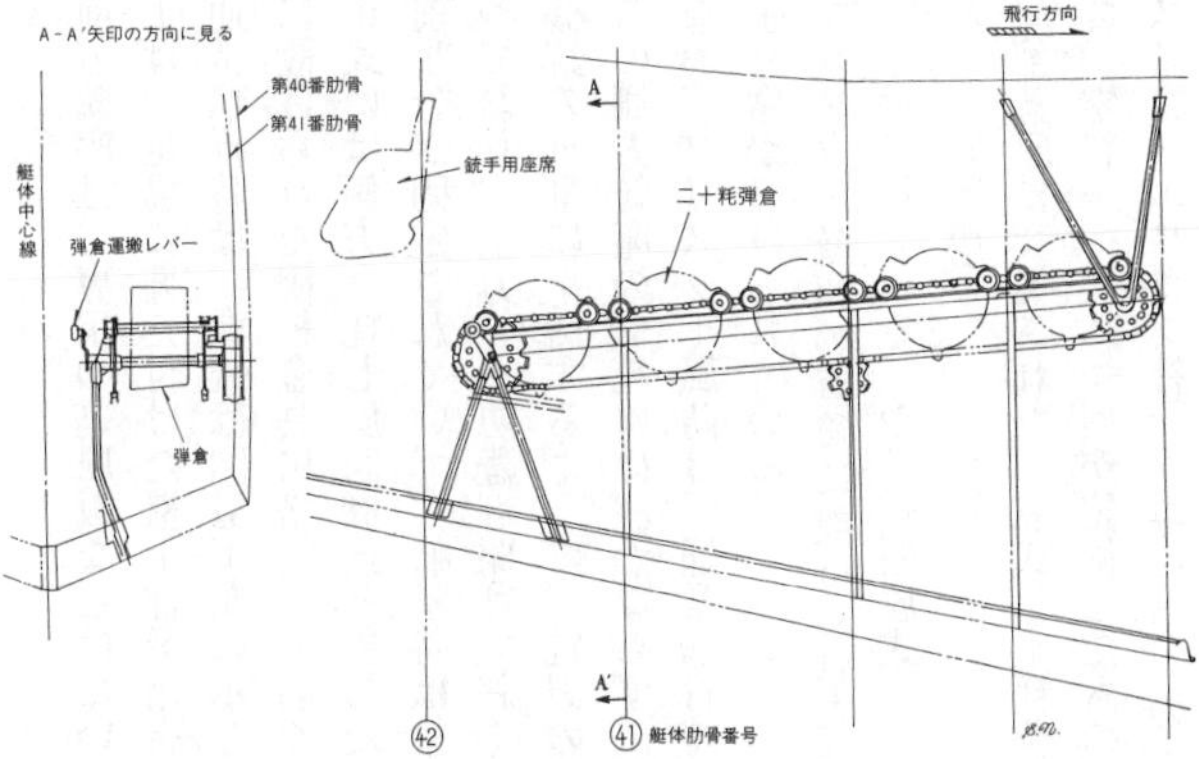

▲主翼支柱に魚雷を懸吊して飛行する、横浜航空隊所属の九七式二号二型飛行艇。この状態をクローズ・アップして捉えた写真は、他にないと思われ、得難い資料ではある。取扱説明書によれば、この魚雷は九四式二型となるが、尾部に框板を付けているのが珍しい。

おく。

前方銃座は、専用の遮風板などはないので、射撃時は銃座覆を前方に起こして遮風板とし、銃手は、足場に備え付けた機上作業用帯（安全ベルト）を体に付けて機銃を操作する。

通常飛行時は、機銃は図31下左に示したように、取り付け架を下方に回転し、銃座内左舷側に設けられた固縛金具に格納しておく。

正式には側方七粍七旋回機銃と称した艇体後部両側のブリスター銃座は、水滴形状の風防の前半分が固定されていて、射撃時は後ろ半分が上下方向に回転して射界を確保するようになっており、上方の水防蓋も開けておく。

機銃の重量に平衡するように、銃架の旋回軸にはゴム紐が取り付けてある。

この側方銃座の機銃には、かならず二型照準器を使用することとなっていた（図32参照）。

なお、ブリスター風防は、通常飛行時は偵察用窓として用いられ、銃座には専用の格納式見張り席が設けられている。

ブリスター銃座の直後に設けられた後上方銃座は、取扱説明書には〝中央七粍七旋回機銃〟と示されている。やはり開放式で、射撃時の遮風板、足場固定要領などは前方銃座に準ずる（図33参照）。

尾部銃座に装備された、恵式二十粍旋回機銃一一型は、日本海軍が初めて実用した20㎜機銃で、零戦一一、二一型が装備したものと本体は基本的に同じ。恵式とは、ライセンスもとのスイス・エリコン社の〝エ〟（恵）の意。

本艇が装備したのは、手動旋回銃に改良したもので、図34に示すごとく、座席と一体の銃架に取り付けられ、左右各40°、上下各45°の射界をもつ。

弾丸供給は七粍七機銃と同様、ドラム弾倉（45発入）式。予備弾倉は、銃座の前方（後ろ向きの銃手から見れば後方）艇体内に5個搭載され、専用の運搬装置により、銃座のほうへと運ぶ（図35参照。）

空になった弾倉は、艇体尾部内右舷側に設けられた格納所に収められた。なお、被弾した際の影響の大きさを考慮し、この二十粍予備弾倉運搬装置の後方には防弾鋼板が取り付けられたが、これは日本海軍機として最初の導入例だったと思われる。

九七式飛行艇搭載可能兵装表

搭載爆弾、魚雷	個数	投下方法
九四式航空魚雷一型（800kg）	2	操縦席にて電気式、または手動投下
九四式航空魚雷二型（800kg）	2	操縦席にて電気式、または手動投下
八〇番（800kg）通常爆弾一型改一	2	艇首席にて電気式、または手動投下
八〇番（800kg）通常爆弾一型改二	2	艇首席にて電気式、または手動投下
五〇番（500kg）爆弾	2	艇首席にて電気式、または手動投下
六番（60kg）爆弾	12	艇首席にて手動投下

●爆撃（雷撃）兵装

大型飛行艇を、艦隊決戦時の攻撃戦力の一部として使うことを前提にしていた日本海軍は、本艇に対しても他国では例をみない雷、爆撃兵装を要求した。ただし、太平洋戦争では構想が外れ、後継機二式飛行艇もふくめて、これら雷、爆撃兵装が対艦船攻撃に使われたことはほとんどなかった。

ともあれ、九七式飛行艇が搭載可能としていた爆弾、魚雷は上表に示した6種類。ハードポイントは主翼斜支柱の中ほどで、それぞれの専用投下器を介して、最大1600kgまで懸吊できた。

これら爆弾、魚雷の搭載方法は、まず、主翼下面の前、後桁に沿った所定の2ヵ所に、図36に示したように鎖滑車を取り付け、これで爆弾、魚雷を吊り上げて、斜支柱中ほどのハードポイントに懸吊する。

方法としては、投下器と爆弾、魚雷をあらかじめ組み合わせておいて、両者いっしょに吊り上げる方法と、投下器を、まず斜支柱のハードポイントに取り付けておき、のちに爆弾、魚雷のみを吊り上げてやる方法の二通りあった。懸吊の要領は、図36~38を見ていただければ、おわかりになると思う。

爆撃照準は、艇首内第1~2番肋骨間に九〇式、または九二式爆撃照準器を取り付けて、銃手兼任の爆撃手が照準、投下した。

魚雷は、その運用上からも操縦者が照準、投下を行なうが、照準器は図39に示したように、正、副操縦士席の前方天井に、それぞれ取り付けてあり、両者いずれかが担当する。

●無線機装備

長距離哨戒、索敵を本務とする機種だけに、本艇の無線機装備は当時の海軍各機種中もっとも充実していた。

メインになったのは、大型機の長距離用九六式空四号無線機で、艇体内後部、第28~31番肋骨間の右舷側に、送受信機をセットした。

図36：爆弾、魚雷搭載装置

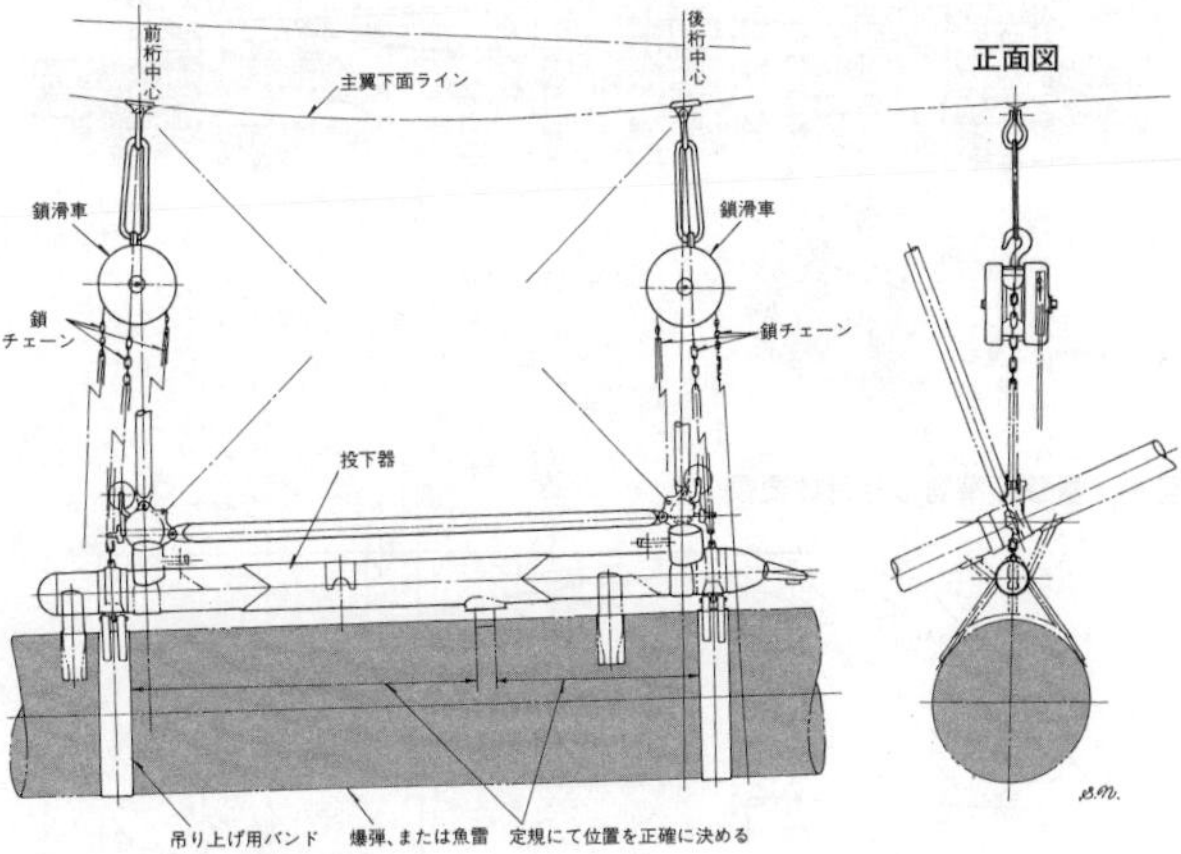

図37：大型爆弾/魚雷懸吊要領

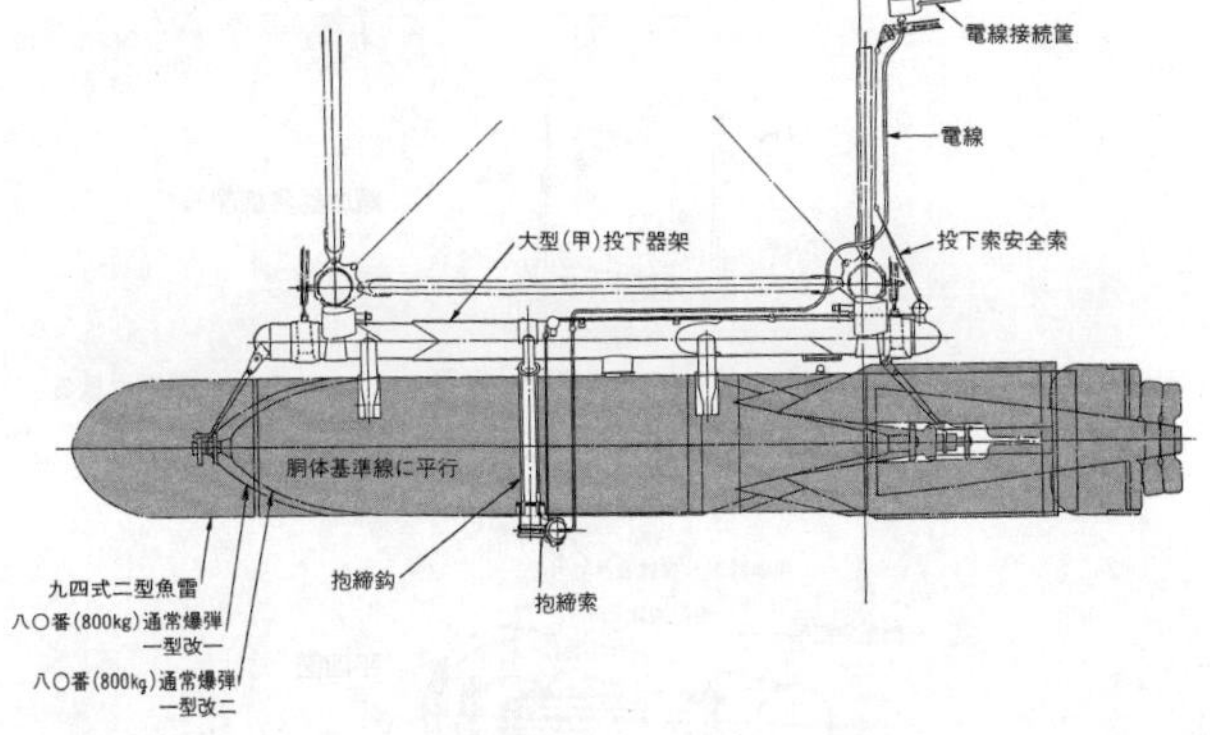

図38：小型爆弾懸架要領

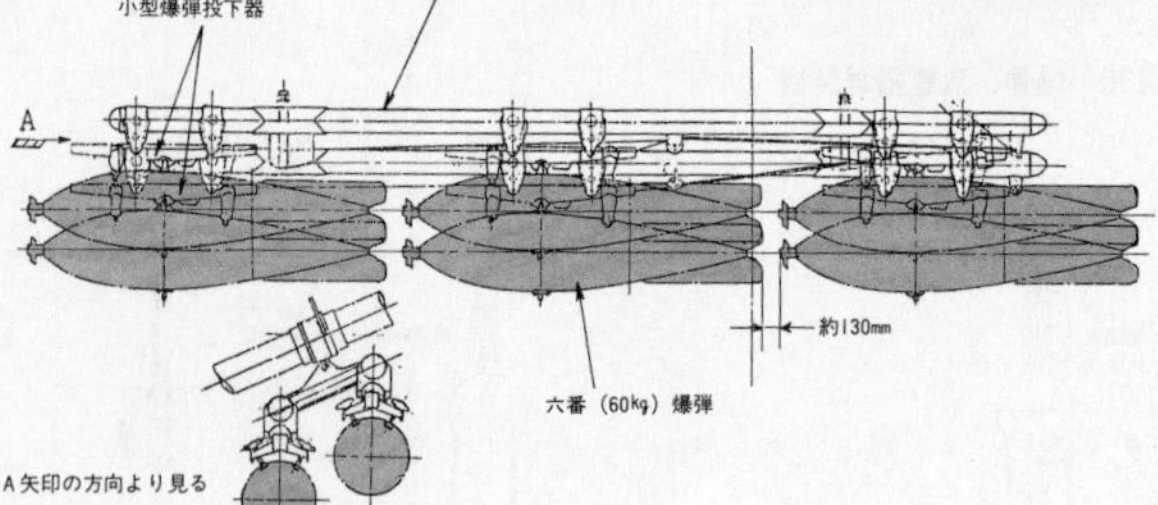

図39：雷撃照準器取り付け要領

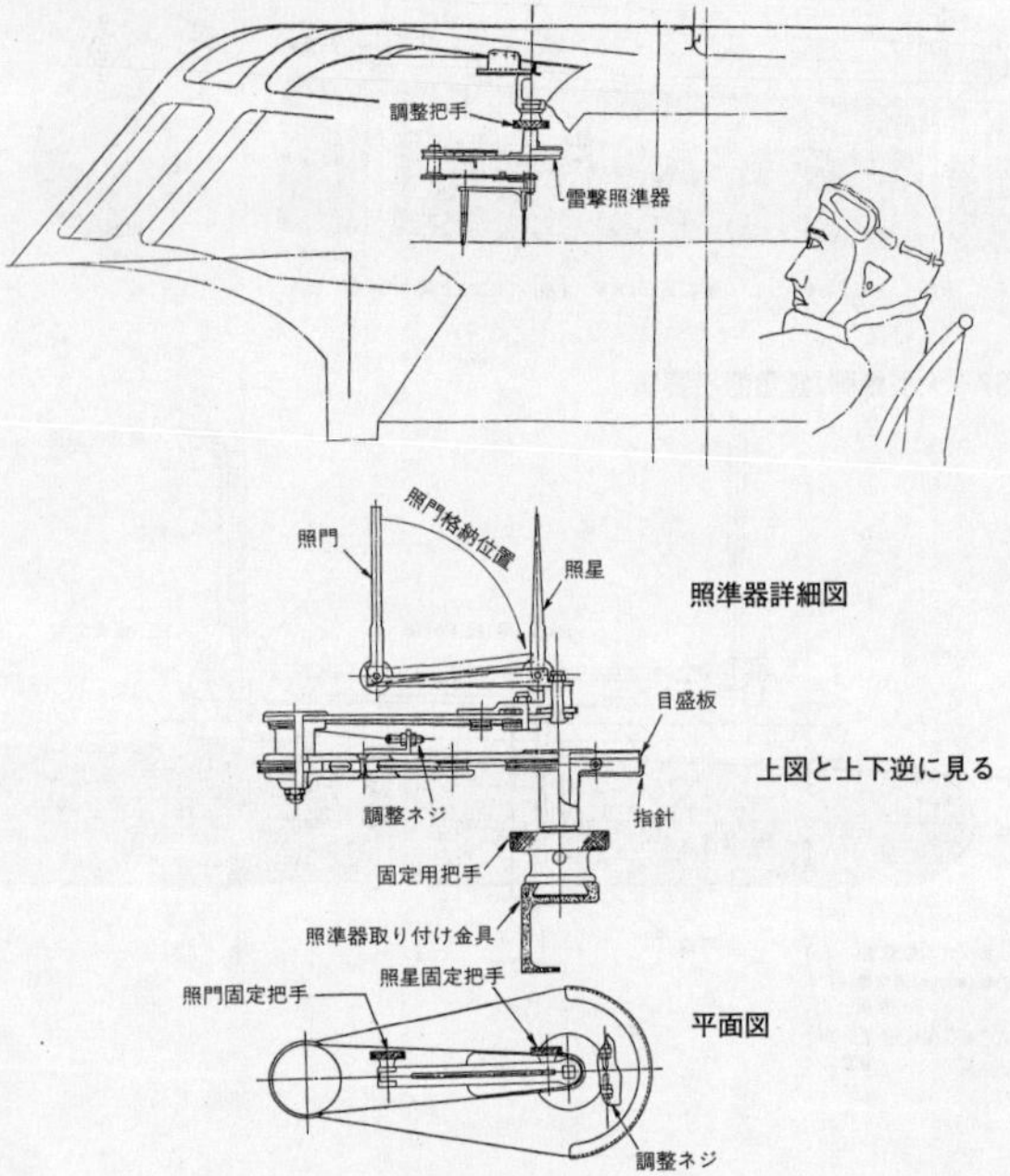

図40：艇体後部無線士席装備要領図

❶無線機用予備電球格納箱
❷短波測波器
❸九六式空四号無線機送信機
❹管制器
❺九六式空三号無線機受信機
❻九六式空三号無線機送信機
❼絡車器
❽絶縁管
❾垂下空中線重錘格納箱
❿九六式空三号無線機用発電機
⓫九六式空三号無線機送信機用発電機
⓬九六式空四号無線機送信機用発電機
⓭長波延長線輪

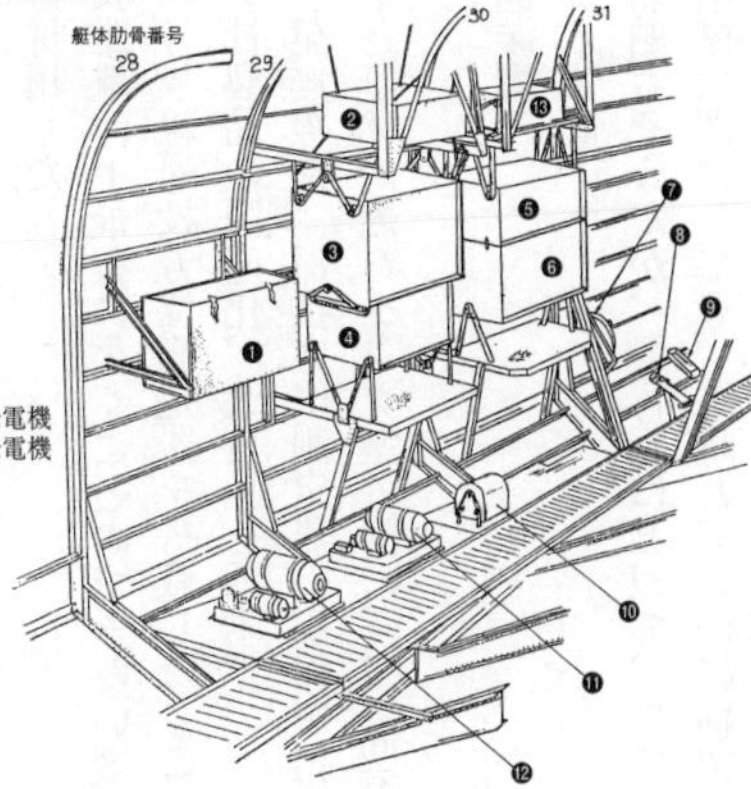

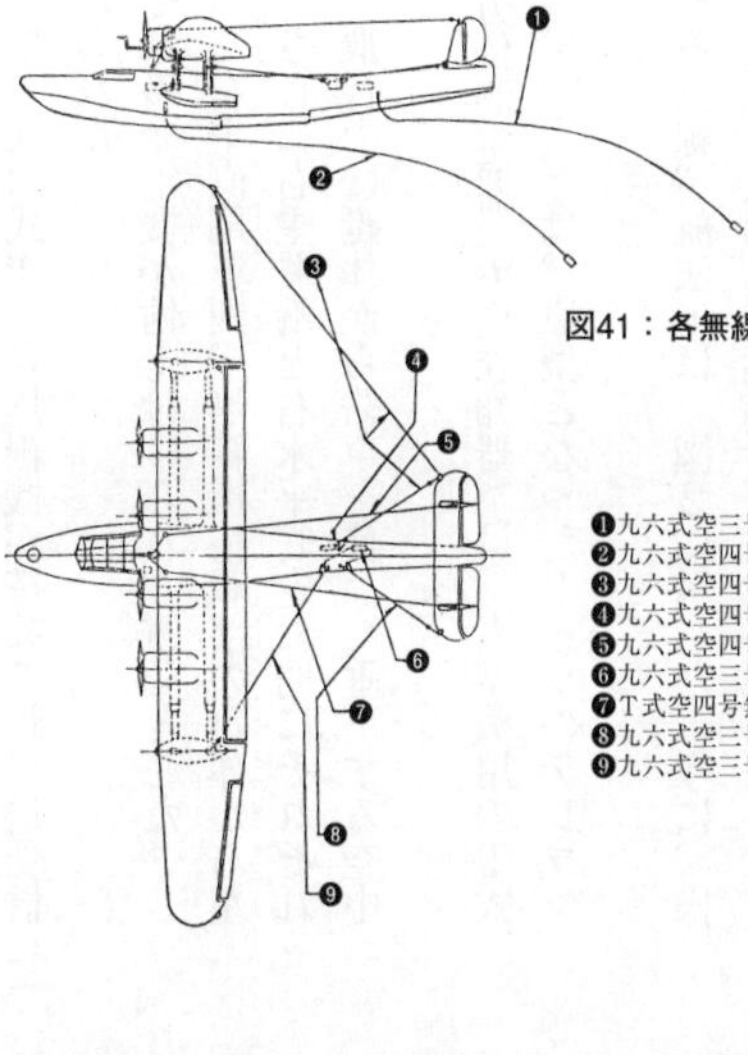

図41：各無線機用アンテナ空中線展張要領

❶九六式空三号用垂下空中線
❷九六式空四号用垂下空中線
❸九六式空四号送信用
❹九六式空四号無線電信機（送信機、および管制機）
❺九六式空四号受信用
❻九六式空三号無線電信機
❼T式空四号無線帰投方位測定器用補助空中線
❽九六式空三号受信用
❾九六式空三号送信用

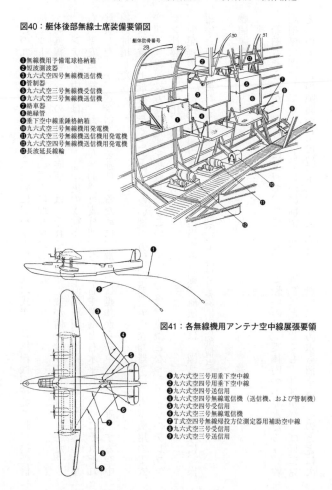

この九六式空四号を補佐するために、やや小型の九六式空三号無線機が搭載され、送受信機セットは前記九六式空四号の後方に取り付けられた。

両無線機セットの下方艇体底面には、それぞれの発電機が備え付けられ、電源とした。

アンテナ空中線は、主翼上面中央の支柱から左右垂直尾翼間、無線機搭載部の艇体から左右水平安定板端間、および左補助浮舟支柱間、さらに右主翼端と右水平安定板間にそれぞれ展張したほか、送受信距離を延伸するために、飛行中に艇体から絡車を使って垂下する空中線も併用した。

長距離洋上飛行に欠くことのできない機上方位測定器（方向探知器）は、大型機用のT式空四号無線帰投方位測定器を搭載した。この〝T〟式とは、原型となったドイツのテレフンケン社製品の国産化、改良品を示す。

前記無線機、帰投方位測定器の操作を担当する無線、航法士は、図2に示したように、操縦室と艇体内燃料タンク室の間の、〝中間室〟と呼ばれた部屋に配置された。

●諸装置

〈排水装置〉

船舶もそうだが、飛行艇にとって、なににも増して恐いのは、艇体内への浸水だろう。戦闘損傷は別にしても、平時といかに綿密に防水処置をほどこしても、月日が経てば目に見えないミクロの隙間から水は浸水し、作業などにより艇底には汚水も溜まる。そのときに欠

図42：排水装置

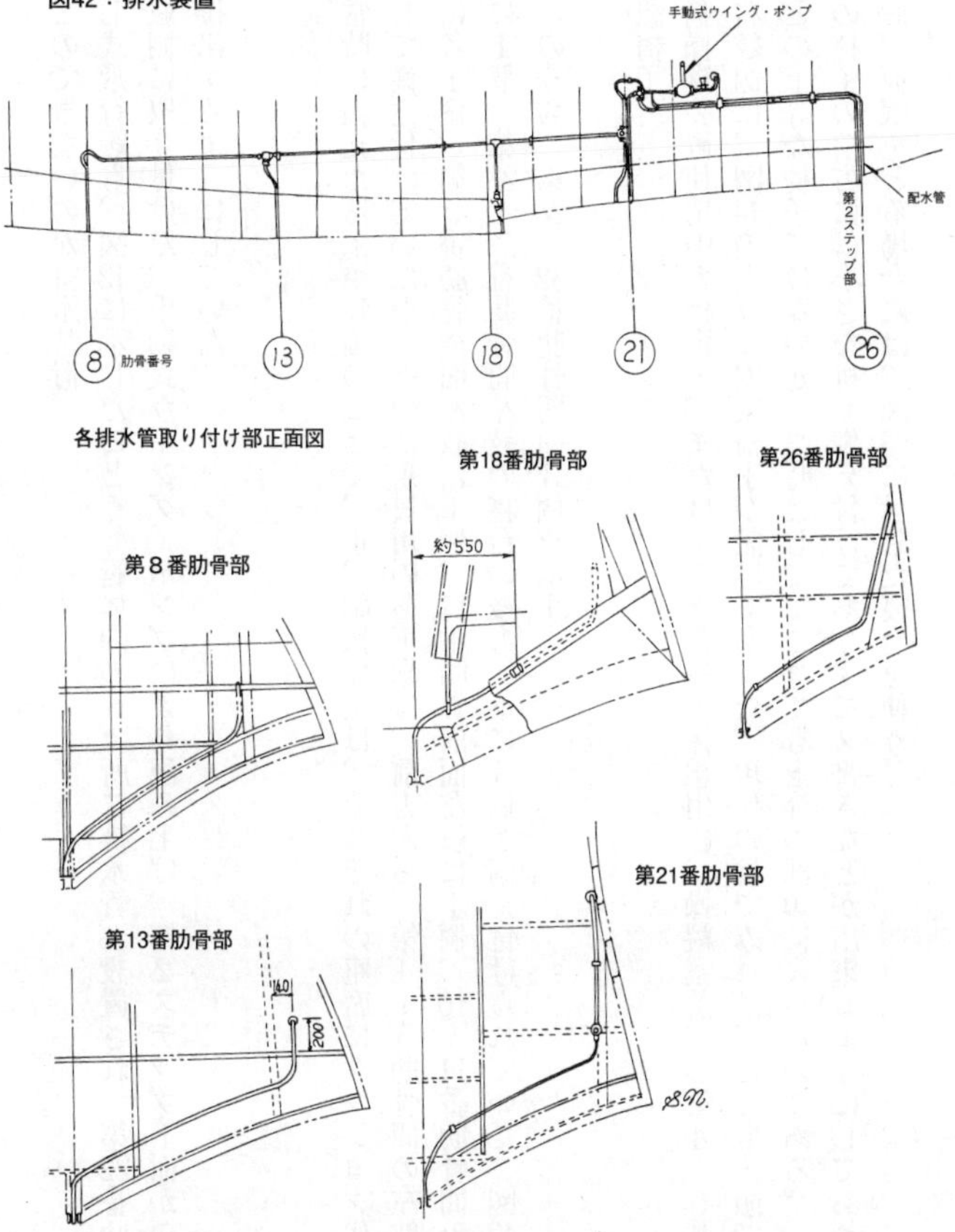
手動式ウイング・ポンプ
配水管
第2ステップ部
8
肋骨番号
13
18
21
26
各排水管取り付け部正面図
第18番肋骨部
第26番肋骨部
第8番肋骨部
約550
第21番肋骨部
第13番肋骨部
140
200
S.N.

くことのできないのが排水装置。

九七式飛行艇も、図42に示したごとく、艇体内の5ヵ所に排水管が設置され、第22番肋骨の右舷側に取り付けた、手動式ウイング・ポンプにより汲み上げ、第2ステップ下面から艇外に排出するようにしていた。

〈救命具〉

非常時に備えた落下傘装備のことで、正、副操縦士は、それぞれの座席にクッション代わりにして備え付けていたが、その他乗員用の落下傘は、前方から、第4〜5肋骨間の左舷と天井に各1個、第9番肋骨後面左舷に1個、11番肋骨前面左舷に1個、10〜11番肋骨間天井左舷に1個、第28〜32番肋骨間左舷の寝台の後方、下に3個が備え付けられていた。図43はそれらのうち、第28〜32番肋骨間の3個を示す。

〈休憩椅子〉

自動操縦装置使用中の操縦士、または手あき乗員の休憩用に、操縦室前方の第4〜5番肋骨間右舷側に、図44のような安楽椅子が設けてあった。現代の目でみれば、とても休憩できるほどの上等な椅子ではないが、当時としてはこれでも上等の部類に入ったのである。

この椅子の前方には小さな机も備え付けてあり、モノ書きなどが出来るようにしてあった。

なお、仮眠をとる場合には、図43に示した寝台を使う。

〈トイレ〉

最大27時間もの長時間飛行をする本艇にとって、乗員の生理現象処理設備、すなわち便所設備は不可欠。とはいっても、軍用機のこととて、つくりは図45に示したごとく、いたって簡素で、筒状の便器の周囲をカーテンで囲えるようにしただけのもの。もちろん、水洗式などといった上等なものではなく、〝自然落下〟式。

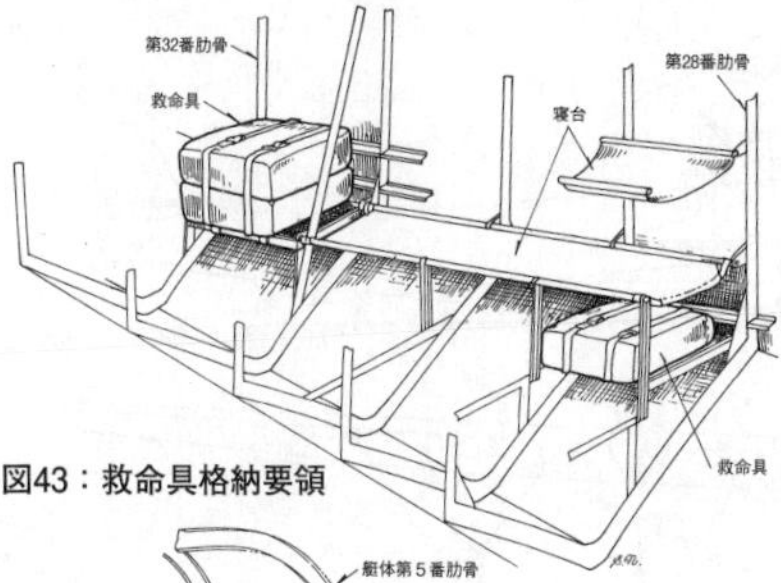

図43：救命具格納要領

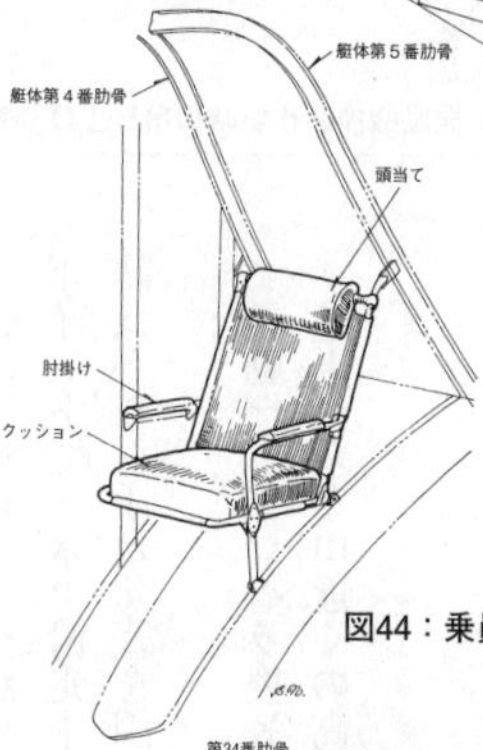

図44：乗員休憩用椅子

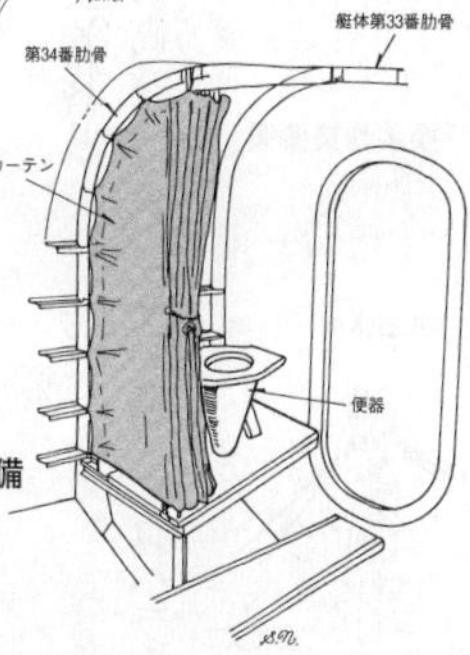

図45：便所設備

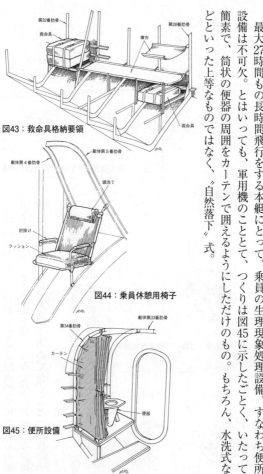

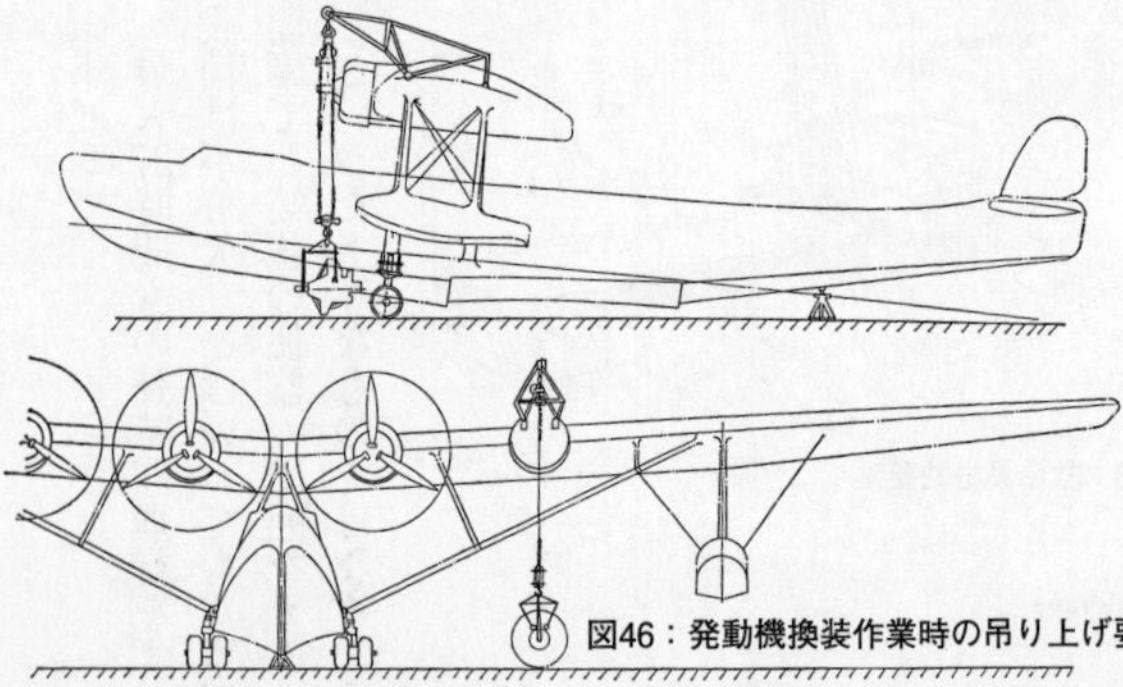
図46：発動機換装作業時の吊り上げ要領

図47：発動機点検用足場構成

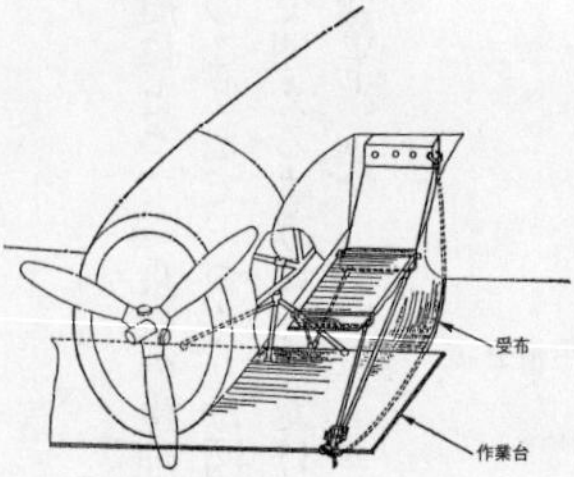

図48：プロペラ換装作業要領

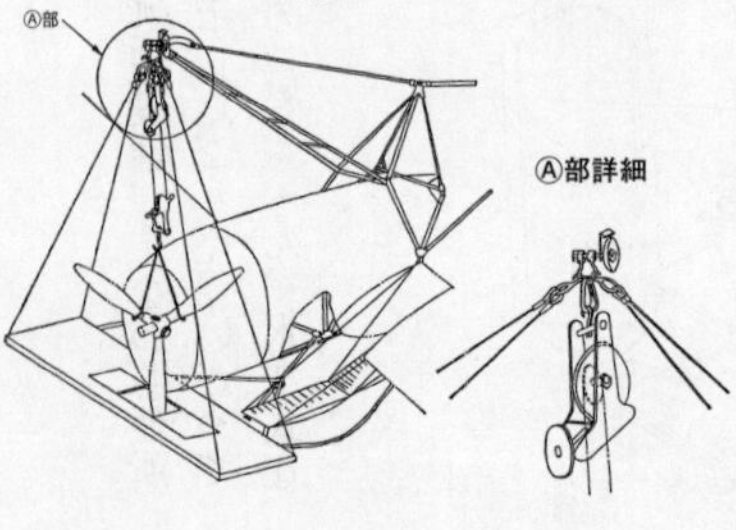

この便器も、うっかりすると浸水の危険がある重要ポイントで、水上滑走中はもちろん使用禁止、不使用時はかならず水防蓋を固く閉めておくこととされた。

〈発動機、プロペラ換装装置〉

地上から5m近くの高さにある、発動機、プロペラの換装作業は、通常の機体と同様な方法では不可能なため、本艇では、図46〜48に示したごとく、ナセル上面に専用の起重機（クレーン）を設置して行なうようにしてあった。

なお、海上にて発動機点検、プロペラ換装作業を行なうときには、部品、工具を誤まって海に落とさぬよう、足場の下に〝受布《うけぬの》〟と称した幕を張る。

〈燃料積み込み用装備〉

陸上機に比べて、いろいろとハンデが多い飛行艇にとって、燃料補給もその最たるもののひとつ。とくに、設備の貧弱な前線の海上においては、これを要領よく処理しないと、円滑な運用が不可能になる。

本艇では、艇体内に8個、主翼内に12個ある燃料タンクのひとつひとつに、いちいちホースを差し込んで燃料補給していたのでは、時間のロスが大きすぎてしまう。

そこで考案されたのが、図49に示した燃料積み込み用タンク。補給の際は、まずこのタンクを設置し、各タンク注入口にホースを差し込んでおき、燃料車などからポンプで積み込み用タンクに燃料を送り、補給するようにした。各タンクの容量は一律ではないので、係員は燃料計を注視しつつ慎重に作業する。

図49では艇体内タンクへの積み込み要領を示しているが、主翼内タンクも同様の方法で行なう。

図49：燃料積み込み装置要領

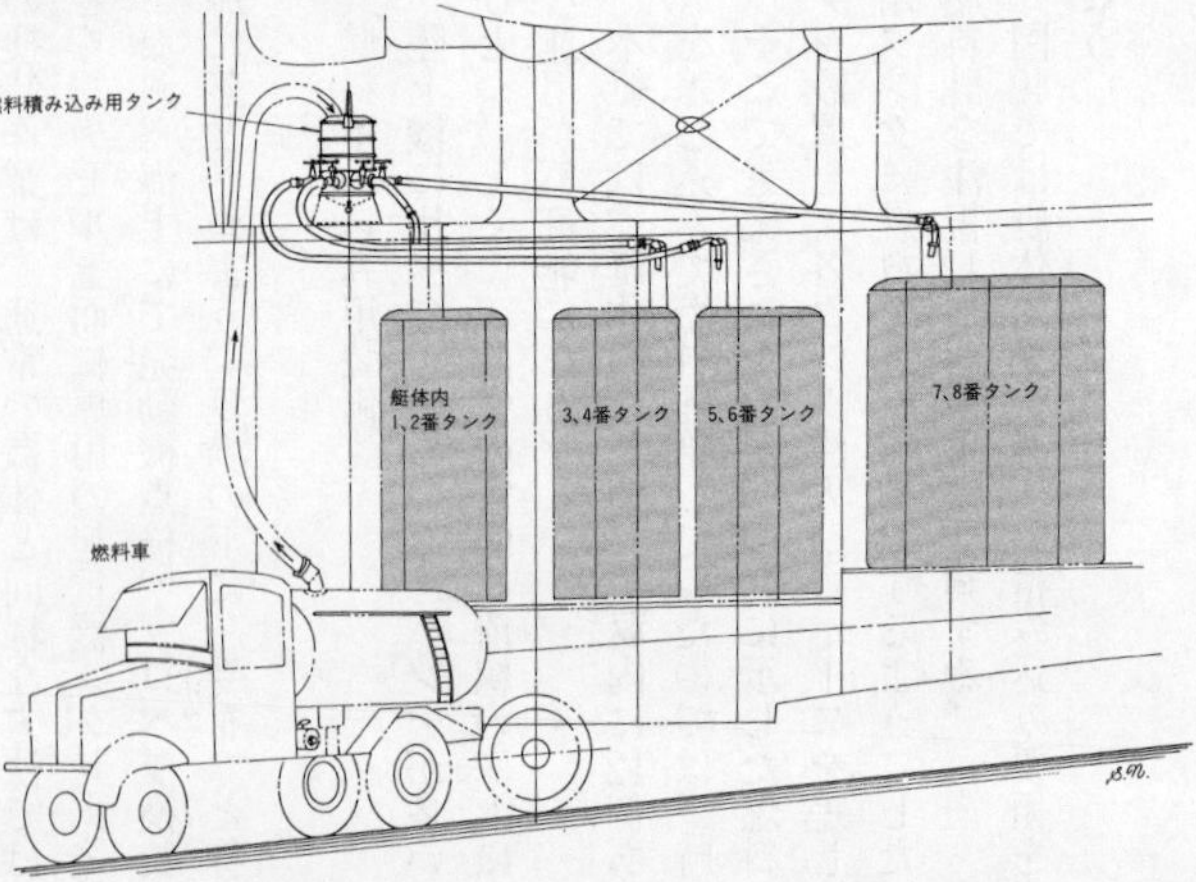

図50：地上移動用運搬車装着要領（寸法単位mm）

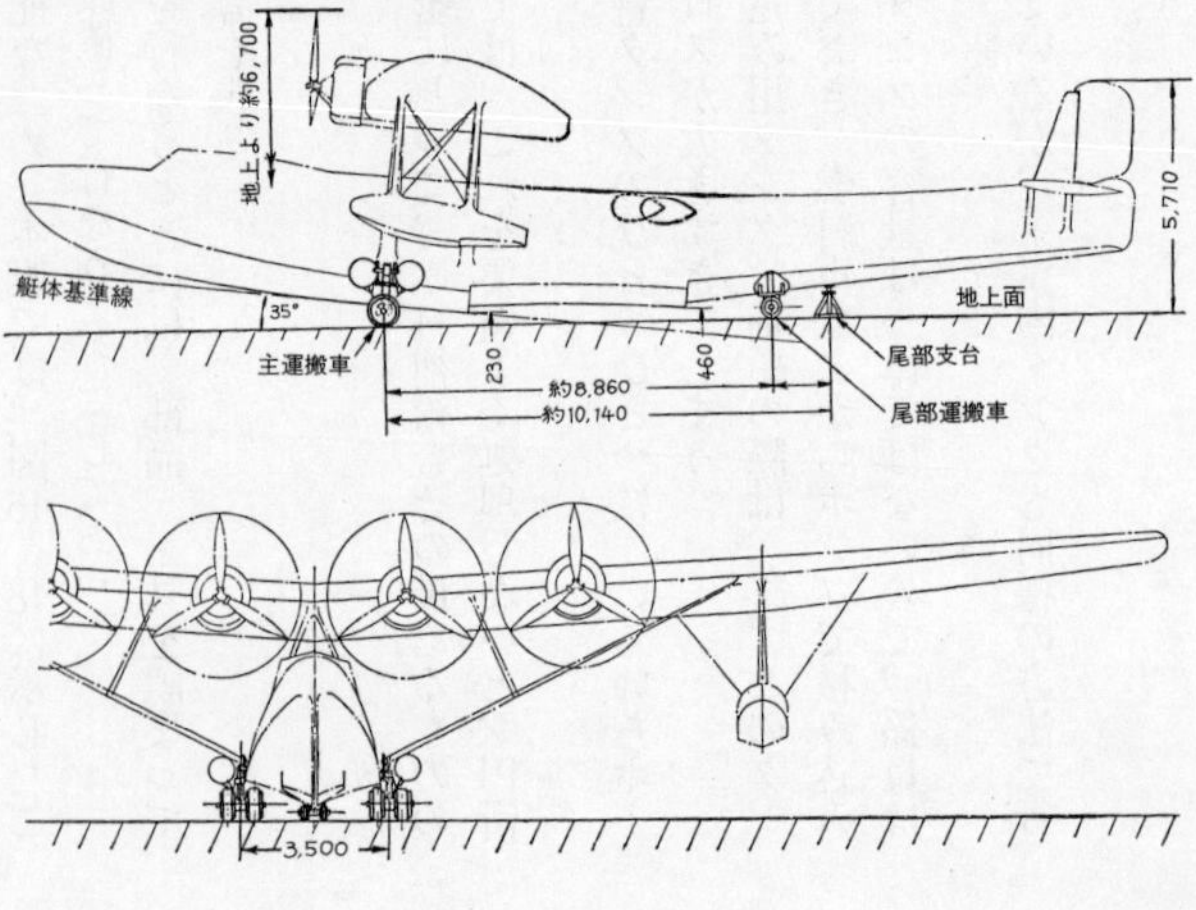

図51：地上移動用運搬車（寸法単位mm）

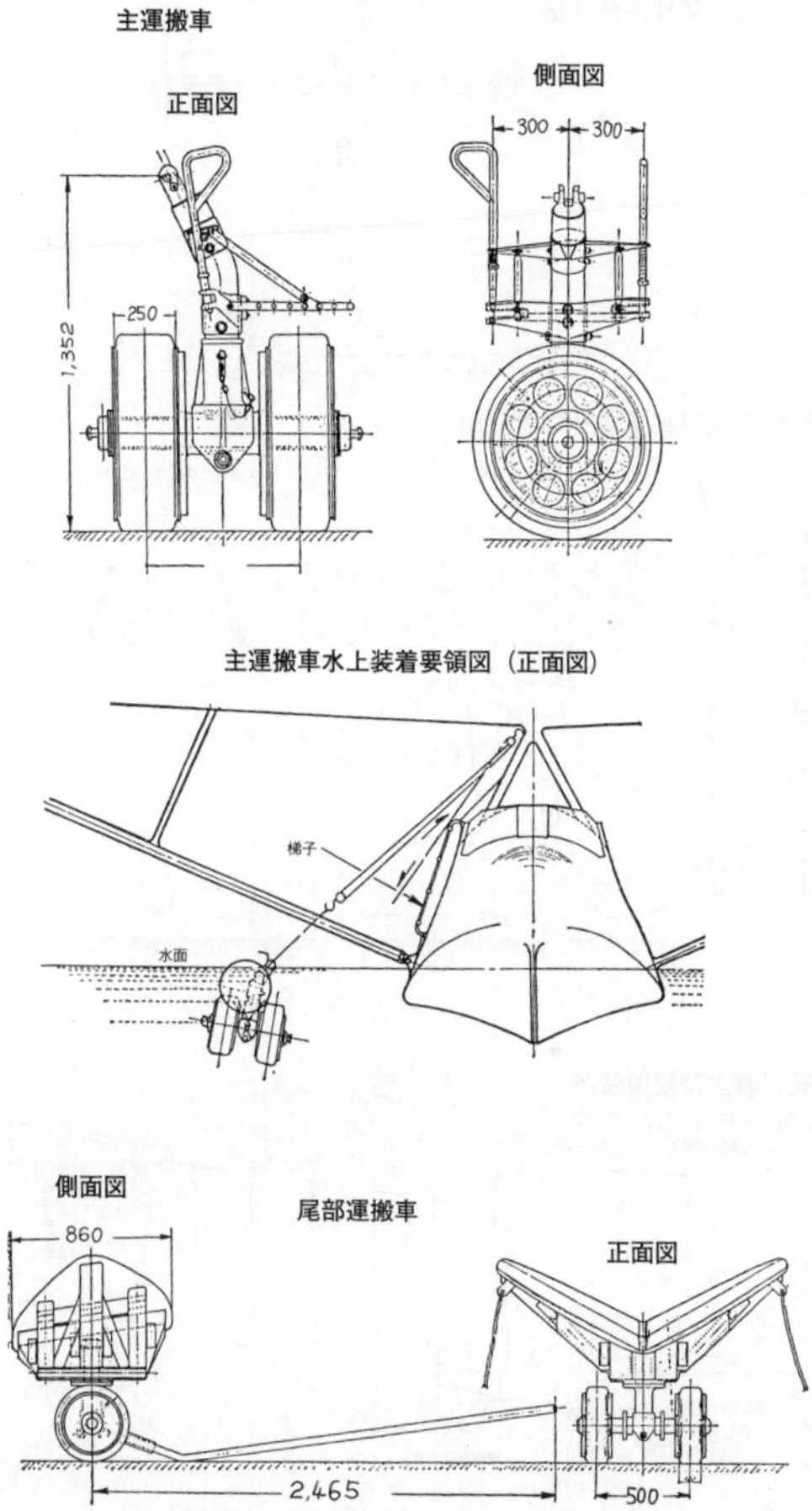

〈地上移動、および繋留装置〉

現在、海上自衛隊が運用している救難飛行艇、新明和US-2（旧対潜飛行艇PS-1を原型とする改造・発展型）は、自前の車輪式降着装置をもち、地上でも自在に移動できる、い

図52：尾部支台詳細

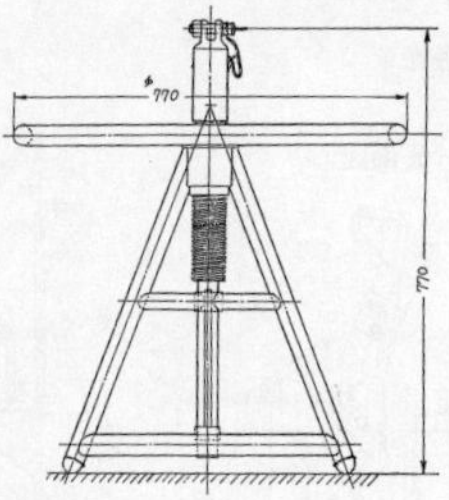

図53：艇体舷側用梯子取り付け要領

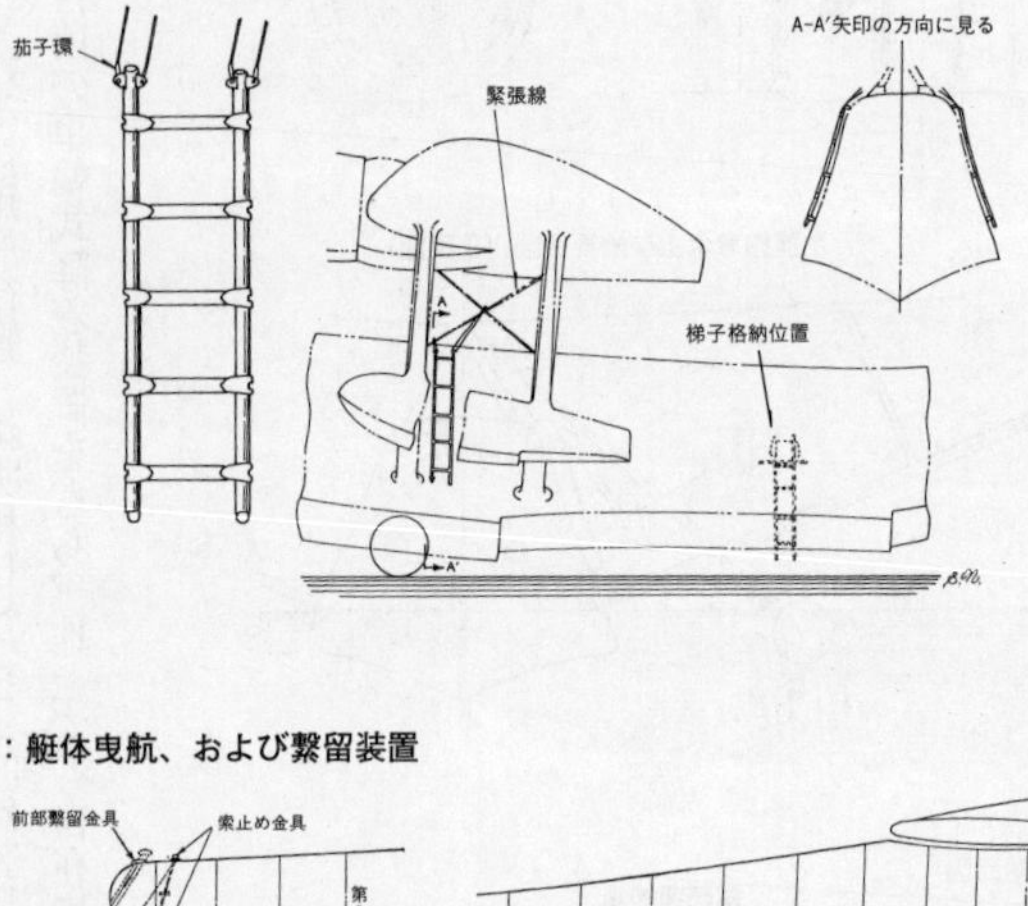

図54：艇体曳航、および繋留装置

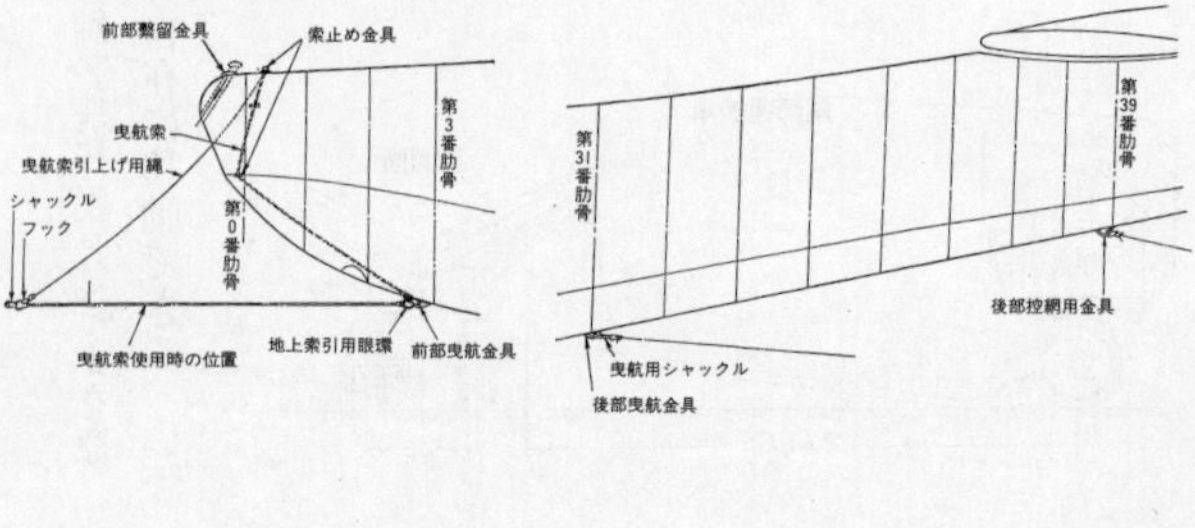

わゆる水陸両用飛行艇である。

しかし、太平洋戦争までの日本海軍には、このような発想はなく、飛行艇を陸上で移動させる際には、艇体下部に専用の運搬装置を取り付け、トラクターなどを使ってこれを牽引し

川西 九七式飛行艇二二型 詳細諸元表

	型式	四発単葉飛行艇
	定員	9名
主要寸度	全幅 (m)	40.000
	全長 (m)	25.625
	全高 (m)	6.270
重量	正規全備 (kg)	17,000
	自重 (kg)	11,619
	正規搭載量 (kg)	5,381
	許容過荷重量 (kg)	21,500
	許容特別過荷重量 (kg)	23,000
荷重	過荷重	100kg/m²
	馬力荷重	425kg/馬力
発動機	名称	金星四三型
	基数	4基
	馬力 地上 公称／高力	900馬力／1000馬力
	馬力 高空 高力／高度	1075馬力／2000m
	回転数 公称	2400毎分
	回転数 最大	2500毎分
	給入圧力 公称／高力	＋70mm／＋150mm
	減速比	0.700
使用燃料	種類	航空92揮発油
	比重	0.723
プロペラ	名称型式	住友/ハミルトン三翅恒速CS-16
	直径 (m)	3.200
	ピッチ (度)	17〜38
	重量 (kg)	156
燃料容量	総容量 (ℓ)	13,414
	艇内燃料油タンク (ℓ)	6,876
	翼内燃料油タンク (ℓ)	6,538
	潤滑油容量 (ℓ)	780
主翼	翼幅 (m)	40.000
	翼弦 (m)	4.800
	面積（動翼を含む）(m²)	170
	取り付け角度 (度)	3〜0
	上反角 (度)	3〜0

		縦横比	9.41
フラップ		幅（m）	9.9835
フラップ		弦長（m）	1.200
フラップ		面積（m^2）	23.96
フラップ		運動角（度）	親フラップ30　子フラップ45
補助翼		幅（m）	8.710
補助翼		弦長（m）	根元0.6524　先端0.4398
補助翼		面積（m^2）	9.32
補助翼		平衡比	0.267
補助翼		運動角（度）	上下　20
尾翼	水平尾翼	幅（m）	9.000
尾翼	水平尾翼	弦長（m）	2.400
尾翼	水平尾翼	面積（修整舵を含む）（m^2）	20.364
尾翼	水平尾翼	取り付け角（度）	0
尾翼	昇降舵	幅（m）	3.686
尾翼	昇降舵	弦長（m）	1.051
尾翼	昇降舵	面積（修整舵を含む）（m^2）	7.863
尾翼	昇降舵	平衡比	0.2033
尾翼	昇降舵	運動角（度）	上に25　下に15
尾翼	垂直尾翼	全幅（m）	2.3255
尾翼	垂直尾翼	全高（m）	2.392
尾翼	垂直尾翼	面積（m^2）	8.118
尾翼	垂直尾翼	取り付け角（度）	0
尾翼	方向舵	全幅（m）	1.200
尾翼	方向舵	全高（m）	2.270
尾翼	方向舵	面積（修整舵を含む）（m^2）	5.23
尾翼	方向舵	平衡比	0.272
尾翼	方向舵	運動角（度）	右舷に25　左舷に32
艇体		長さ（m）	25.625
艇体		幅（m）	3.300
艇体		高さ（m）	2.930
補助浮舟		長さ×幅×高さ（m）	4.342×1.080×0.948
補助浮舟		取り付け角（浮舟基準線）（度）	0
補助浮舟		重量（kg）	60×2
補助浮舟		排水量（kg）	2,000×2

なければならなかった。

運搬装置は、図50、51に示したように、艇体前部両側に取り付ける主運搬車、第2ステップ後方の中心線上に付ける尾部運搬車から成り、着脱はスベリ（出、入水用のスロープの意）を昇り降りする直前、直後に海上で行なう（図51中参照）。この際に、作業用の足場にするために、艇体側面に図53のような梯子を取り付ける。この梯子は、艇体内第21～24番間左舷の2ヵ所に、折りたたんで格納しておく。

主、尾部運搬車とも、かなりの重量（二式飛行艇の主運搬車を例にすると1組で800kg！）があるので、着脱の際、海に沈まないよう、〝浮き〟が付けてある。

図52に示した尾部支台は、地上に長時間繋留する場合、海水に浸かった尾部運搬車の受台と艇底が錆び付かぬよう、尾部運搬車を外したときに、その代わりとなるもの。

諸設備の整った専用基地ならともかく、戦時の前線基地では飛行艇を陸上に引き揚げることなどは滅多にない。つねに海上繋止が普通である。

発動機を停止した飛行艇は、単なる漂流物体になってしまうので、波や風にたやすく流されてしまう。そこで、船と同様な曳航、繋留装置を持っている。

本艇の同装置を示したのが図54。前部繋留金具は引き出し式になっており、使用時のみ上方に引き出し、索を引っ掛ける。これは、波の静かな海上での曳航、一時的な繋留以外には使用しない。

前部曳航金具は、第2～3番肋骨間艇底に耳金を取り付け、これにシャックルを介して18φ柔軟鋼索を取り付けるようになっている。不使用時は艇首方向に引き上げ、索止め金具に固定しておく。

後方から艇体を曳航する場合などには、第31番肋骨底部に支台用耳金にシャックルを取り

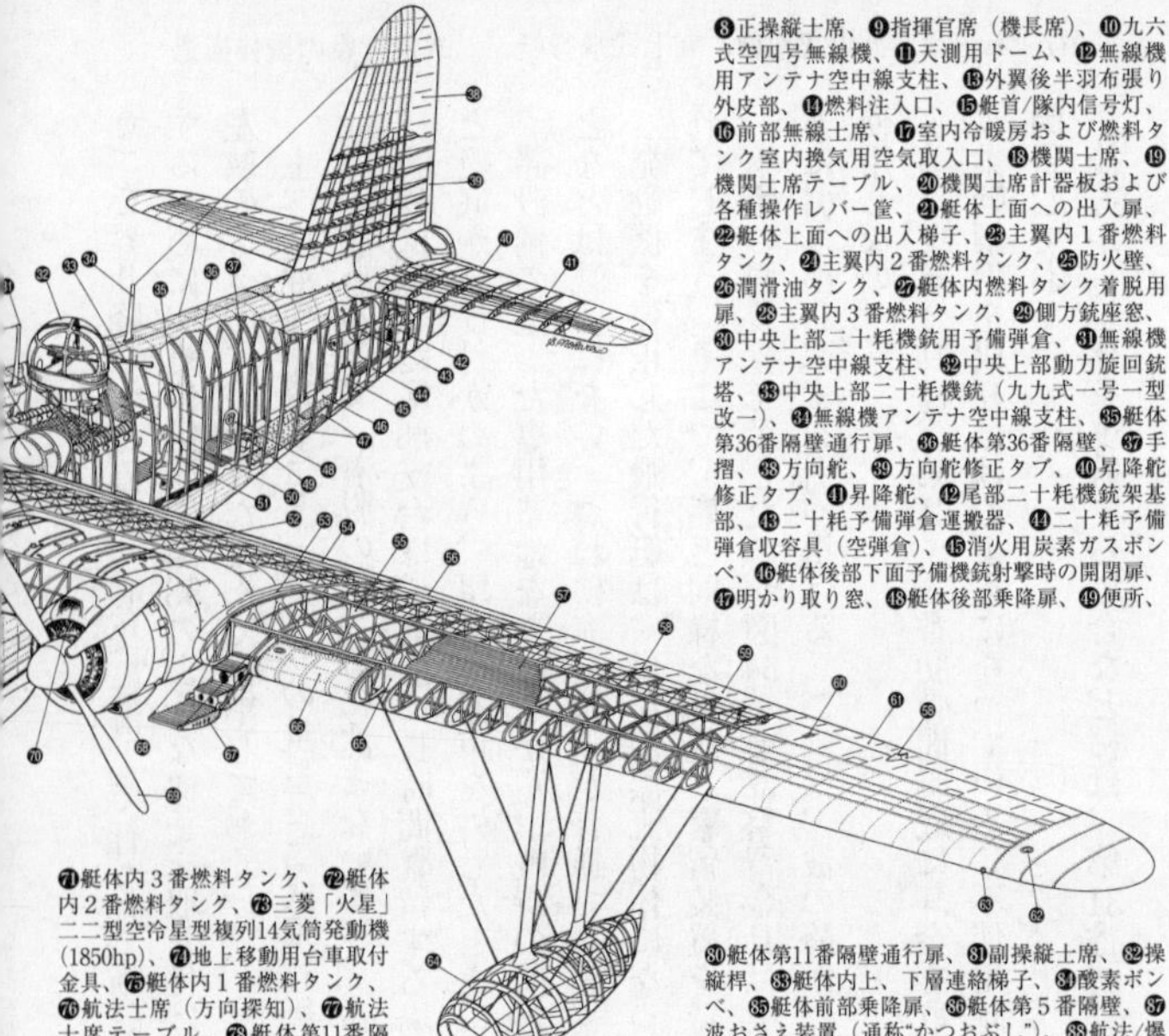

8正操縦士席、9指揮官席（機長席）、10九六式空四号無線機、11天測用ドーム、12無線機用アンテナ空中線支柱、13外翼後半羽布張り外皮部、14燃料注入口、15艇首/隊内信号灯、16前部無線士席、17室内冷暖房および燃料タンク室内換気用空気取入口、18機関士席、19機関士席テーブル、20機関士席計器板および各種操作レバー筐、21艇体上面への出入扉、22艇体上面への出入梯子、23主翼内１番燃料タンク、24主翼内２番燃料タンク、25防火壁、26潤滑油タンク、27艇体内燃料タンク着脱用扉、28主翼内３番燃料タンク、29側方銃座窓、30中央上部二十粍機銃用予備弾倉、31無線機アンテナ空中線支柱、32中央上部動力旋回銃塔、33中央上部二十粍機銃（九九式一号一型改一）、34無線機アンテナ空中線支柱、35艇体第36番隔壁通行扉、36艇体第36番隔壁、37手摺、38方向舵、39方向舵修正タブ、40昇降舵修正タブ、41昇降舵、42尾部二十粍機銃架基部、43二十粍予備弾倉運搬器、44二十粍予備弾倉収容具（空弾倉）、45消火用炭素ガスボンベ、46艇体後部下面予備機銃射撃時の開閉扉、47明かり取り窓、48艇体後部乗降扉、49便所、

71艇体内３番燃料タンク、72艇体内２番燃料タンク、73三菱「火星」二二型空冷星型複列14気筒発動機（1850hp）、74地上移動用台車取付金具、75艇体内１番燃料タンク、76航法士席（方向探知）、77航法士席テーブル、78艇体第11番隔壁、79同乗者席、

80艇体第11番隔壁通行扉、81副操縦士席、82操縦桿、83艇体内上、下層連絡梯子、84酸素ボンベ、85艇体前部乗降扉、86艇体第５番隔壁、87波おさえ装置（通称“かつおぶし”）、88航法/爆撃手兼艇首機銃手席

付け、これに索を引っ掛けて行なう。第39番肋骨底部の金具は、艇体をエプロンに引き寄せるとき、ロープを引っ掛けるためのもの。

第三節　二式飛行艇

取扱説明書が現存するとはいっても、本艇にかぎらず、全般にわたる取扱説明書は、たいていの場合は、最初の生産型のものしかつくらず、以降の改良、発展型は、異なっていった部分のみを追補の形でしか言及しない。

二式飛行艇についても、現存するのは、最初の生産型一一型のもので、残念ながら、もっとも多く生産された主力型の一二型のもの

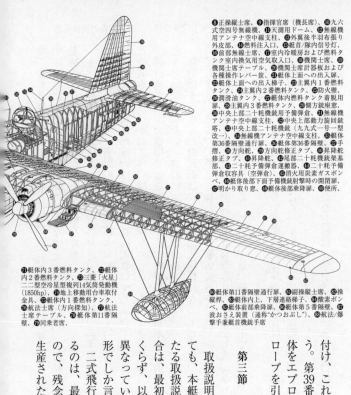

二式飛行艇一二型　艇体内部構造配置図

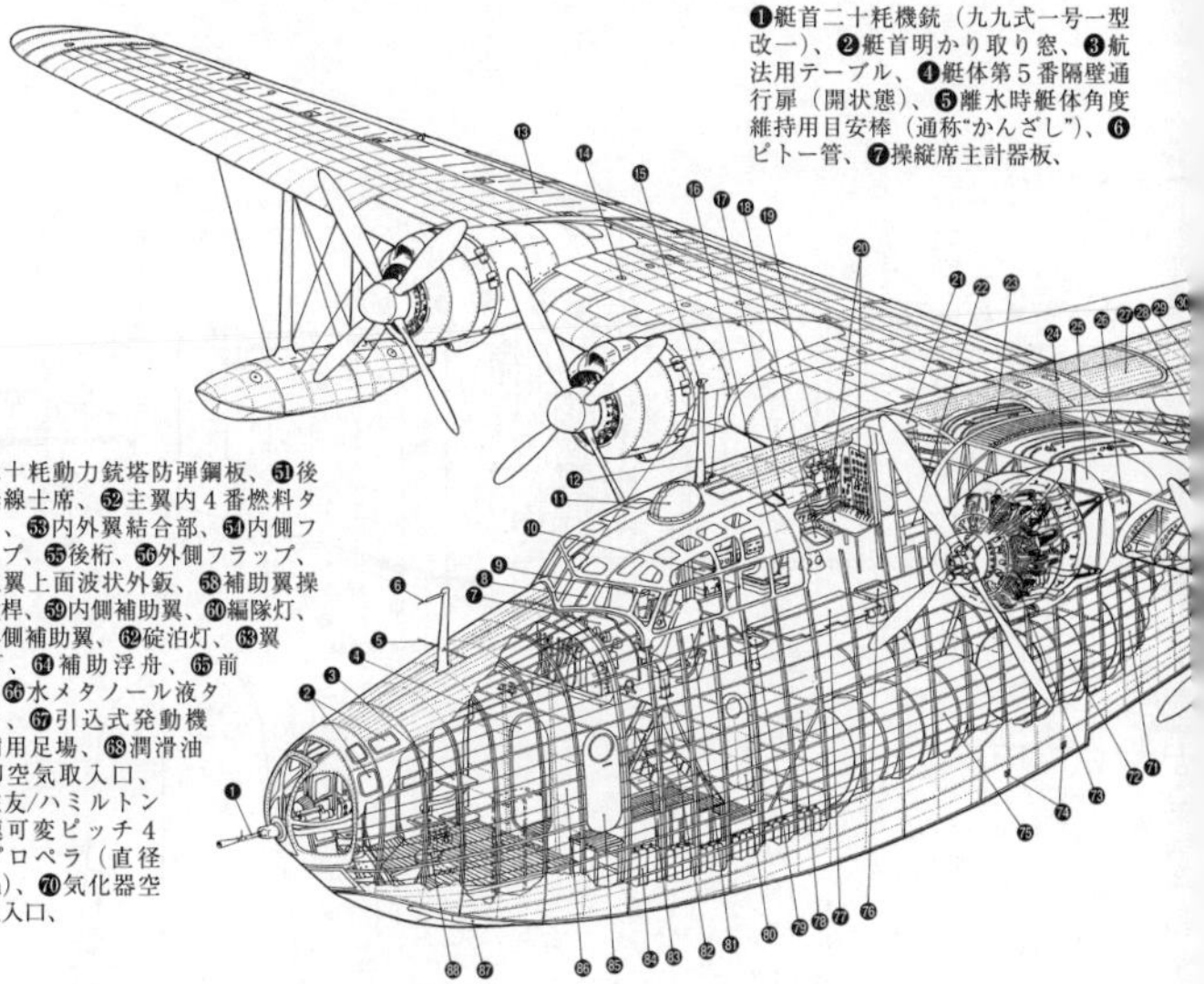

❶艇首二十粍機銃（九九式一号一型改一）、❷艇首明かり取り窓、❸航法用テーブル、❹艇体第５番隔壁通行扉（開状態）、❺離水時艇体角度維持用目安棒（通称"かんざし"）、❻ピトー管、❼操縦席主計器板、

50二十粍動力銃塔防弾鋼板、51後部無線士席、52主翼内４番燃料タンク、53内外翼結合部、54内側フラップ、55後桁、56外側フラップ、57主翼上面波状外鈑、58補助翼操作槓桿、59内側補助翼、60編隊灯、61外側補助翼、62碇泊灯、63翼舷灯、64補助浮舟、65前桁、66水メタノール液タンク、67引込式発動機整備用足場、68潤滑油冷却空気取入口、69住友/ハミルトン恒速可変ピッチ４翅プロペラ（直径3.9m）、70気化器空気取入口、

は現存しない。

もっとも、発動機、射撃兵装以外は、一二型とはほとんど変わっていないので、基本的な艇体構造の説明は事足りる。

なお、本艇に関しては実機が現存していることもあり、内部ディテールなどは図版を省略したので、別項の写真ページを参照されたい。

●艇体

基本的な構造、使用材料は九七式飛行艇と同じで、全金属製セミ・モノコック構造、使用材料は合わせ高力アルミニウム合金第二種鈑ＳＤＣＨ（超ジュラルミン）、および同ＳＤＣＲ（同じ）。

肋骨は０番〜50番までの計52本

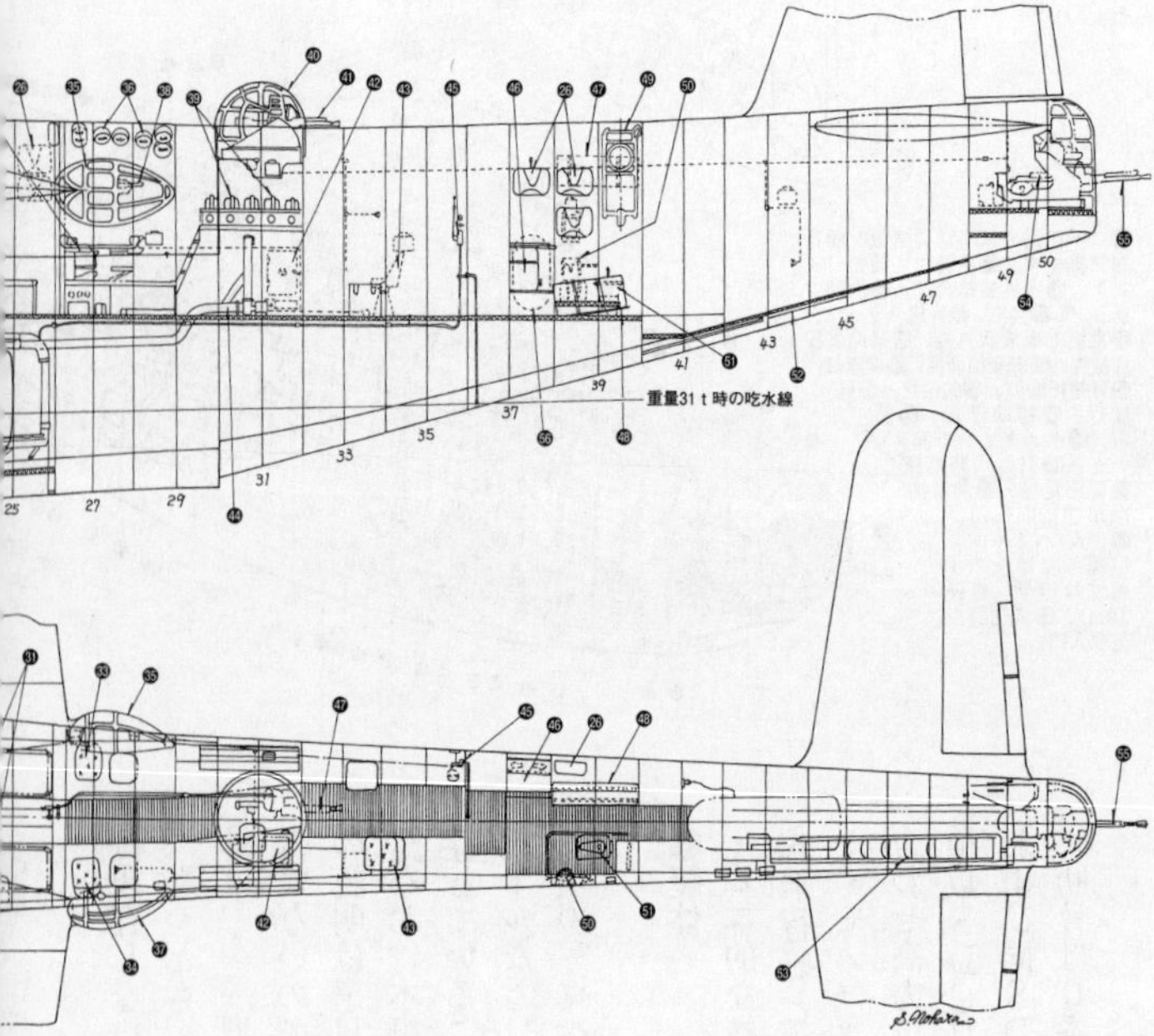

あり)、㉝右側方銃座用踏台、㉞左側方銃座用踏台、㉟右側方銃座覆、㊱七粍七予備弾倉、㊲左側方銃座覆、㊳九二式七粍七側方旋回機銃、㊴二十粍予備弾倉（片舷５個で計10個)、㊵上部二十粍動力銃塔、㊶恵式二十粍固定機銃一型改一、㊷電気冷蔵庫、㊸後部無線士席、㊹換気用空気排出筒、㊺排水ポンプ、㊻後部飲料水タンク、㊼手洗用水タンク、㊽救命具（ライフ・ボート)、㊾乗降用梯子格納位置、㊿手洗器、(51)便器、(52)艇体後部下方七粍七予備機銃座扉、(53)二十粍予備弾倉運搬器、(54)尾部機銃手席、(55)恵式二十粍固定機銃一型改一、(56)艇体後部乗降扉

二式飛行艇一一型 艇体内部配置図（破線部は左舷側を示す）

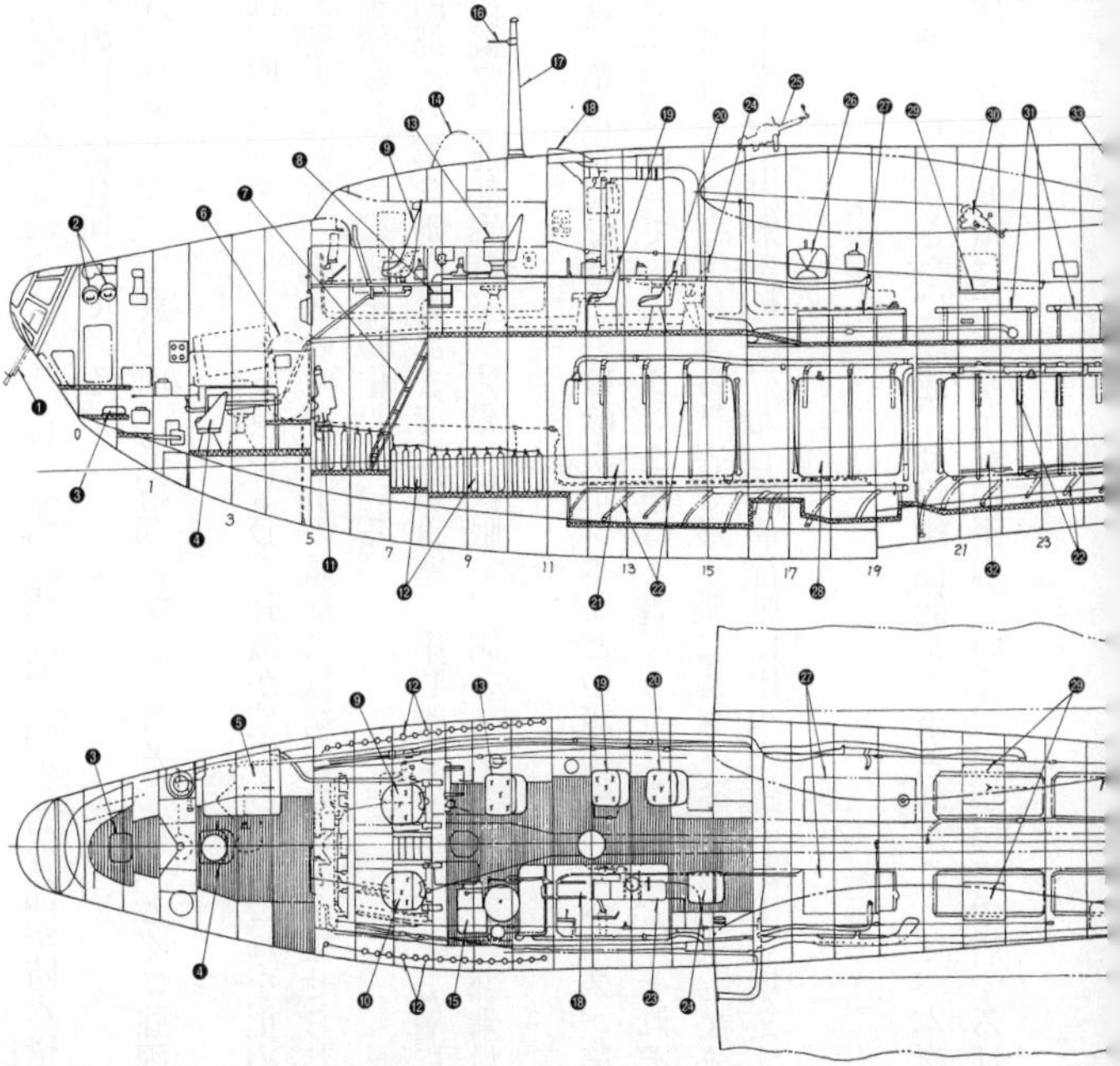

❶九二式七粍七旋回機銃、❷予備弾倉、❸前方見張り席、❹前方機銃兼航法/爆撃士席、❺航法用テーブル、❻前方昇降扉、❼艇首室乗降階段、❽天測/見張り用折りたたみ台格納位置、❾正操縦士席、❿副操縦士席、⓫七粍七予備機銃格納位置、⓬酸素ボンベ、⓭指揮官席、⓮天測用ドーム、⓯同乗者席、⓰ピトー管、⓱アンテナ空中線支柱、⓲冷暖房兼換気用空気取り入れ口、⓳前部無線士席、⓴機関士席、㉑艇体内１番燃料タンク（左、右あり）、㉒換気用排出管、㉓冷暖房用送風管、㉔方向探知席、㉕七粍七予備機銃位置、㉖落下傘、㉗休憩用長椅子、㉘艇体内２番燃料タンク（左、右あり）、㉙主翼付け根下面予備銃座踏台、㉚主翼付け根下面七粍七予備機銃位置、㉛仮眠用寝台、㉜艇体内３番燃料タンク（左、右

（途中に½番が入る）で、第5、11、20、26、32、36番肋骨部が防水壁になっており、艇体内を7つの区画に仕切っている。

17、20番肋骨部が、主翼の前、後桁部に結合されるため、とくに強固なつくりになっている。

外鈑は、厚さ0・6〜1・6㎜のSDCH鈑が使用され、これを止めるリベットは軟アルミニウム製の沈頭鋲。艇底のリベットの頭部には絹製カバーが被せられ、その上から銀色ラッカーを塗布して、腐蝕を防止している。

艇体内部は、第5番肋骨部までは艇首室、第42番までは上、下2層に仕切られ、上部は前方から操縦室、前部乗員室、休憩・仮眠室、側方・上方銃座、後部乗員室の順で配置されている。

下部は、第11番肋骨部までは酸素ボンベなどの諸装備品スペース、第11番〜26番肋骨間は燃料タンク室になっている。タンク室は1番〜3番タンクまで、それぞれ3室に仕切って収められ、被弾、浸水などによる被害を最小限におさえるよう工夫してある。

なお、本艇の正規乗員数は、九七式飛行艇に比べ、銃手が1名増えて計10名である。

●主翼

九七式飛行艇よりさらに高速、長距離性能を要求されたことで、本艇の主翼は肩翼配置の完全な片持ち式。面積は、速度と航続距離という、たがいに矛盾する性能の限界の妥協点と

図１：主翼骨組み図（寸法単位mm）
小さい方形は各点検窓を示す（斜線部は下面のもの）

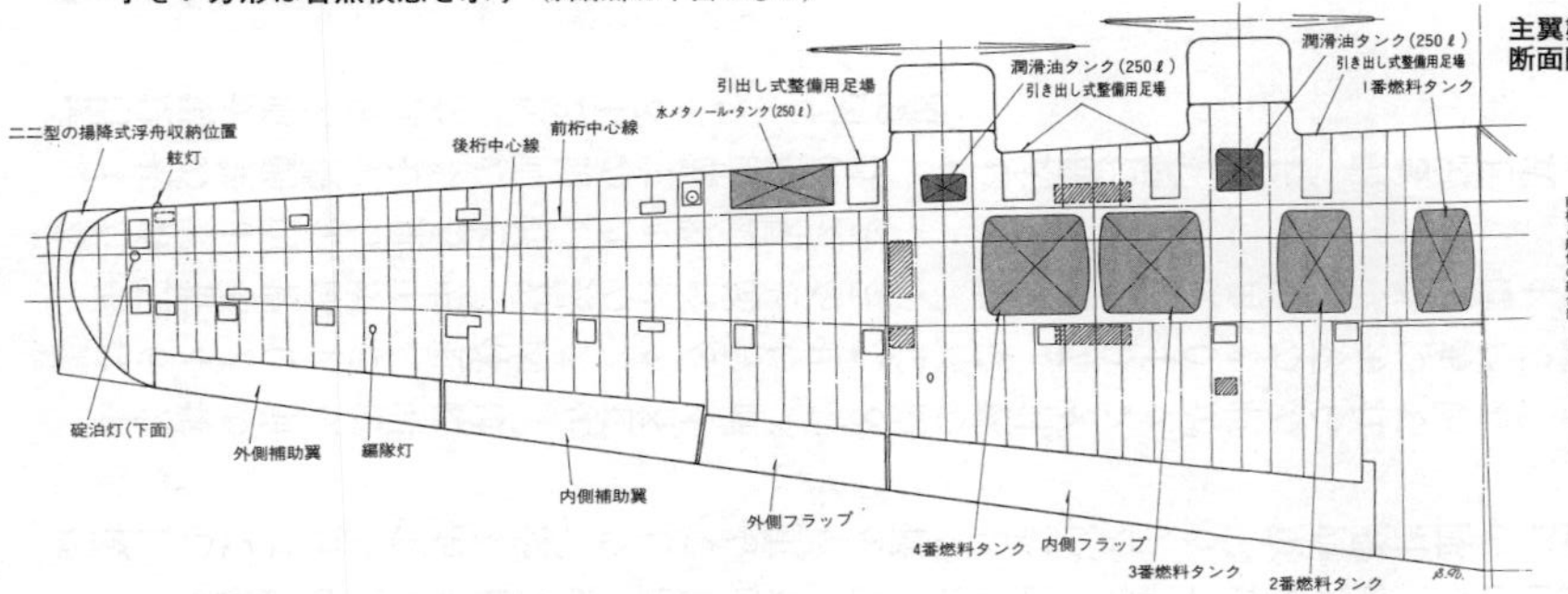

主翼第４番小骨（リブ）
断面図

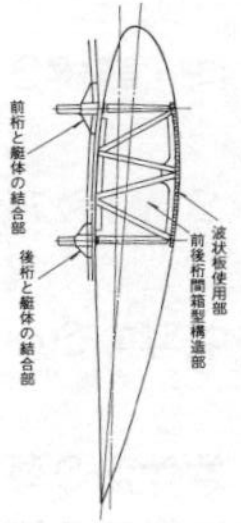

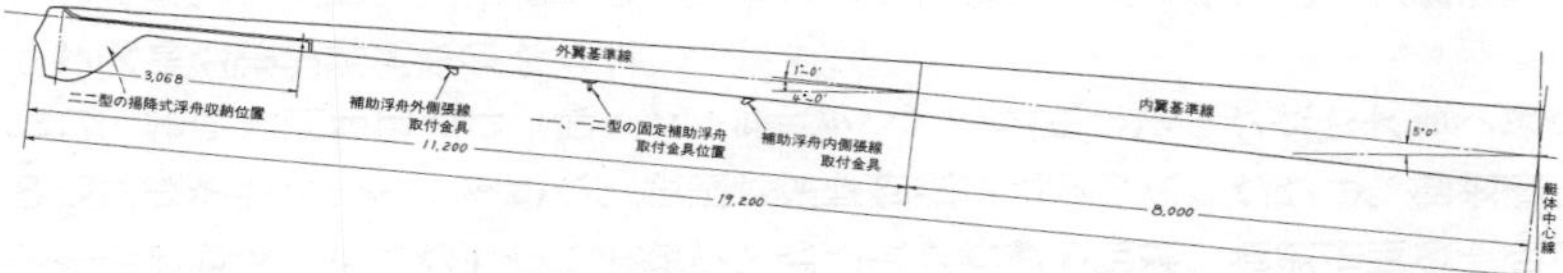

正面図（右翼を示す）

して選んだ160㎡。

平面形はシンプルなテーパー翼で、九七式飛行艇と同様、前後桁間の上面に、SDCR製の波状鈑をサンドイッチした、強固な箱型構造にしていた。ただし、前後桁の上下フランジ材に、零戦と同じESD（超々ジュラルミン）を使用していた点が大きく異なり、これによって大幅な重量軽減がはかれた。

本体は、中央翼、左右外翼の3部分によって構成されるが、九七式飛行艇のそれを受け継ぎ、左右外翼の桁より後方の上面外皮を、二重羽布張りとしていた点が、この時期の四発大型機にしては意外であるが、少しでも重量を軽くしたいという、川西設計陣の決断の表われである。

中央翼の前後桁間には、左右各4個、計8個の燃料タンクが収められている。その合計容量は6420ℓで、艇体内タンクを合わせた総容量17040ℓの37％にあたる。

第22番小骨部が中央、外翼の結合部となるが、中央翼の上反角は5°、外翼は4°になっているため、正面から見ると軽いガル翼に見える。

4基の発動機ナセルの両側の主翼前縁には、九七式飛行艇と同じ、引き出し式の整備・点検用足場が備えられた（p.218〜219図参照）。

●フラップ

九七式飛行艇と同じく、親子式二重フラップで、中央翼と外翼部に二分割されている。作

◀『船の科学館』に展示されていた、一二型 製造番号426機の、復元作業時にクレーンで吊り下げられた左右の外翼部、断面形と小骨の骨組み、前後桁間の上面に張られた波状鈑などの様子が一目瞭然。

▼上写真と同じときの、一二型426号機の右外翼前縁に設けられた、引き出し式の整備・点検用足場。写真は半開状態を示す。画面左方向が上面側、上方向が後縁側である。

動エネルギーは、右1番発動機によって駆動される油圧ポンプを源とする油圧式で、図2に示したごとく、一組みの系統で左右計4枚のフラップを動かす。

作動油圧筒は、ちょうど艇体内の通路上の主翼後桁後面に取り付けてあり、その操作用クランク槓桿部の後桁後面にはフラップ開度目盛が記入されていて、手あき乗員が視認できるようにしてあった。

これは、本艇が離水のとき、ポーポイズを発生しやすく、フラップ開度を7°以下に制限していたことから、これをかならず守るために採られた措置。

フラップの構造は、図3に示したごとく、前縁部が箱型になっており、骨組みはＳＤＣＨ鈑、外皮はＳＤＣＲ鈑を使用している。ただし、親フラップ部分の桁より後方の上、下面は羽布張りにして、重量軽減をはかっている。

親フラップの最大下げ角は27°、このとき、子フラップは52°に下がるようになっている。なお、魚雷懸吊時に、フラップが接触しないよう、該当部を半円状に切り欠いた。

●補助翼

補助翼も、フラップと同様、内外に二分割されており、構造も図4に示したように、ほぼフラップのそれに準じている。

右内側補助翼にのみ、修正タブが設けられ、操舵力を軽減していた。舵角は上、下方にそれぞれ20°。

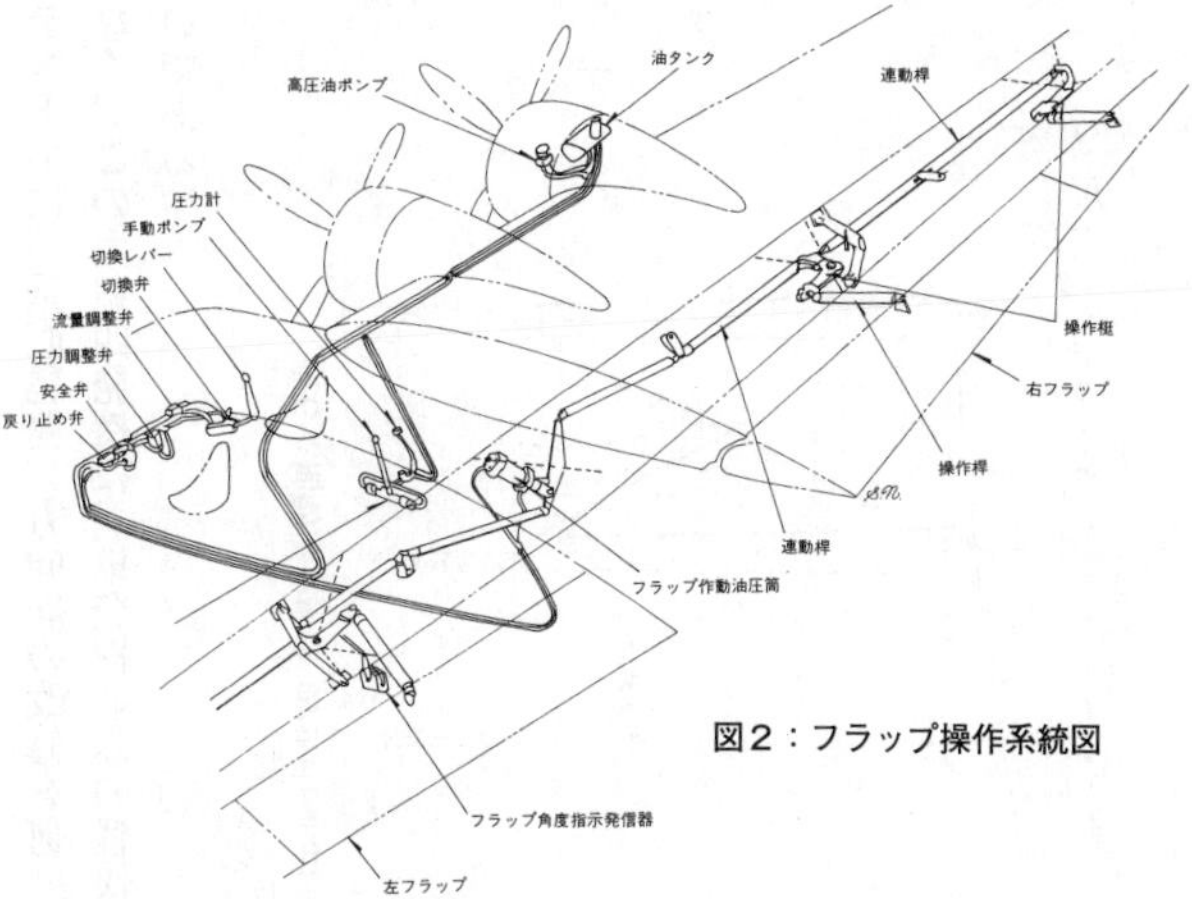

図２：フラップ操作系統図

図４：補助翼断面（一般小骨部分）

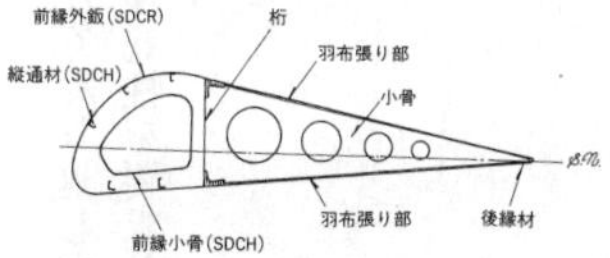

図３：フラップ構造

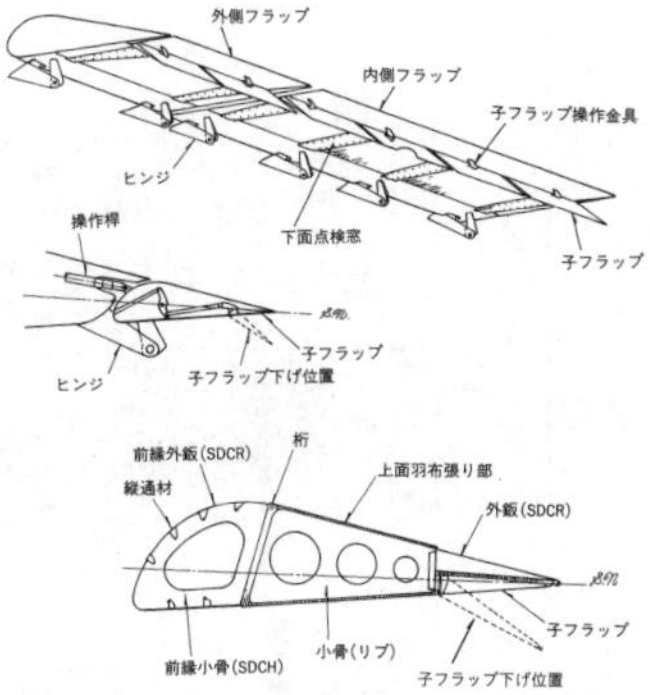

●尾翼

九七式飛行艇と異なり、1枚式の大きな垂直尾翼としたことが目立つが、使用材料、構造についてはほとんど同じで、とくに際立った違いはない。

試作機（十三試大艇）の

テスト中に、垂直尾翼、方向舵の改修を何度となく繰り返したが、これは設計上のミスではなく、この大型四発機に、単発機並みの軽快な操舵性を要求した、海軍側の無理な注文のせいである。

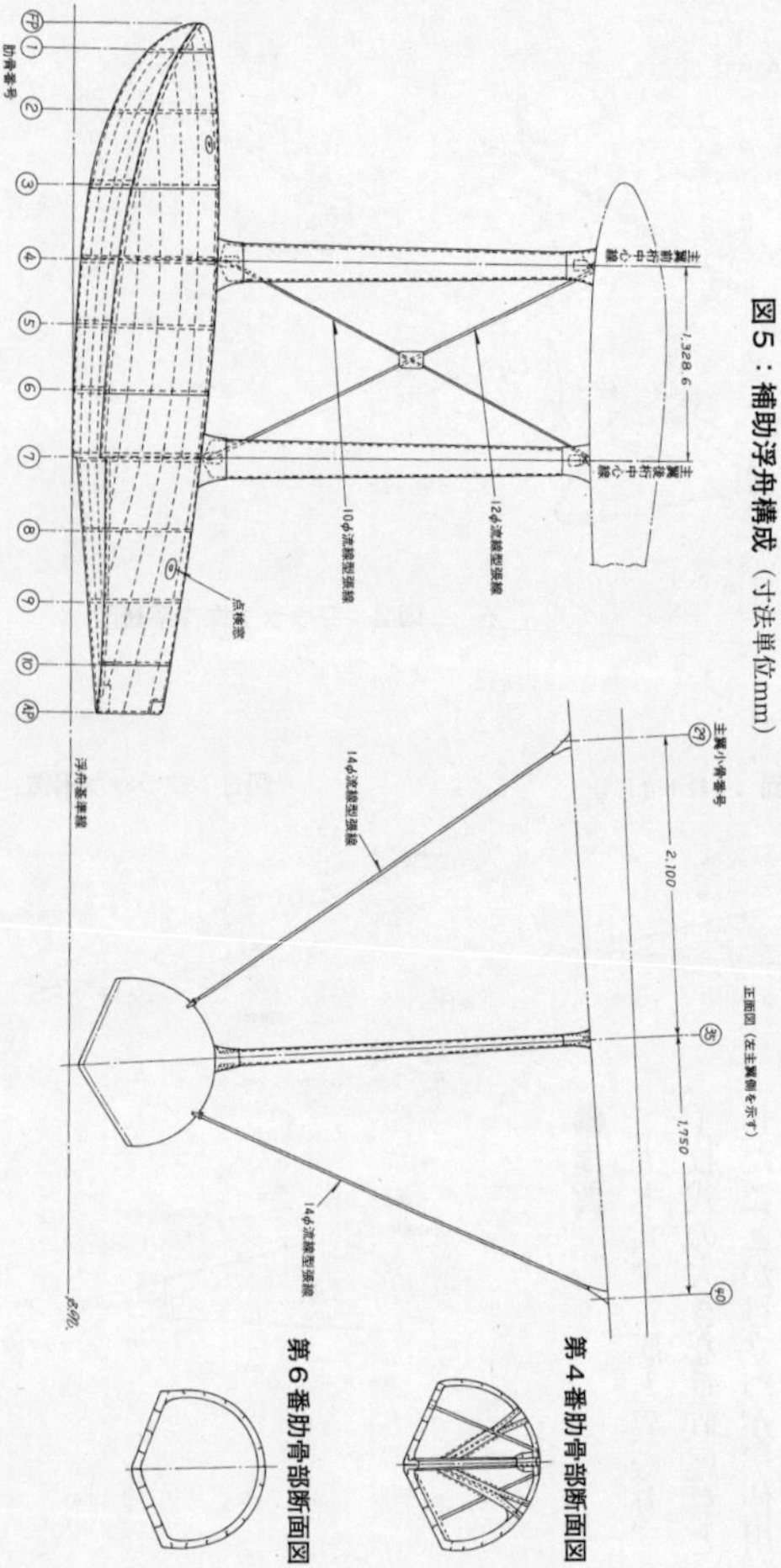

図5：補助浮舟構成（寸法単位mm）

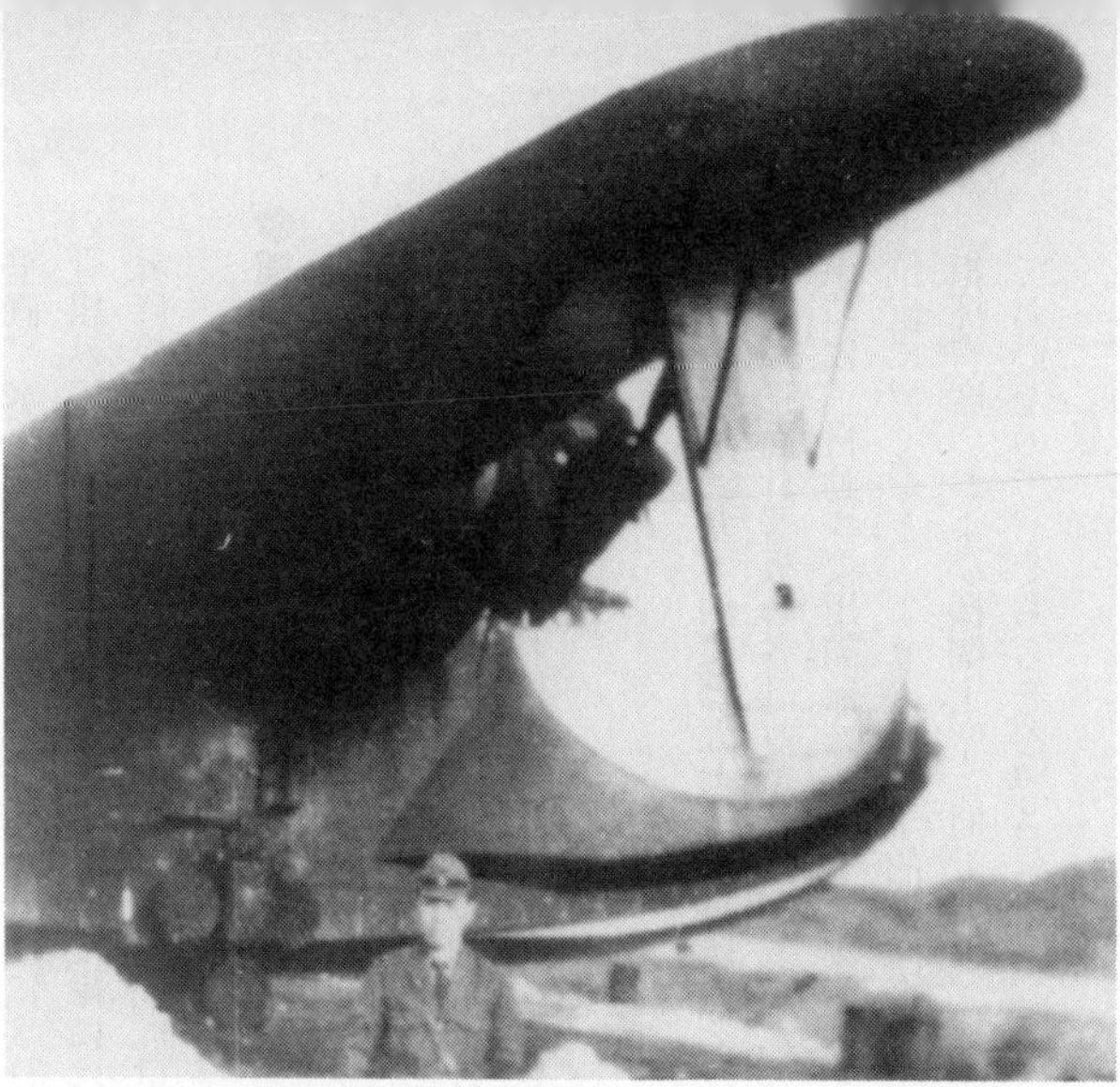

仮称二式飛行艇二二型の揚降式補助浮舟。

図6：二二型の揚降式補助浮舟支柱構成
（寸法単位mm）

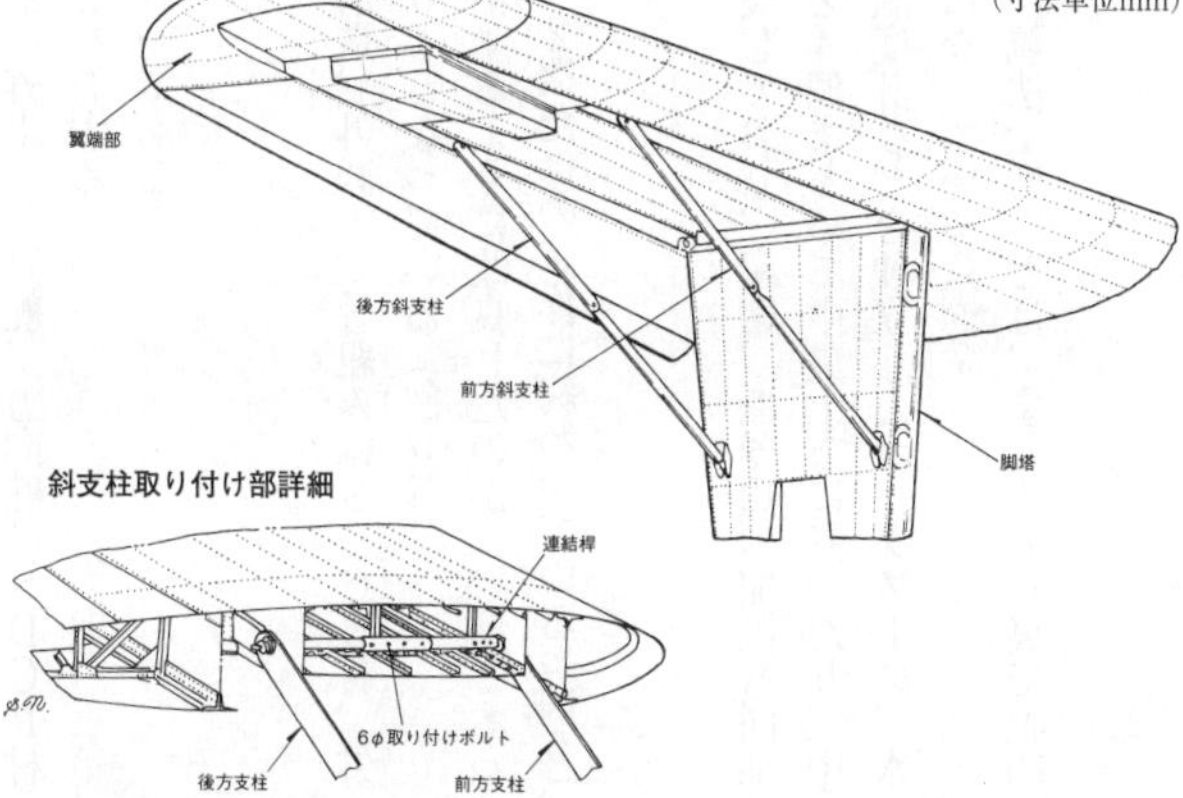

垂直、水平安定板はＳＤＣＨ材骨組みにＳＤＣＲ鈑の外皮、昇降舵、方向舵はＳＤＣＲ材の骨組みに羽布張り外皮、それぞれ、後縁には修正舵を有する。

昇降舵の舵角は、上方25°、下方10°、方向舵は左右各30°である。

●**補助浮舟（フロート）**

九七式飛行艇のそれをほとんどそのまま踏襲した構造、外観で、骨組みはＳＤＣＨ材、外皮はＳＤＣＲ鈑。排水量はいくらか大きく、２４００ℓとなっている（図５）。

この補助浮舟を、翼端方向の下面に引き上げて収納するように改良したのが二二型であったが、速度向上にはそれほど効果がなかったようで、２機だけの試作に終わっている（図６）。

●**操縦装置**

操縦装置も、基本的には九七式飛行艇のそれを踏襲しており、座席、機器類の配置も同様。ただし、正面計器板の各計器類配置が、ブースト計を４個まとめて中央上方に置いたり、中央手前に、自動操縦用調節スイッチ、真空計、排気温度計などを独立したボックス上に、水平位置に置くなど、より人間工学的に向上したものになっている（図７）。

指揮官席、および機関士席と同計器板、無線士席、航法士席などは、まとめて写真で説明しておいたので、そちらを参照されたい。

❶操縦桿、❷補助翼操作ハンドル、❸前後傾斜計、❹速度計、❺旋回計、❻定針儀、❼昇降度計、❽人工水平儀、❾高度計、❿フラップ角度表示計、⓫回転計、⓬着水高度警報灯、⓭吸入圧力変更レバー、⓮発動機点火時期調整レバー、⓯混合比調整レバー、⓰プロペラピッチ操作レバー、⓱二速過給器切り換えレバー、⓲スロットルレバー、⓳発動機点火スイッチ、⓴ブースト計、㉑零式自動操縦装置管制パネル、㉒高度計、㉓前後傾斜計、㉔航路計、㉕速度計、㉖旋回計、㉗昇降度計、㉘定針儀、㉙人工水平儀、㉚混合比計、㉛過給器油圧計、㉜自動操縦用調節スイッチ、㉝真空計、㉞排気温度計、㉟補助翼修正タブ操作ノブ、㊱フラップ操作レバー、㊲方向舵修正タブ操作ハンドル、㊳暖房用暖気吹出し孔、㊴方向舵踏棒、㊵副操縦士席、㊶正操縦士席

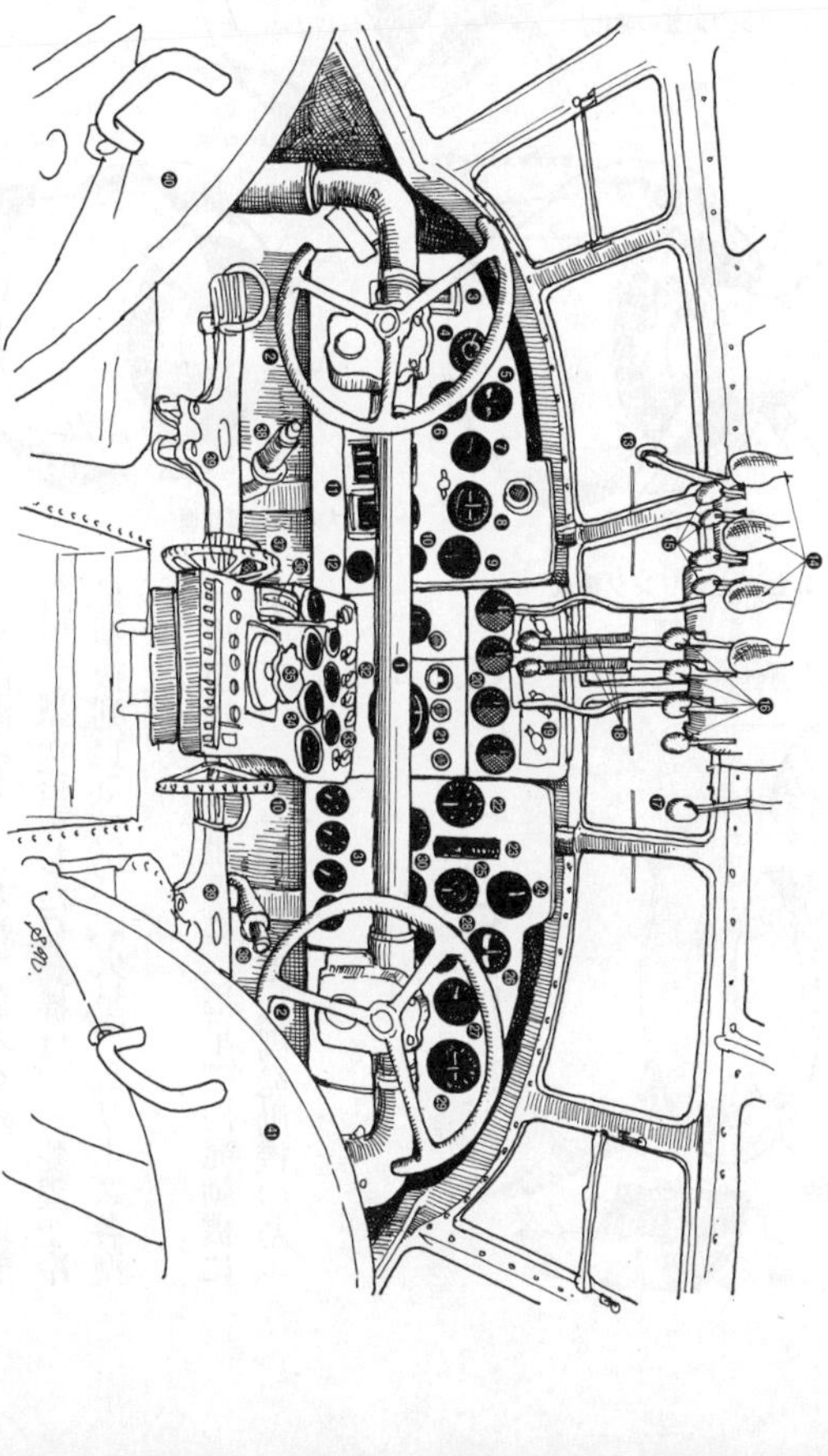

図7：一二型操縦室配置図

発動機カウリング周囲の変化

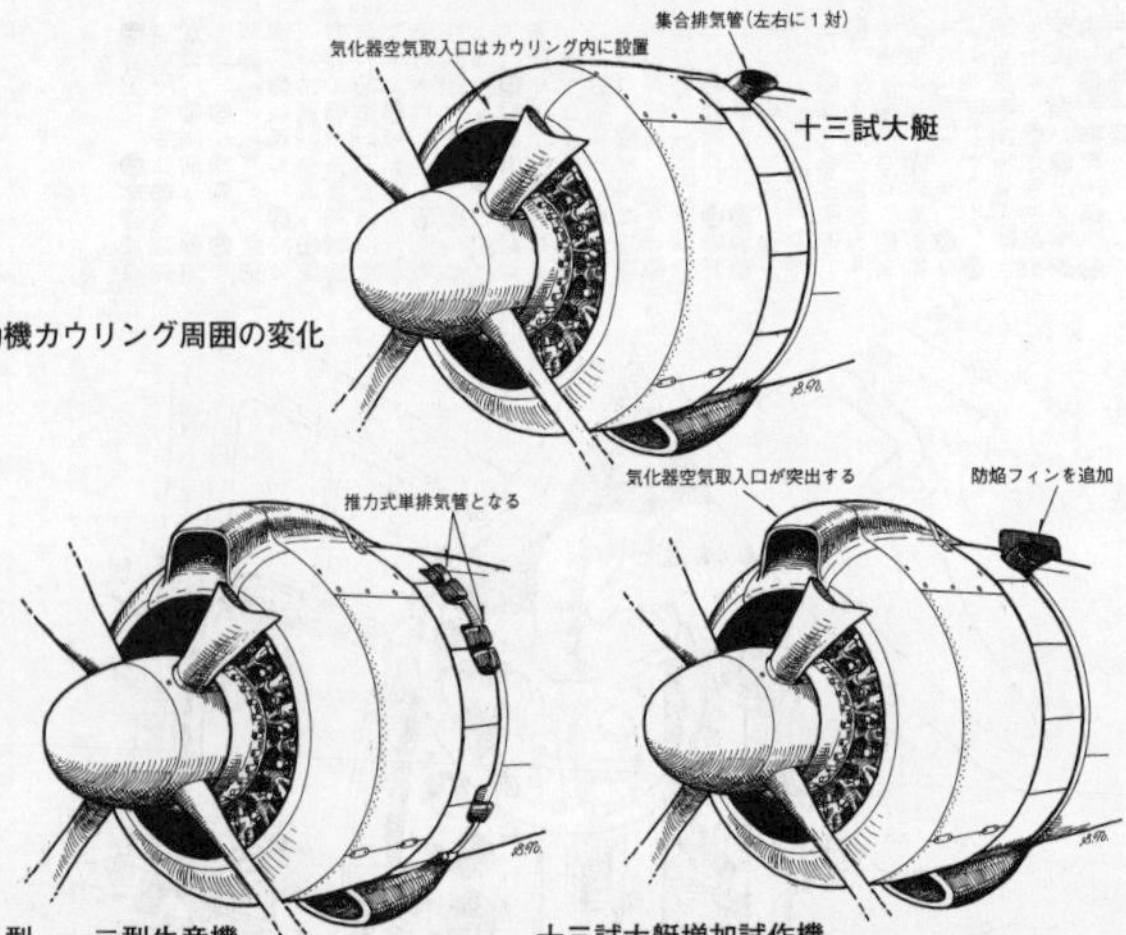

十三試大艇

一一型、一二型生産機
十三試大艇増加試作機

図８：発動機カウリング構成

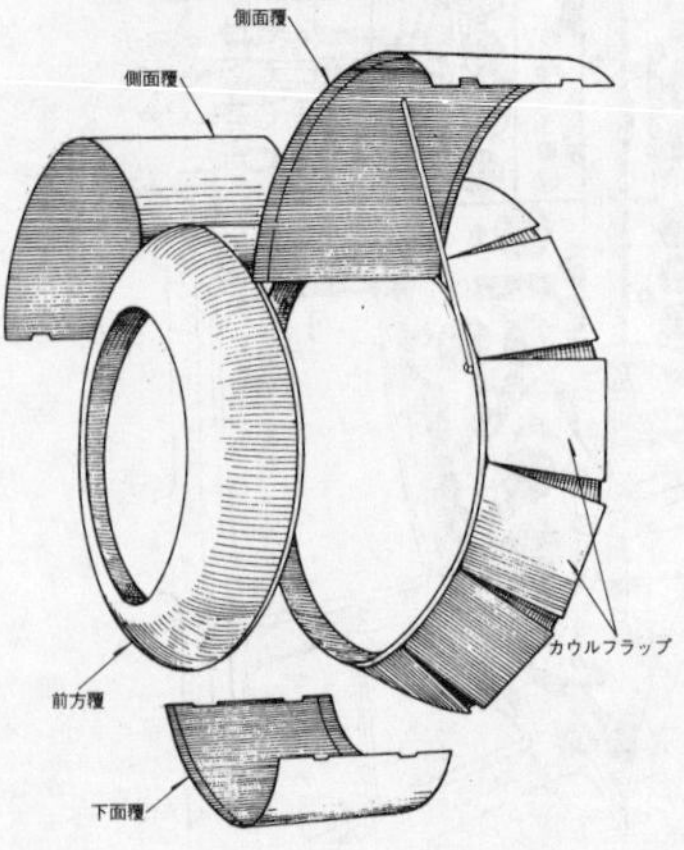

●動力装置

試作機（十三試大艇）をふくめ、二式飛行艇各型が搭載した発動機は、三菱製空冷星型複列14気筒の、『火星』シリーズ各型であった。

火星は、『金星』と『瑞星』両発動機によって、三菱流空冷星型複列発動機の基本

図9：発動機、プロペラの交換・整備作業要領

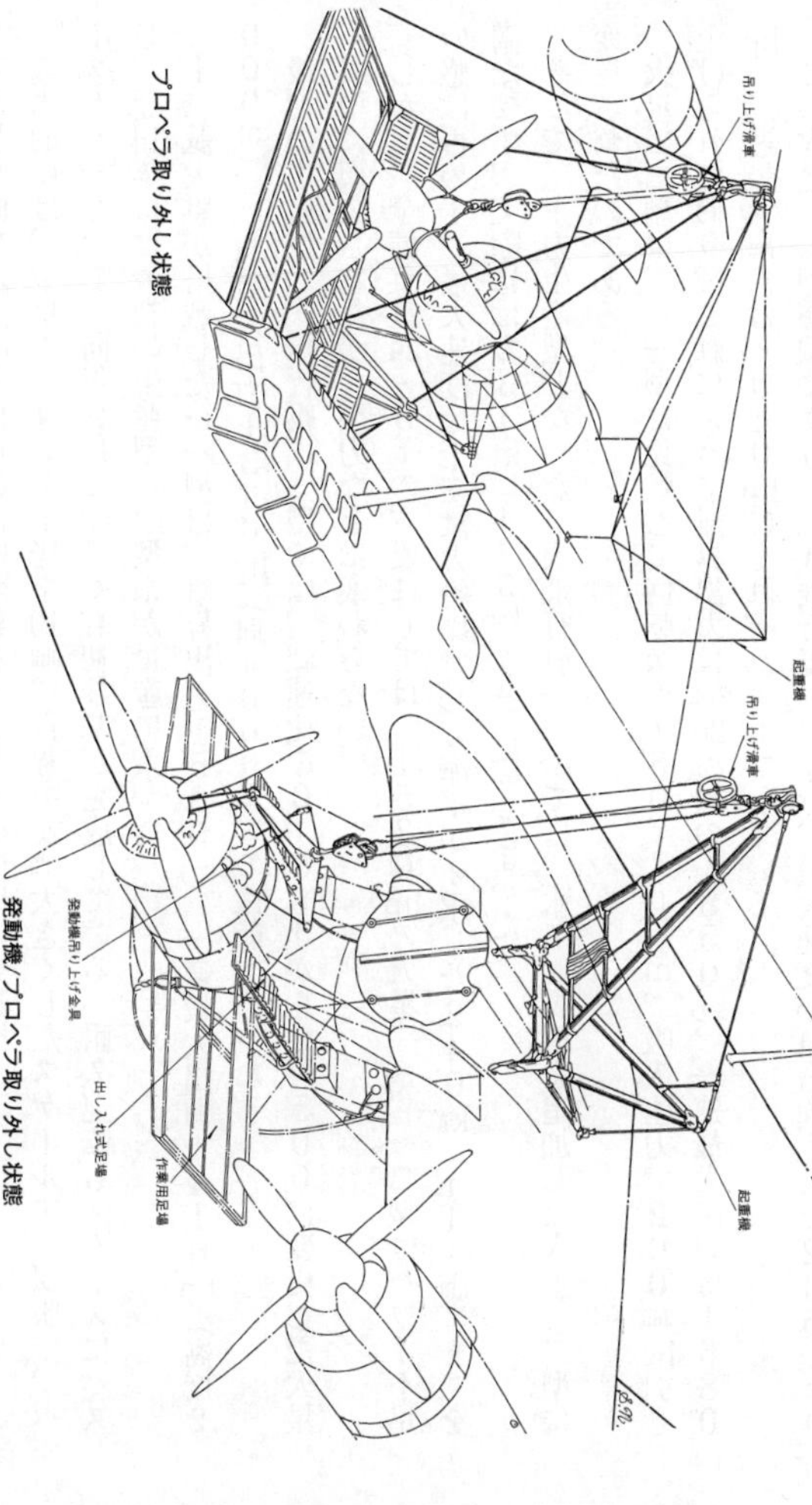

を確立した同社が、昭和13年2月に開発着手した大型機用の発動機。

基本的には、金星のシリンダー径を10㎜、行程を20㎜大きくしたスケールアップ版で、ベースがあったので、同年9月には早くも初号基が完成している。耐久運転もスムースにパスし、翌14年には最初の生産型一〇型系が量産に入った。

十三試大艇が搭載した一一型は、離昇出力1530hp、一速最大出力1410hp（高度2000m）、二速最大出力1340hp（同4000m）の性能であった。

最初の生産型二式飛行艇一一型では、減速比を0・684から0・500に変更した火星一二型に換装されたが、出力などは変わらない。

しかし、全備重量24・5tの本艇にしては、1530hpの火星一一、一二型はパワー不足の感は否めず、最大速度は十三試大艇に対して海軍が要求した240kt（444㎞／h）を満たせず、実際には234kt（433㎞／h）にとどまった。

そこで、主力生産型となった二式飛行艇一二型では、水噴射装置を追加した火星二二型に変更されたのである。

火星二二型は、一一型に比較して回転数が150r・p・m、吸入圧力で200㎜Hg引き上げられており、これによって離昇出力は約20％増の1850hp、一速最大出力は1680hp、二速最大出力は1540hpにそれぞれアップしている。

この火星二二型搭載により、二式飛行艇一二型は、最大速度が11kt向上して245kt（453㎞／h）となり、前記要求値をようやく満たしたのである。

図10：主翼内燃料タンク

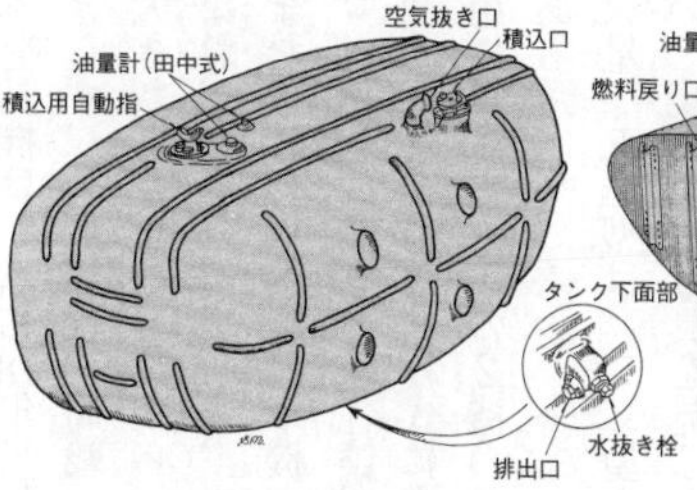

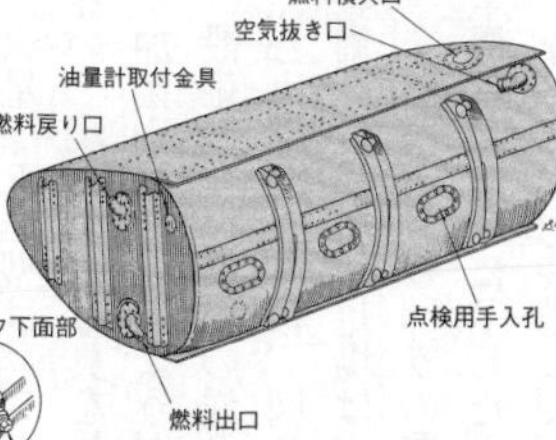

図11：主翼内燃料タンク
(前縁部)

図12：艇体内燃料タンク着脱要領

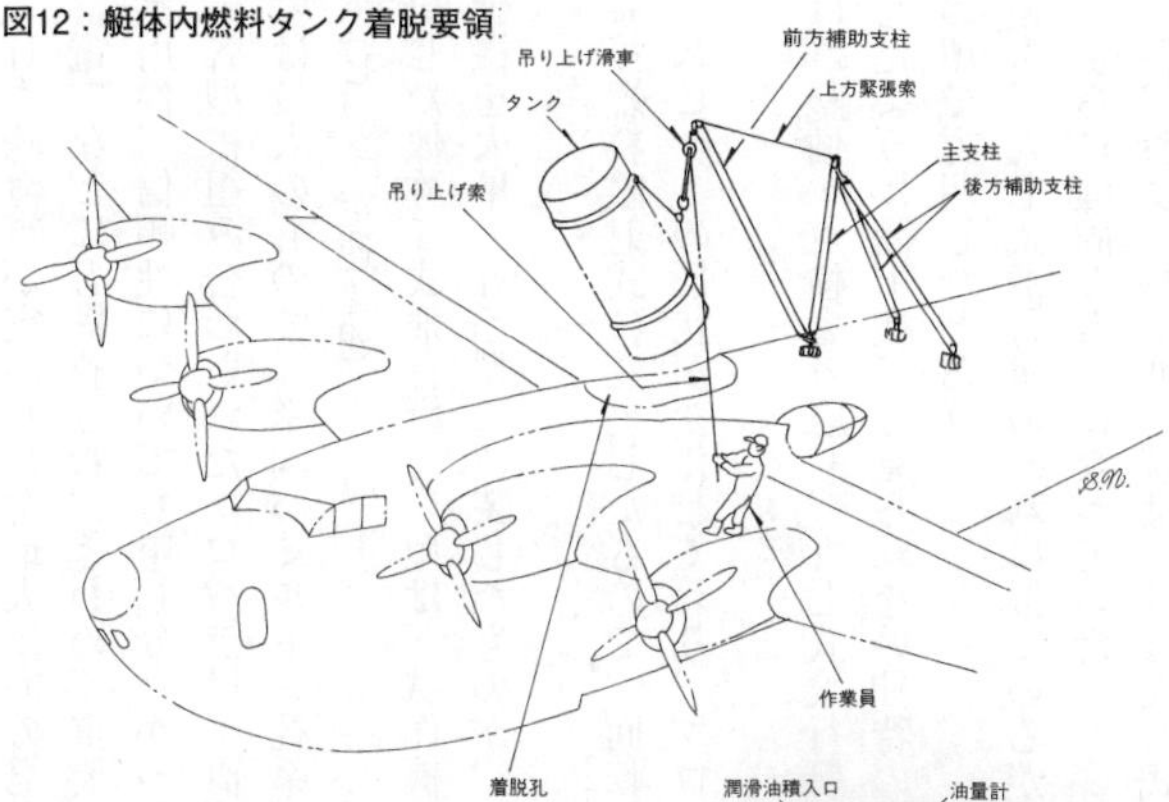

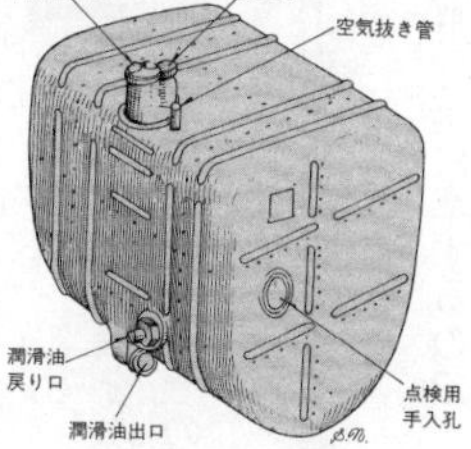

図13：潤滑油タンク

本発動機は、昭和18年当時、日本陸海軍が実用し得た最大出力の発動機で、二式飛行艇にかぎらず、一式陸攻、局戦『雷電』などにも搭載され、きわめて重要な存在であった。出力の大きさもさることながら、実用性、信頼性についても申し分なかった。

なお、火星一一、一二、二三各型に組み合わされたプロペラは、直径3・9mという、これまた当時の日本陸海軍機中では最大のもので、米国ハミルトン社系のものを住友金属工業（株）が国産化した。油圧式可変ピッチ定速4翅。

補助浮舟を引き込み式に変更した仮称二式飛行艇二二型は、試作機2機のみで、制式兵器採用に至らず、この2機の発動機を火星二五乙型に換装したものが、仮称二式飛行艇二三型である。

火星二五乙型は、二三型を直接燃料噴射式に変更したもので、回転数、出力などは変わらない。現存する写真を見ると、スピナーの形状が変化しており、プロペラもハブなどに変更が加えられていたようだ。

設備のない前線の洋上における整備・点検を考慮し、九七式飛行艇と同様、各発動機をふくむカウリングは、図8に示したように陸上機では見られない独特の方法で開閉する。その整備・点検用の足場は、主翼の項で説明したとおり。

発動機、プロペラの着脱要領も、九七式飛行艇のそれに似ているが、翼上に組み立てる起重機は、図9に示したように、さらに強固なものになっていた。

なお、動力装備に関連する燃料、および潤滑油系統は、ほぼ九七式飛行艇に準ずるので、

図14：一一型の射撃兵装射界図

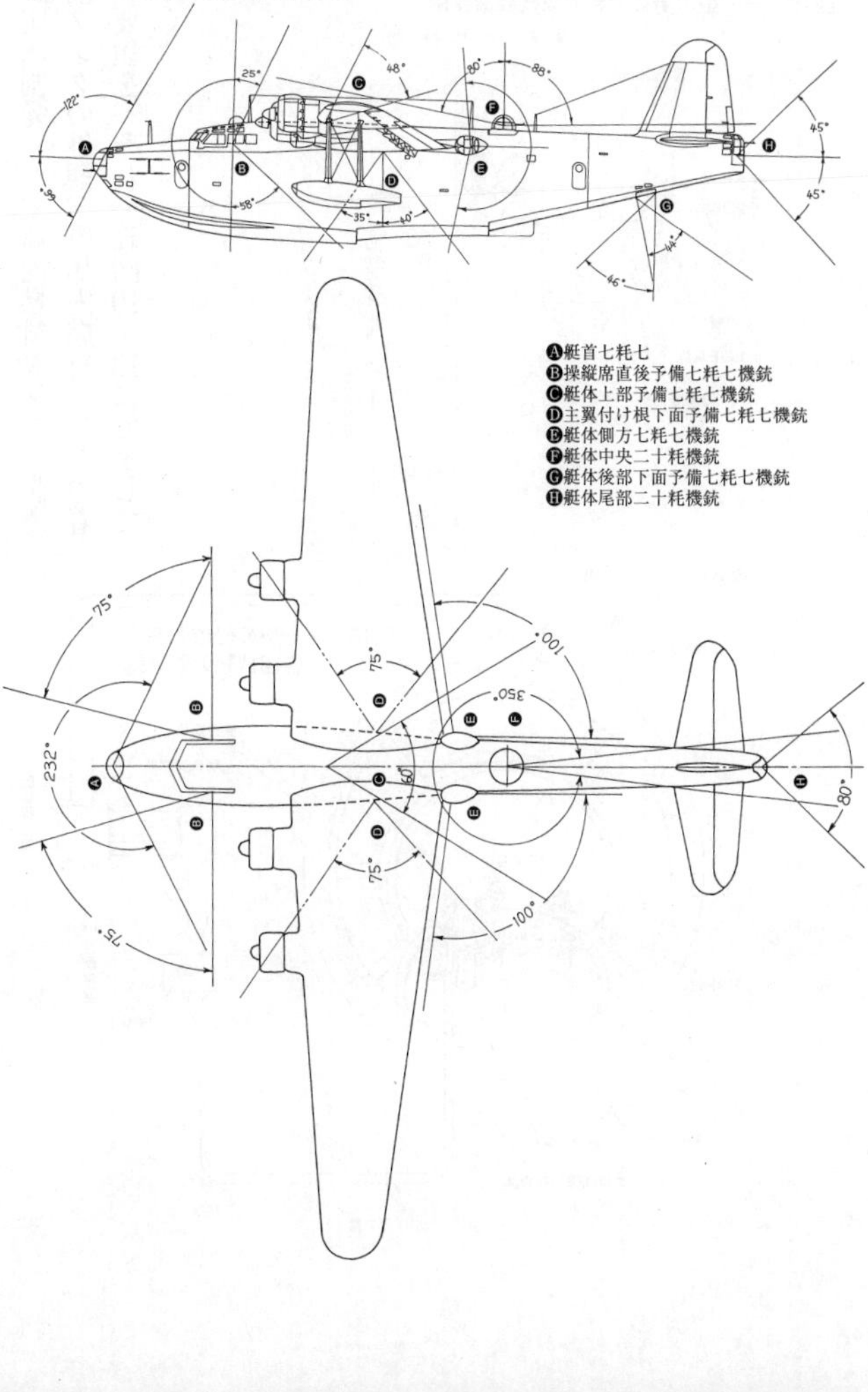

Ⓐ艇首七粍七
Ⓑ操縦席直後予備七粍七機銃
Ⓒ艇体上部予備七粍七機銃
Ⓓ主翼付け根下面予備七粍七機銃
Ⓔ艇体側方七粍七機銃
Ⓕ艇体中央二十粍機銃
Ⓖ艇体後部下面予備七粍七機銃
Ⓗ艇体尾部二十粍機銃
122°
25°
48°
80°
88°
45°
45°
58°
35°
40°
44°
46°
75°
75°
232°
75°
75°
60°
100°
100°
350°
80°

説明は割愛し、主翼内燃料タンク、潤滑油タンクの外観、艇体内燃料タンクの着脱要領を、それぞれ図10～13にて示しておく。

図15：一一型の艇首七粍七機銃装備要領

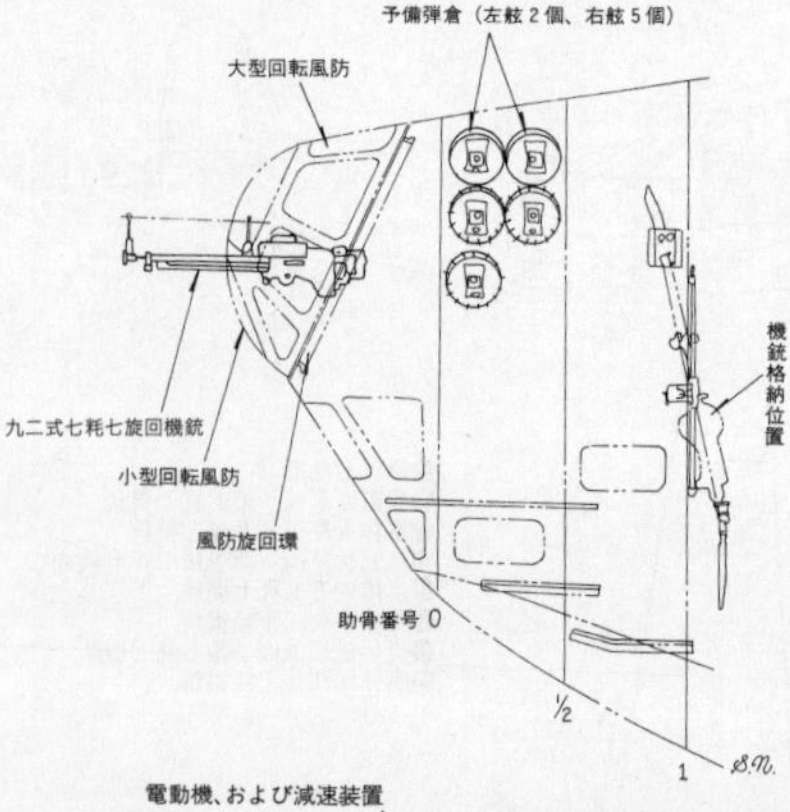

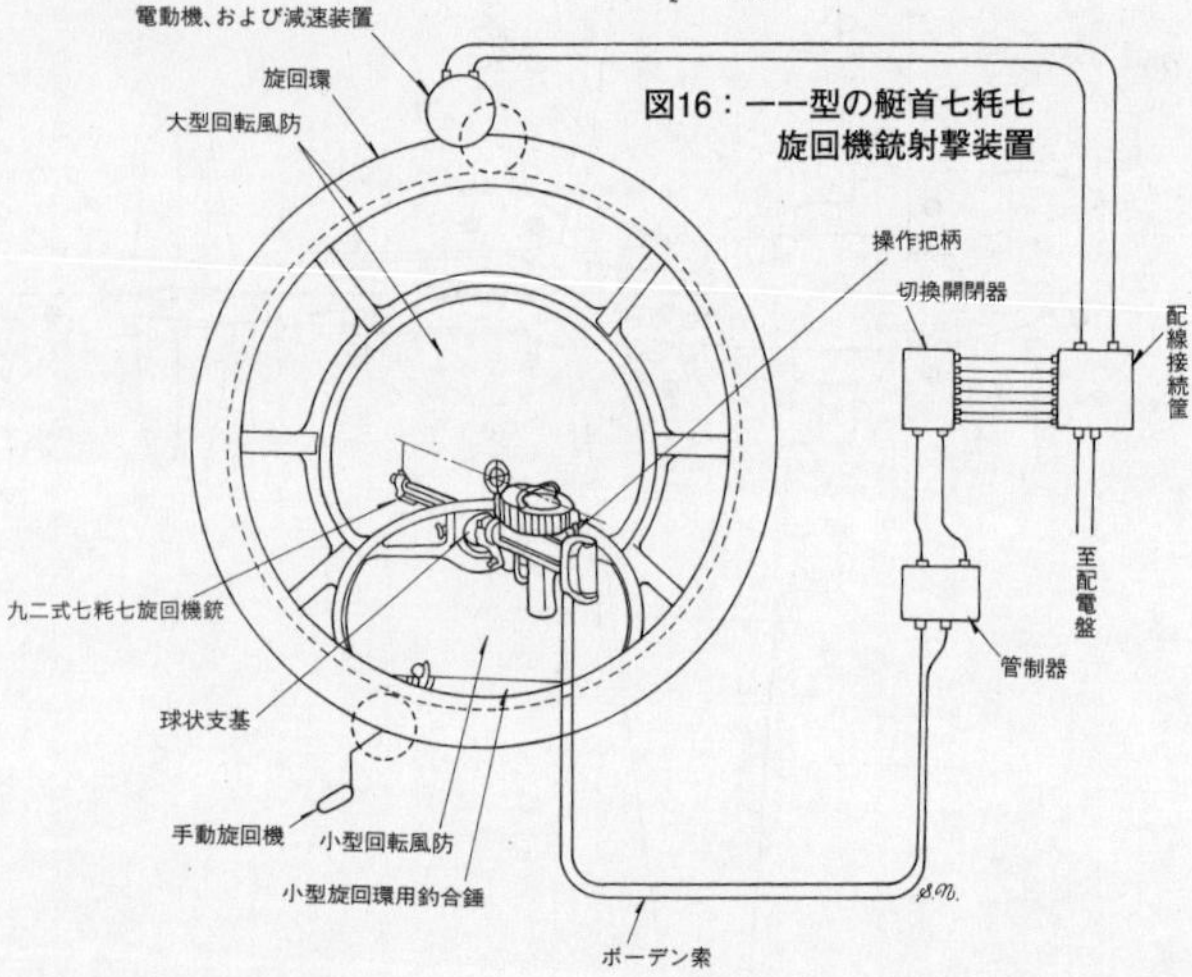

図16：一一型の艇首七粍七旋回機銃射撃装置

艇首の変化

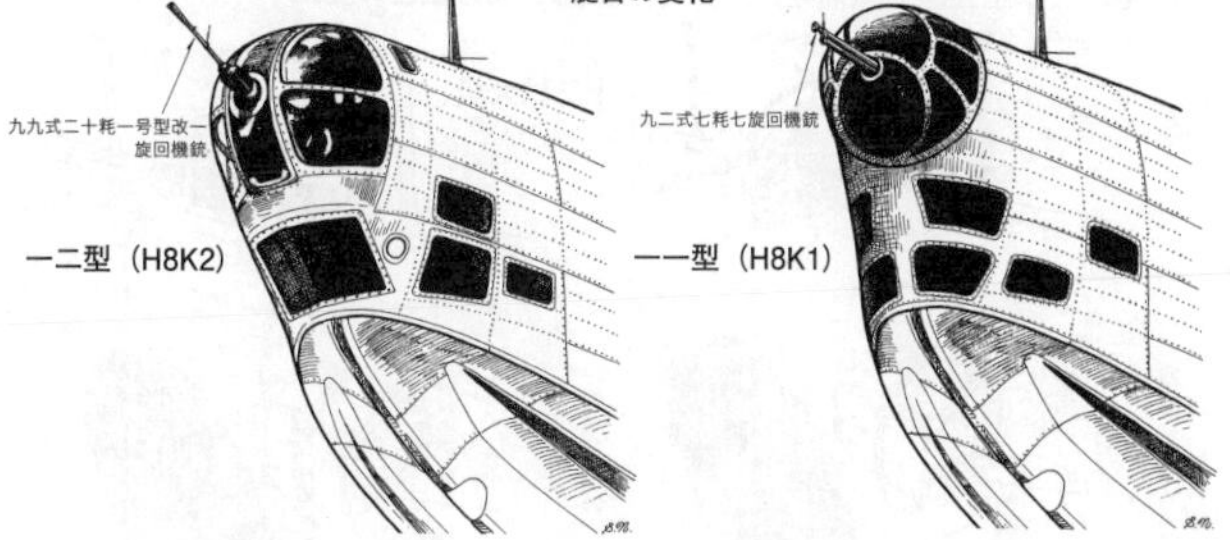

●兵装

〈射撃兵装〉

十三試大艇～二式飛行艇一二型前期までの射撃兵装は、艇首と、艇体中央部両側に九二式七粍七旋回機銃各1挺、中央上部、尾部に恵式二十粍固定機銃各1挺であったが、一二型の途中から、艇首、艇体中央両側も二十粍機銃に強化され、操縦室左右、艇体前部上方、左右主翼付け根下面、艇体後部下面の各七粍七予備機銃もあわせると、二十粍×5、七粍七×4～7という、当時の日本陸海軍実用機中ではもっとも強力な射撃兵装を誇った。

しかし、現実にはこれらの強力な射撃兵装も、米軍側の双発、四発哨戒機との同種機空戦においてさえ、威力を示したとは言い難く、その損害の大きさを防ぐ手立てにはならなかった。

艇首、中央上部、尾部銃座は、いずれも動力銃座になっており、電動、および電動モーターによる油圧で操作した。

取扱説明書、および射撃兵装説明書の類が一一型のものしか現存しないので、艇首、中央左右銃座を二十粍に強化した

上部、側方銃座の変遷

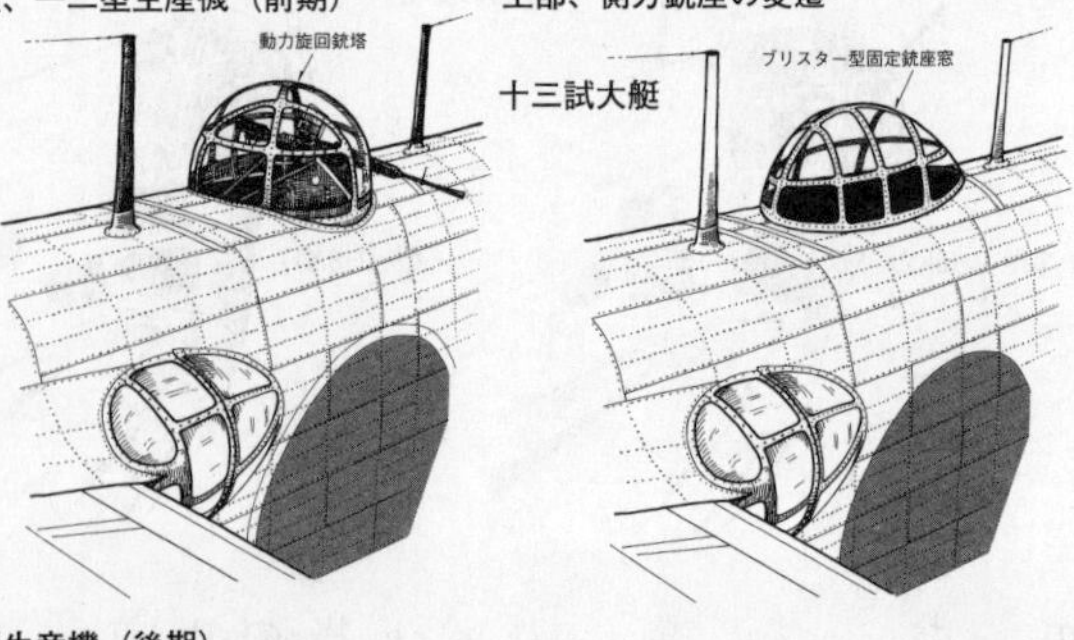

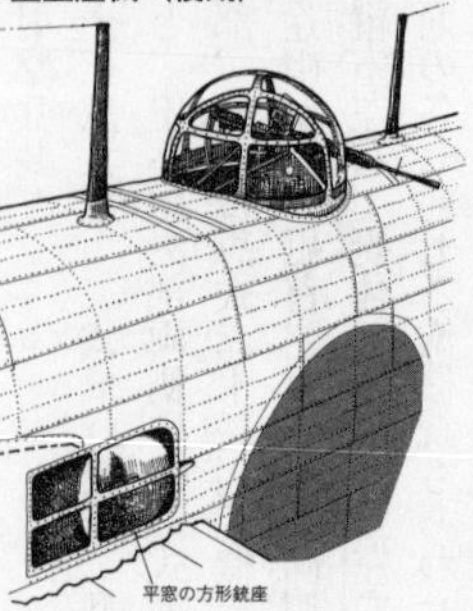

一二型の状況はわからないが、筆者作図の一二型図を含め一一型のそれぞれの銃座の射界、装備状態取・説図を図14～22に示す。

〈爆撃（電撃）兵装〉

二式飛行艇の爆撃装備は、九七式飛行艇よりさらに強力となり、左右の内外発動機間の翼下面に設けたハードポイントに、一五〇番（1500kg）爆弾なら2発、航空魚雷（800kg）なら2本、五〇番（500kg）爆弾なら2発、二五番（250kg）爆弾なら8発、六番（60kg）爆弾なら16発を、それぞれ懸吊できた。

懸吊架（投下機支持桿）は、爆弾の重さに合わせ、大型、中型、小型を使い分ける。主要な爆弾、魚雷の懸吊要領を、図23～26に、爆撃関連の

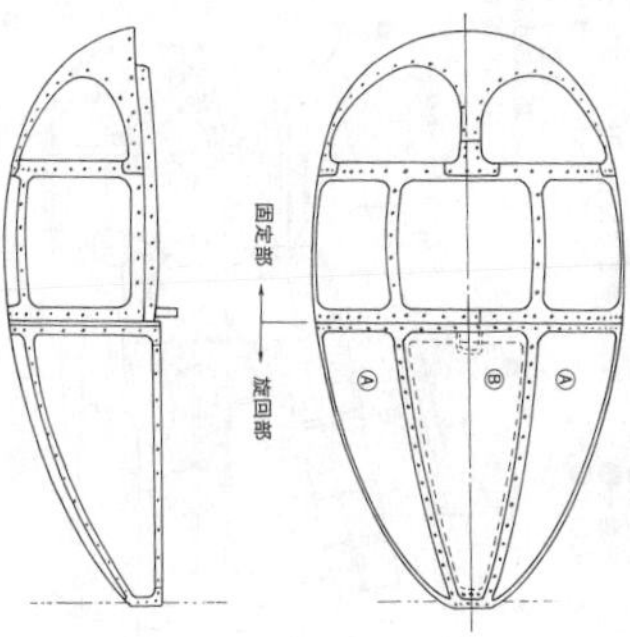

図18：艇体側方銃座風防構成（左側を示す）

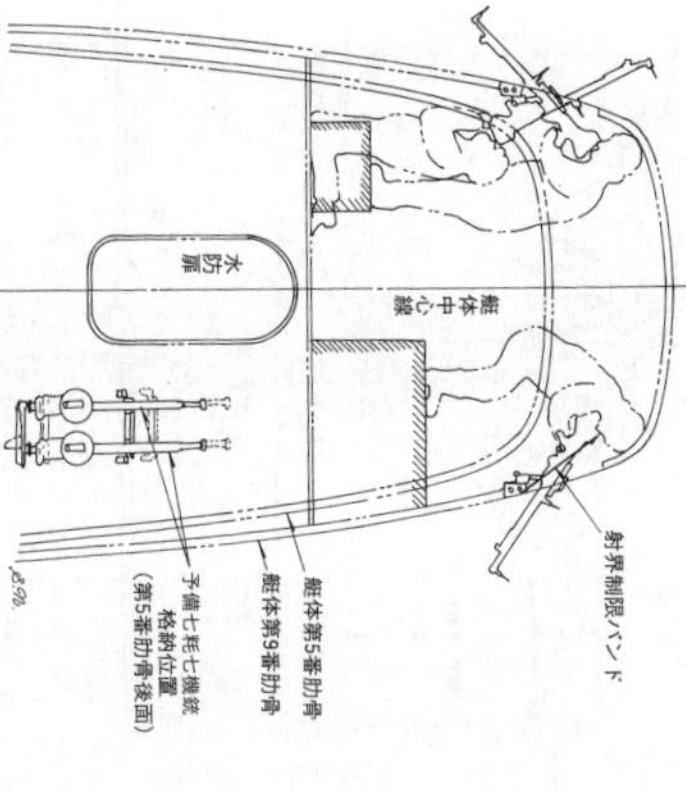

図17：操縦席直後七粍七予備機銃装備要領（後方より見る）

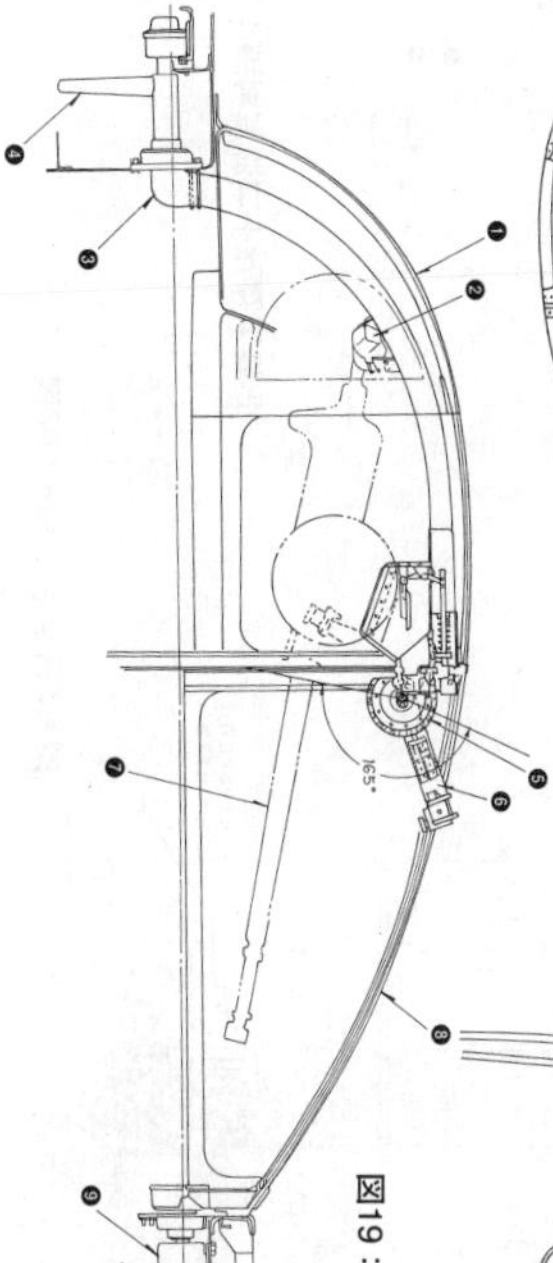

図19：一一型の艇体側方銃座（右側を上面より見る）

❶固定風防
❷機銃格納止座
❸銃架旋回軸
❹銃架平衡装置
❺機銃押さえ
❻機銃固定装置
❼機銃格納時の固縛状態
❽旋回風防
❾旋回風防回転軸

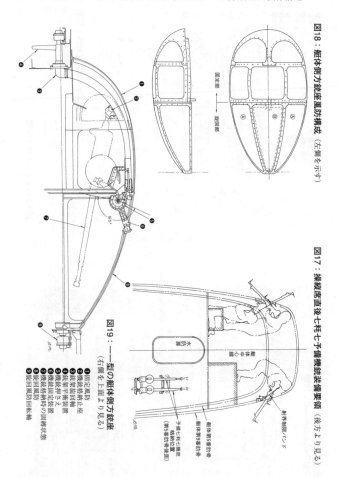

図20：中央二十粍動力銃塔

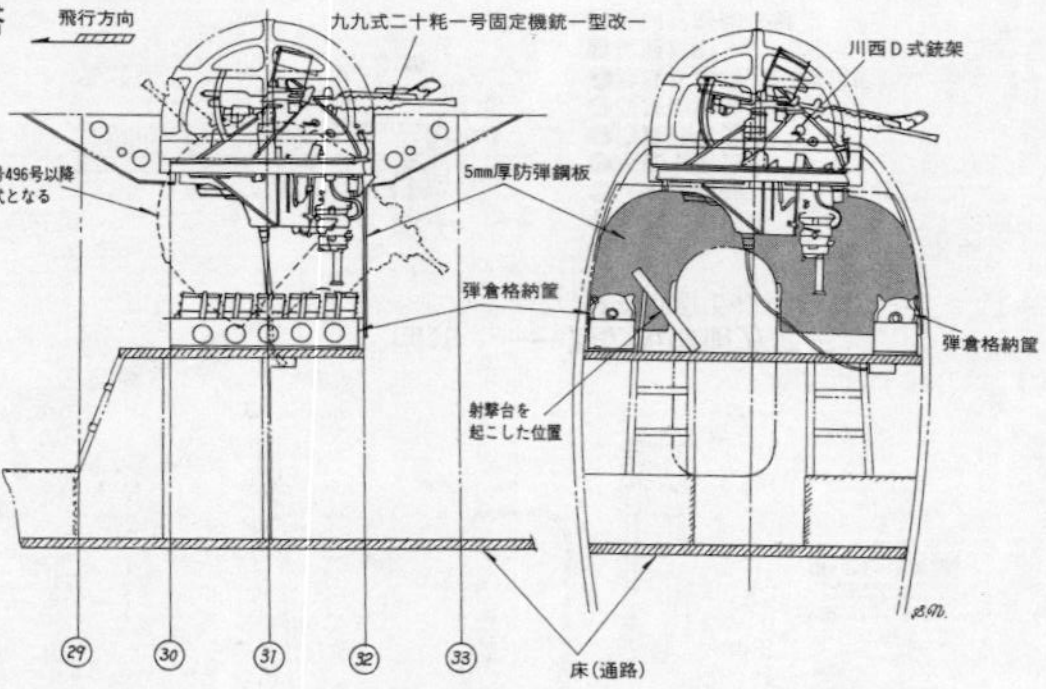

図22：艇体尾部二十粍動力銃塔

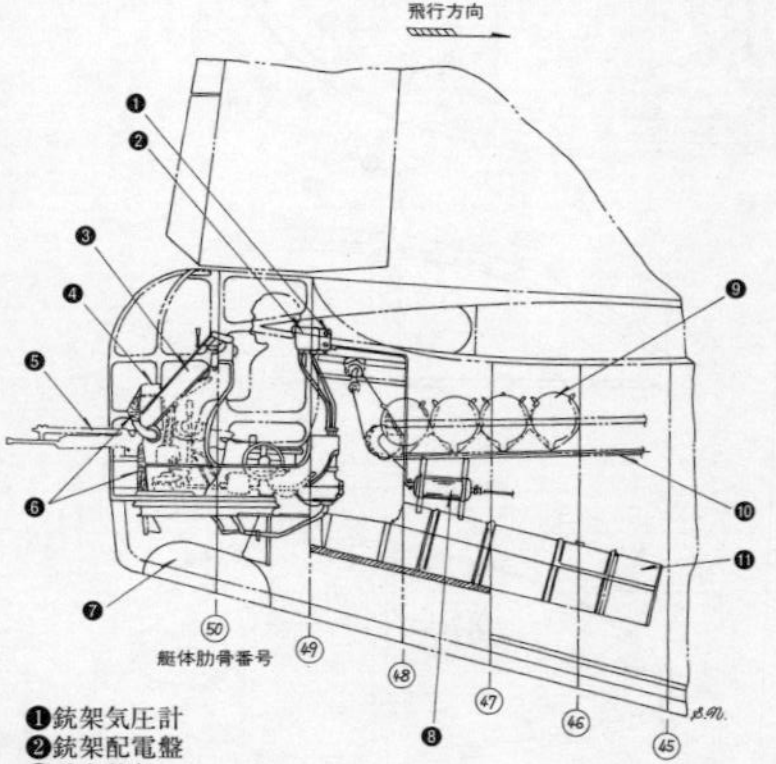

❶銃架気圧計
❷銃架配電盤
❸動力銃架
❹弾倉一型（45発入）
❺九九式二十粍一号固定機銃一型改一
❻弾倉板
❼打殻受け
❽圧搾空気タンク
❾予備弾倉
❿弾倉運搬機
⓫空弾倉収納筐

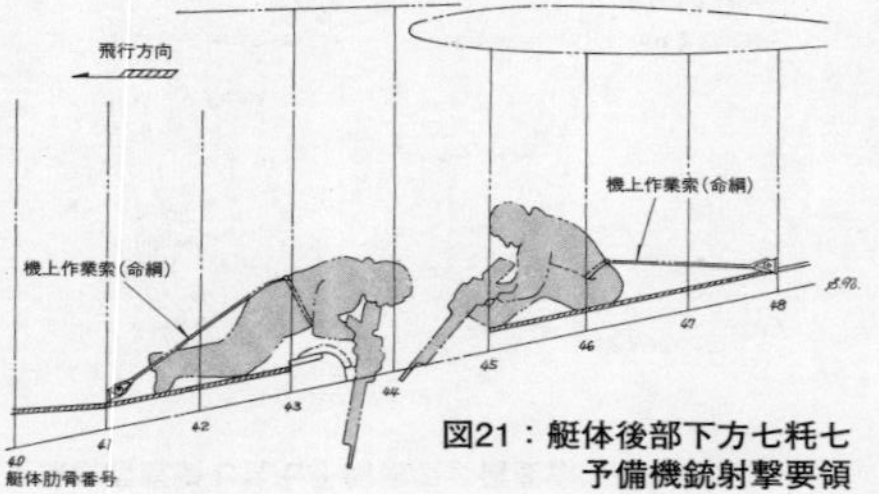

図21：艇体後部下方七粍七
予備機銃射撃要領

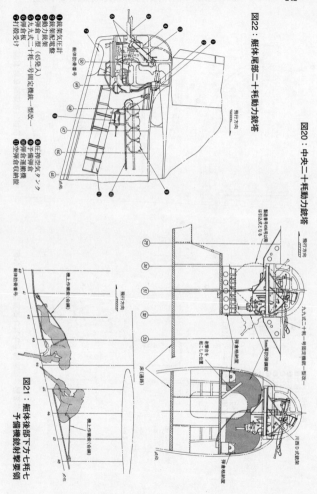

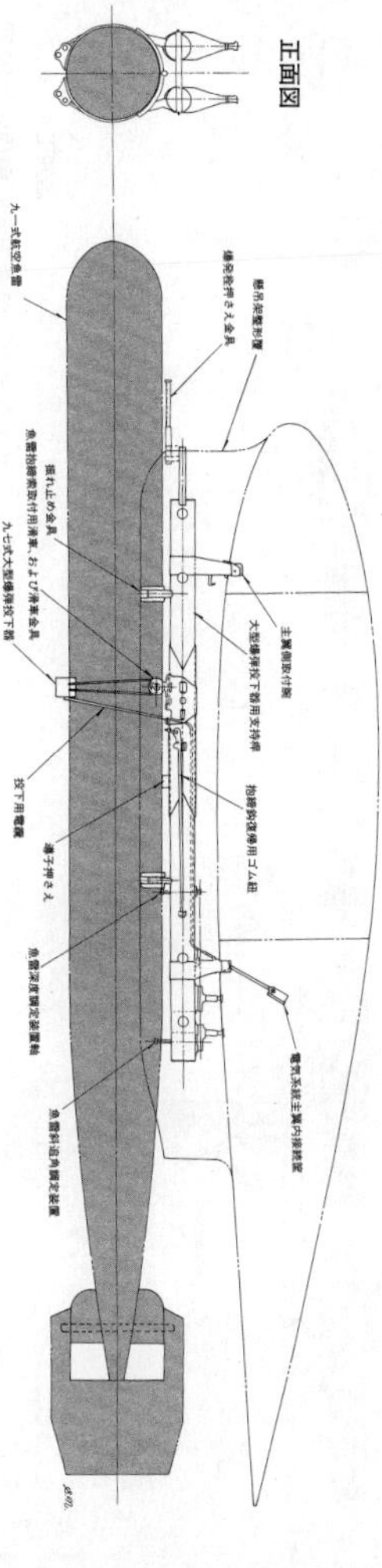

図23：魚雷懸吊要領

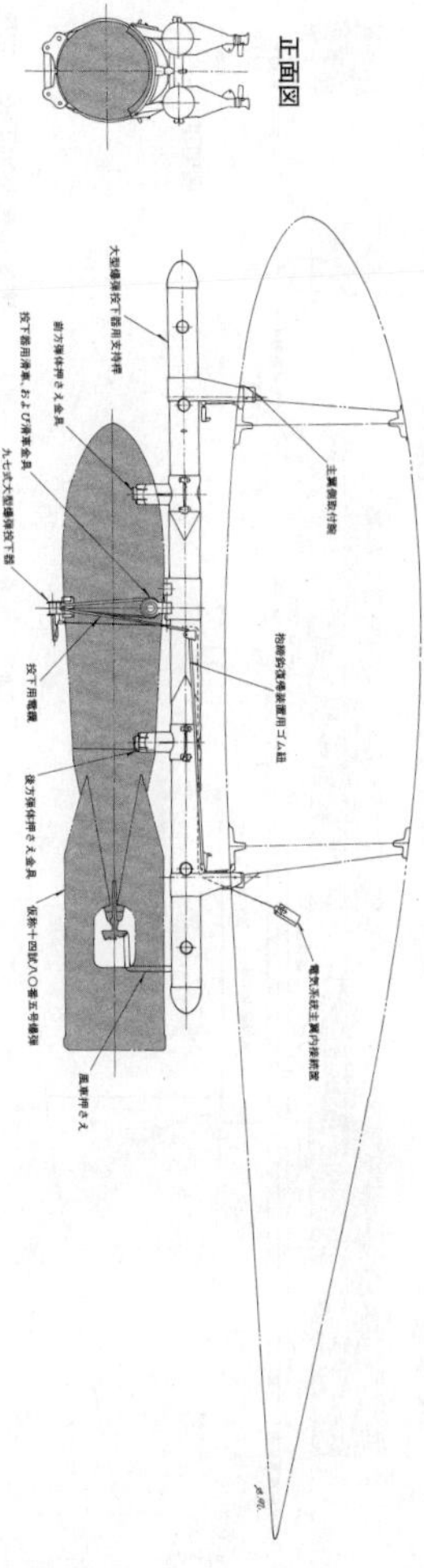

図24：大型爆弾懸吊要領（八〇番——800kg——爆弾の場合）

図25：中型爆弾懸吊要領（二五番――250kg――爆弾を示す）

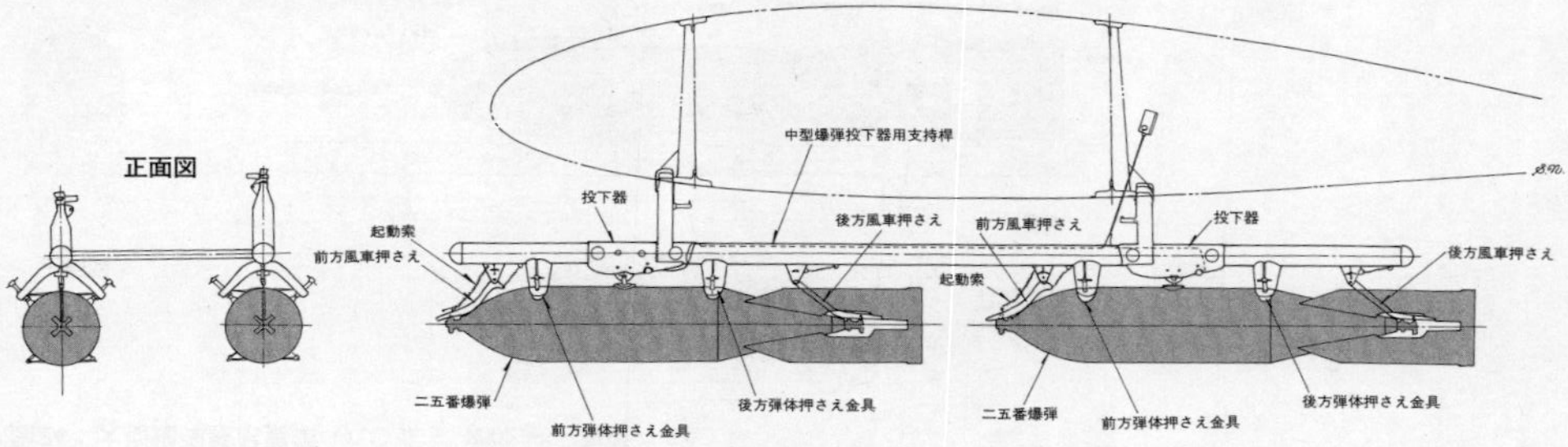

図26：小型爆弾懸吊要領（六番――60kg――爆弾を示す）

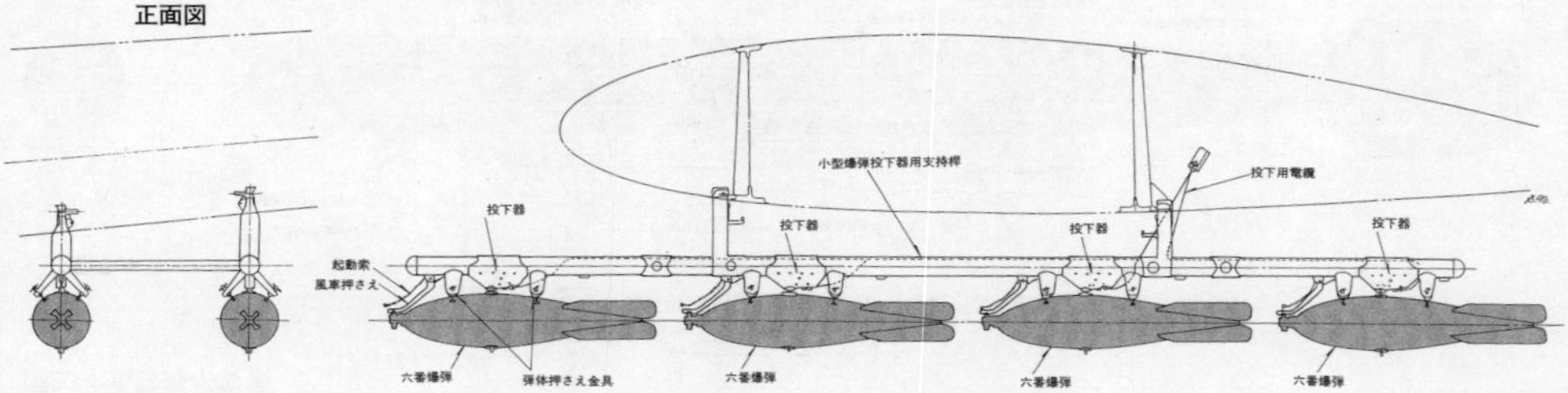

図27：一一型艇体前部骨組み、および兵装関連乗員配置

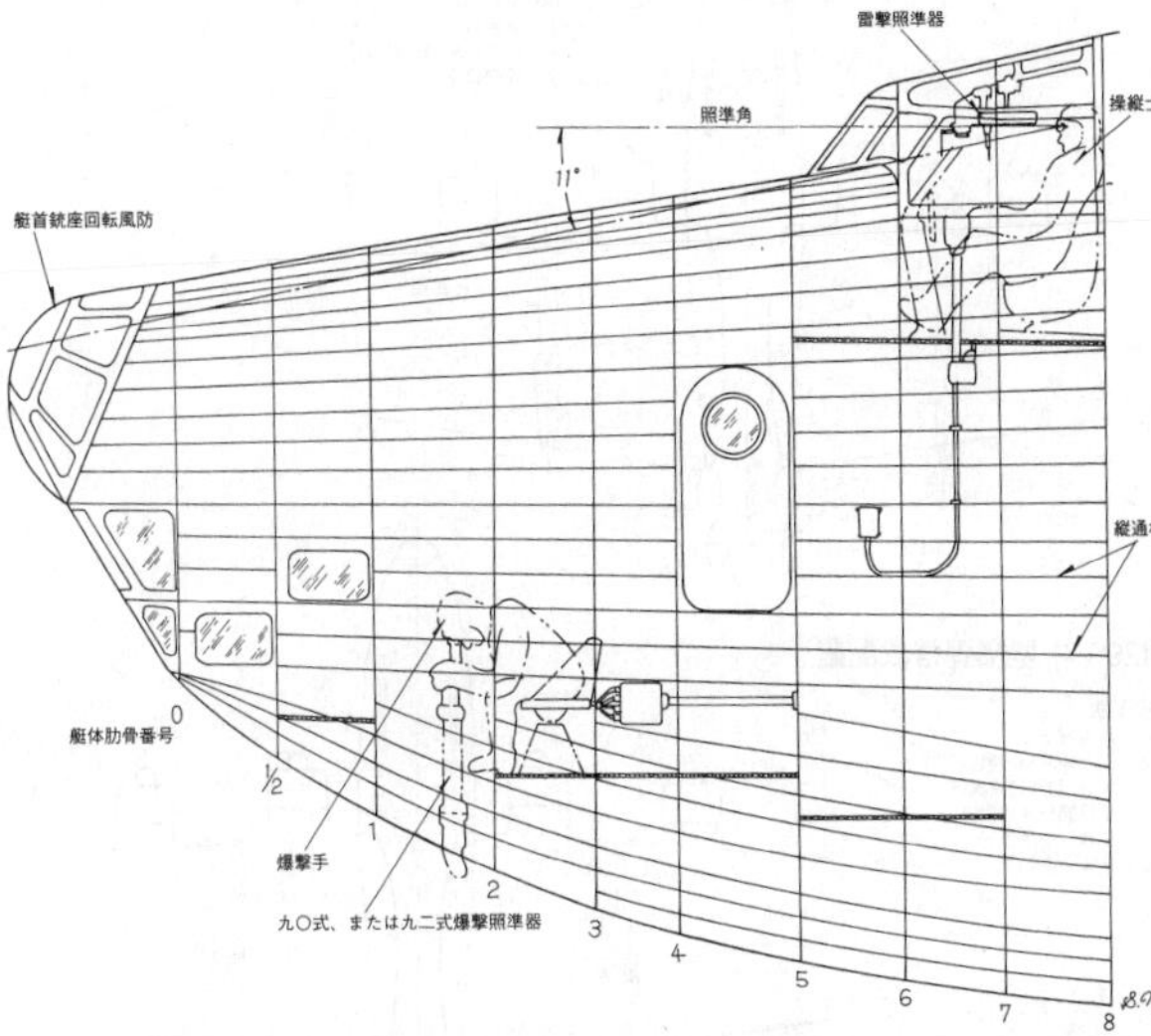

乗員配置を図27に示しておく。

爆撃手は艇首の銃手が兼ね、艇底を貫通して装備する、ボイコー式の九〇、または九二式爆撃照準器を使って照準、管制器は爆撃手席、操縦席の両方にあって、いずれかが操作した。図28〜30は、大型、中型、小型爆弾の搭載配置、投下法を示したもの。

ちなみに、本来の使用目的とは異なるが、二式飛行艇の爆撃作戦は、主なものだけで10回は実施されている。最初は、本艇の実戦デビューとなった、昭和17年3月4日の第二次ハワイ空襲、つづいて3月19日、26日、7月18日の3回にわたってカントン島爆撃が、18年1月29日〜10月14日にかけて計

図28：魚雷、大型爆弾搭載配置

投下法
1．単発投下
2．0.25秒間隔連続投下
3．同時投下

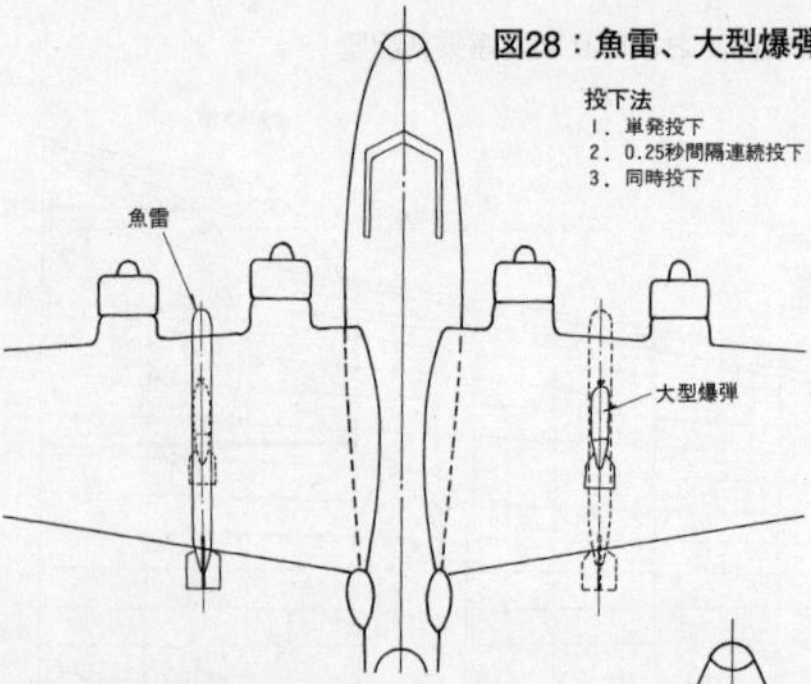

図29：中型爆弾搭載配置

投下法
1．単発投下
2．0.25秒間隔連続投下
3．0.5秒間隔連続投下
4．1秒間隔連続投下
5．任意数一斉投下
6．全弾一斉投下

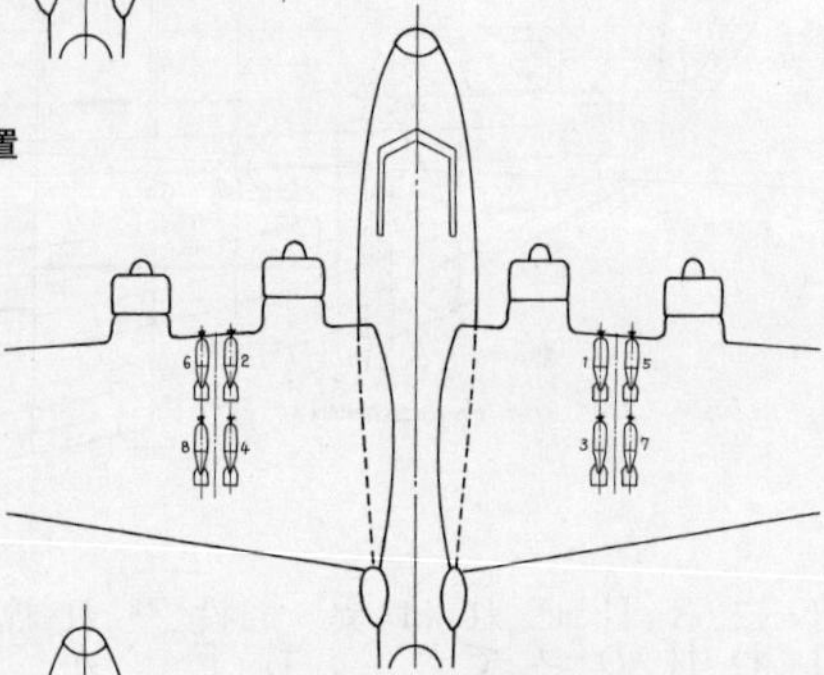

図30：小型爆弾搭載配置

投下法
※中型爆弾に同じ

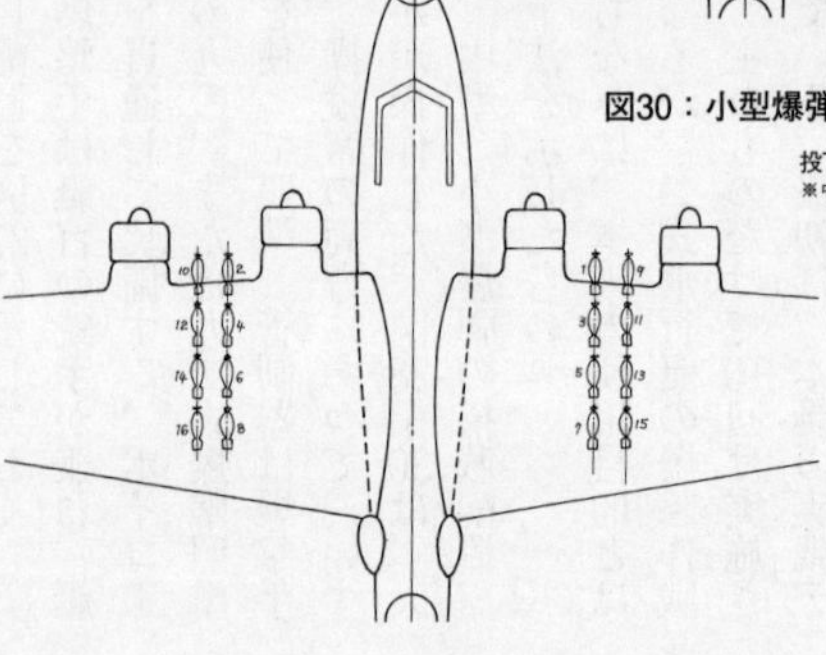

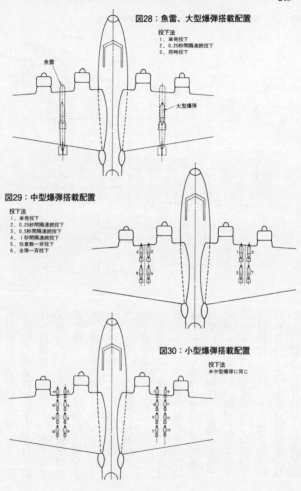

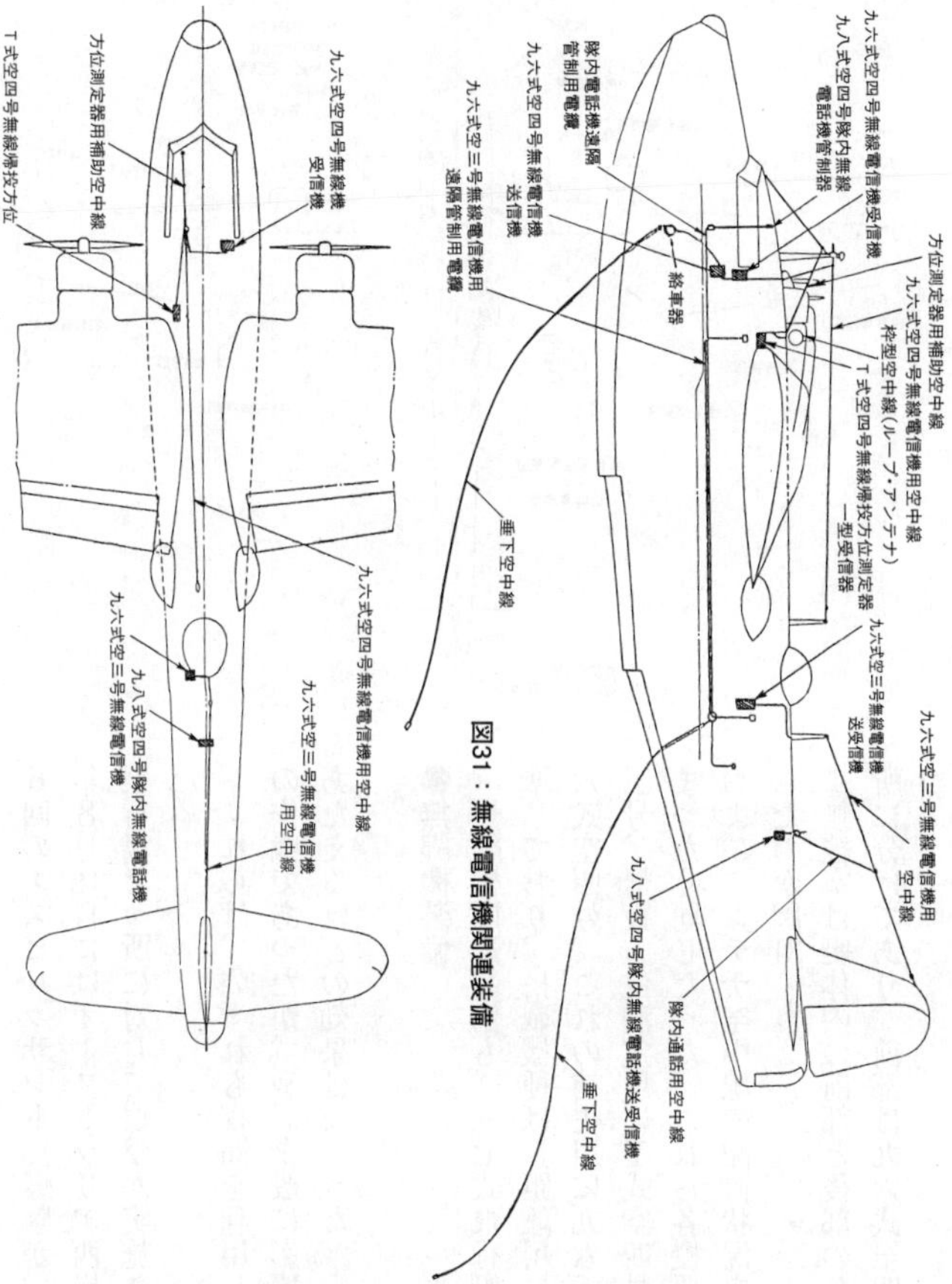

図31：無線電信機関連装備

図32：灯火関連電気系統図

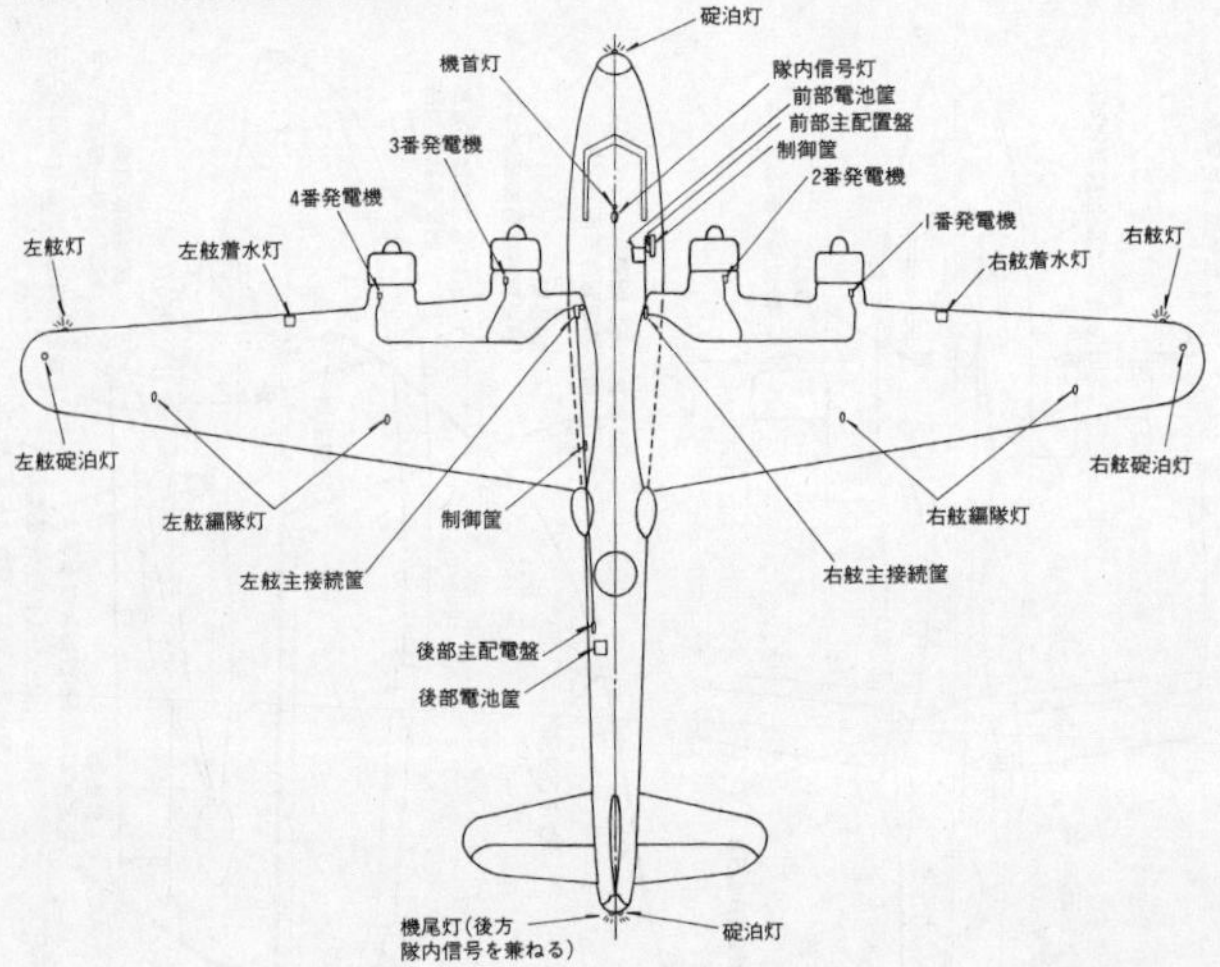

6回のエスピリッサント島爆撃が、同年8月16日にはオーストラリア西岸の飛行場2ヵ所に対して爆撃が実施された。

これらは、いずれも夜間を利用しての作戦であったが、戦局全般に影響をあたえるほどの効果はなかった。

●無線機装備

無線機関連装備も、九七式飛行艇に準じており、搭載機種は長距離用に九六式空四号、これの補佐用に九六式空三号、帰投方位測定用にT式空四号と、まったく同じだった。これら各機器、およびアンテナ空中線の配置状況を示したのが図31。

無線室は艇体内の前部と後部の2ヵ所に分けてあり、前部は九六式空四号、後部は九六式空三号無線機がセットされ、それぞれ専任の無線士が操作した。

一一型の取扱説明書には記載されるべくもないが、昭和18年末ころより、一二型の多くは、三式空六号無線電信機、すなわち機上レーダーを搭載するようになり、艇首にその送受信アンテナを取り付けた。

H-6とも通称された本レーダーは、日本海軍が実用し得た、ほとんど唯一の多座機用機上レーダーで、本艇の他、陸爆『銀河』、一式陸攻、艦攻『天山』などにも搭載され、実戦において一応の効果を示した。

レーダー本体がどのように艇体内にセットされたのか、説明書、写真などが現存しないのでわからないが、おそらく送受信機は前部無線士席に配置されたものと思われる。

ちなみに、このH-6レーダーは九七式飛行艇の一部も搭載した。

排水装置、救命具、地上移動、繋留装置など、諸装置の要領は、ほぼ九七式飛行艇のそれに準じたものになっており、説明は割愛する。

二式飛行艇の機体細部写真集

※以下、とくに注記なき写真は、すべて一二型製造番号426号機。
巻頭カラーページ写真も併せて参照されたい。

艇体外部

◀高官（VIP）輸送機に改造され、横須賀鎮守府付属飛行機隊に配備された、十三試大艇の増加試作第3号機（通算第4号機）『敷島』号の艇体前部。発動機ナセルまわりや、艇体側面に固定された整備用梯子、地上移動用運搬車などに注目。

▶同じく『敷島』号の艇首左側クローズアップ。本機は、のちの一二型生産機と同様、三式空六号無線電信機、すなわち通称“H-6電・探”（レーダー）を搭載しており、そのアンテナが艇首先端、同側面に付いている。前部乗降口から身を乗り出した乗員との対比で、そのサイズが把握できよう。

◀一二型426号機の艇首右側。各外鈑継ぎ目、小窓などの配置がよくわかる。下面の“かつおぶし”にも注目。

▶艇首を右前下方より見る。前ページの『敷島』号と比べれば、先端銃座窓の変化などがよくわかる。右脇下の小突起は、繋留索止金具。

▲乗員室天井の上に立ち、艇首方向を見る。ピトー管支柱の“かんざし”は欠落している。その支柱の左、右を、前、後に通る細い白線は、前方指示線。

▲艇首上面に立って、乗員室風防を正面より見る。本来は、正、副操縦士の正面ガラス窓に、前方の“かんざし”に符号される白線の目印が記入されるのだが,欠落している。

◀乗員室の天井にある天測窓。ここから夜間飛行時に星を観測する。

▶左上写真の撮影位置から、少し後方に下がって撮った前部乗員室の上面。充分に明かりを採り入れるよう、左右に小窓が並んでいる。画面中央上方の半卵形突起は、天測用ドーム、左手前の突起は、エアコン用空気取り入れ口。

▲艇首左側面に設けられた、前部乗降口（丸窓のある扉）。そのすぐ後ろの縦ラインが、艇体第５番肋骨部。

▲右主翼上の内側発動機ナセル付近より、乗員室付近を見る。天測窓の手前に立つ支柱は、無線機アンテナ空中線展張用。

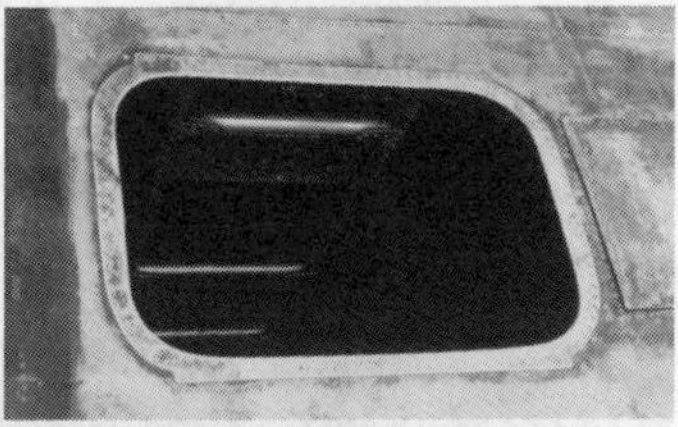

▶乗員室後方の艇体上面に設けられた、整備・点検時の、機外への出入口。著者もここから主翼上に出て、多くの写真を撮影した。扉は中に開く。昇降用梯子が見える。戦闘時は、この出入口も七粍七機銃の予備銃座となった。

▲乗員室の“屋根”に立つ、無線機アンテナ空中線支柱の上端に設置された白色灯。２個の電球があり、取扱説明書では機首灯と隊内信号灯と記されている。上方の下向き角度の付いたほうは、夜間に前下方を照らす着水灯としても使っていた。

◀艇体右側の地上移動用運搬車を前方より見る。これ自体でも、じつに８００kgの重量があり、着脱作業は大変な労働だった。写真は、復元途中のもので、〝浮き〟はまだ付いていない。

◀左主翼上に立ち、4基の発動機ナセルに焦点をあてて撮ったカット。復元作業員との対比により、その規模が知れる。

▼右内側発動機ナセル。カウリング上、下面の、気化器、潤滑油冷却空気取入口の突出度は意外に大きい。

▲左内側発動機ナセル。スピナーは丸みの強い、愛嬌のある形をしている。プロペラは、ハミルトン油圧可変ピッチ式の定速4翅（直径3.9m）。
▶右内側発動機ナセルの外側を、後方より見る。戦闘機ほどシビアな空気力学的洗練は求められないので、カウリングの造作は、大らかである。排気管とカウルフラップの関係に注意。

▶左内側発動機ナセルの先端を、右真横より見る。カウリング先端とスピナー後部の間は、意外に大きな隙間があいている。現在では、このように至近からのクローズ・アップ撮影は望めない。

▶『火星』二二型発動機後面。水メタノール噴射装置を併用し、1850hpのパワーを出した。過給器や発電機など補器類のディテールに注目。

▲一二型426号機の外側ナセルに収められていた、『火星』二二型発動機。

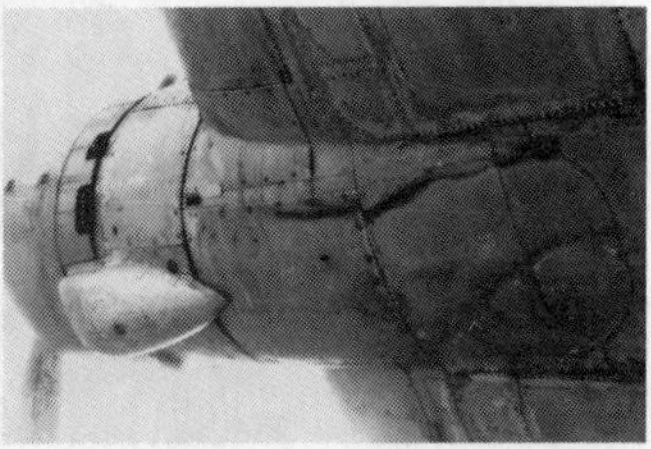

▲左内側発動機ナセル下面。主翼との接点をスムーズにするための整形パネルなども含め、現代の目でみると大味な感じがする。

◀右内側発動機ナセル下面。円形に開口した部分は、潤滑油冷却用空気取り入れ口。先端は断ち切られた状態になっているが、本来は、この部分に木製の整形材が付いていた。

◀各発動機ナセルの中央部上面にある、潤滑油タンク注入口蓋。写真は左外側発動機ナセルを示す。蓋は黄色に塗られていた。

◀左：内側発動機ナセル中央部上面の右側にある、水メタノール噴射装置用タンクの注入口蓋。写真は右ナセルを示す。本来は蓋は明るい緑色に塗ってあった。

▶左上方から見た主翼上面全体。総重量約25トンの大型機にしては、面積160㎡と、それほど大きくない主翼である。

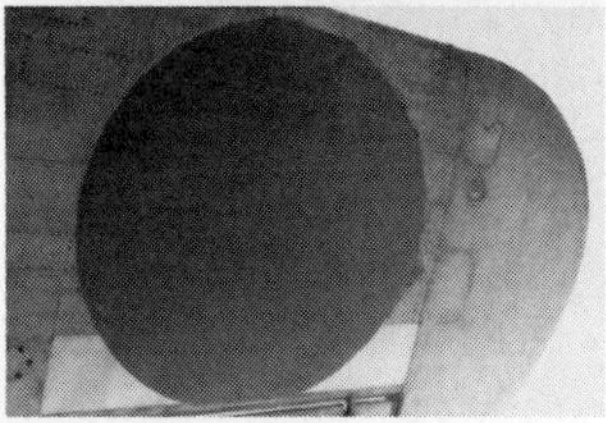

▶左主翼端下面。日の丸標識の右にある小さな円形ガラス窓部分は、碇泊灯。

▲左外翼下面。補助翼は内、外に二分割されている。

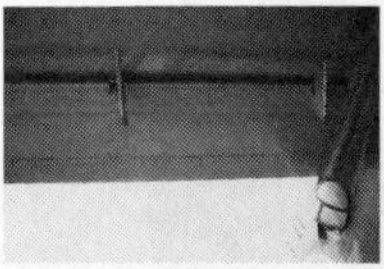

▲右主翼のフラップ下面。親子式で、親フラップが27°に下がると、子フラップは連動して52°下がる。

▲右翼フラップと補助翼の接点付近。右翼の内側補助翼にのみ、修正タブが設けられている。

▶左主翼外翼下面の補助浮舟支柱、張線取り付け部付近。画面左上の黒っぽい窓部分は着水灯。

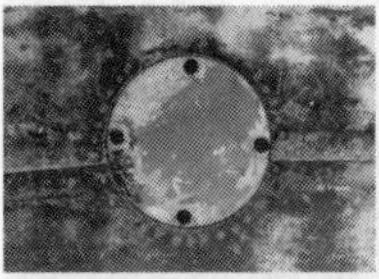

▲主翼上面の各所にある点検孔蓋

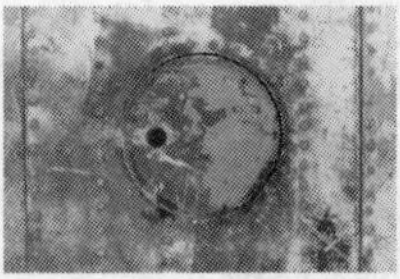

▲主翼上面に片側8個ある、燃料注入口蓋。蓋は赤く塗られている。

▲外翼上面後桁後方にある、補助翼、フラップの操作横桿点検孔蓋。

▲左右主翼付け根下面にある、七粍七予備銃座窓。写真は左主翼を示し、画面左が前縁方向。3つある窓のうち、中央部が扉になっており、射撃時はこれを内側に引き上げて、銃を突き出す。他の2つは採光用。

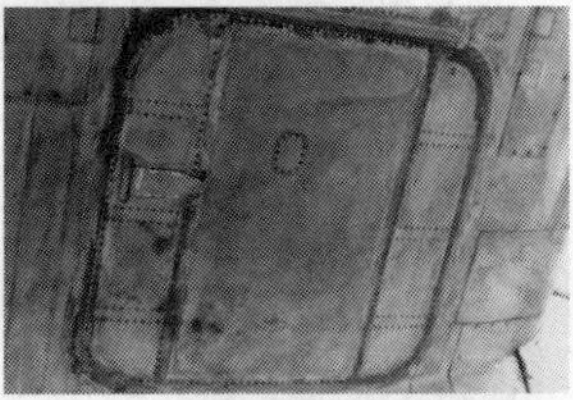

▲主翼内2～4番燃料タンク収納部の下面にあるタンク着脱パネル。写真は左翼4番タンク用。

▲左主翼下面、および補助浮舟。

▶左補助浮舟の後方支柱。支柱の中ほどに型式と製造番号、それに支柱の位置“左後”が黒文字でステンシルされている。張線とはいっても、実際には断面が気流型をした板状のものであることがわかる。

▲左主翼上から、側方銃座、上方動力銃塔を見る。側方銃座風防と、主翼フィレットのマッチングに注目。

▲第24～37番肋骨付近の艇体右側。側方、上方銃座があり、日の丸標識直後の小窓のあたりが後方無線士席になる。日の丸標識内の小突起は、艇体内燃料タンク室の換気孔。

▲中央上部動力銃塔を右主翼上から見る。むろん二十粍機銃は失われている。銃の貫通部はちょうど反対側にある。

▲右側側方銃座クローズアップ。もともと七粍七機銃装備だったが、のちに二十粍機銃に換装されたため、風防後半の回転部分を撤去し、ここに"O"型銃架を取り付け、その内側、および前方固定風防の後縁に沿って、木製枠の応急窓を取り付けてある。

▲右側方銃座を右主翼上から見たクローズアップ。

▼左側方銃座風防を艇体上から身を乗り出して撮ったショット。危うく落下しそうになったが、通常ではほとんど把握できない平面形が捉えられた。

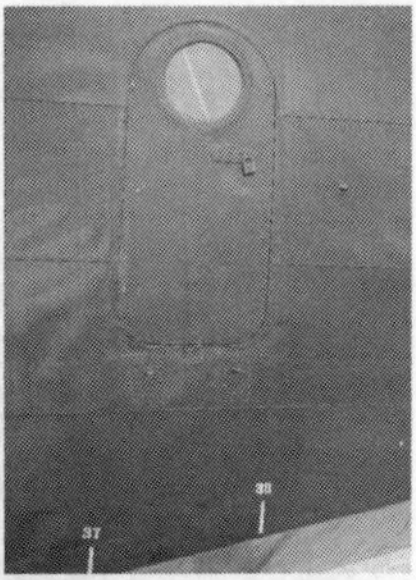

▶艇体後部左側の第37～38番肋骨間にある、後部乗降用扉。

◀右写真の後部乗降扉を開いたところ。扉は前方縁（向かって左）をヒンジにして内側に開く。中に入ってすぐ右がトイレ。

▶艇体後部右側。中ほどの横に細長い小窓の直後の縦ラインが、第40番肋骨部。

▼中央上部動力銃塔、および尾翼を正面より見る。銃塔の手前のアンテナ支柱が左寄りに付いていることがわかる。銃塔直後のアンテナ支柱は全長の中ほどで折れており、本来はもっと長い。

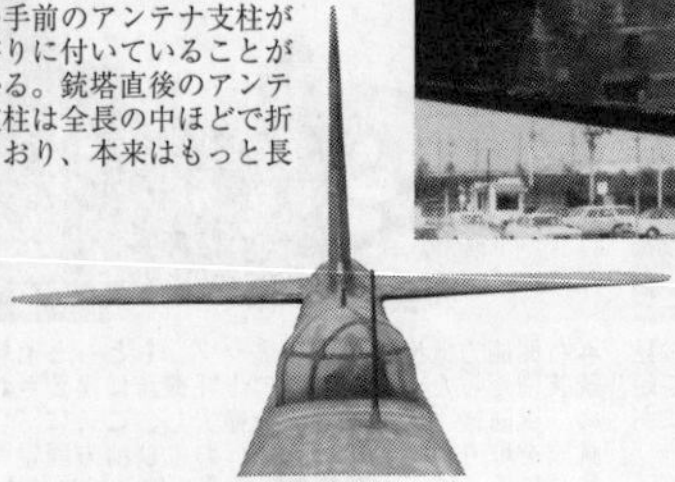

▶左水平尾翼付け根下方の艇体側面にステンシルされた、型式、および製造番号（色は銀色だったと思われる）。製造年月日と所属欄は、当然のごとく最初から未記入。

◀艇体後部下面。V字形断面が実感できる。中ほどの扉は七粍七予備銃座だが、実戦においてはほとんど使われることがなかった。

▶艇体尾部、および尾翼全体を右前方より見る。

◀艇体尾部、および尾翼全体を左前方より見る。

◀垂直尾翼右側全体。歴戦の機体らしく“N1-26”、“801-86”、“T-31”の３種の機番号が重ね書きしてあった。

▼十三試大艇の増加試作４号機“敷島”号の尾部全体。本艇は高官輸送艇に改造されていたため、尾部二十粍機銃は、簡単な手動銃架に換装された。尾端下方に見える２つの小突起は向かって右が碇泊灯、左が機尾灯。

▶尾部銃座を右下方から仰ぎ見る。復元の際に塞がれてしまったが、本来は後端の半円断面窓のすぐ下に、二十粍機銃が貫通して突き出す穴が開いていた。

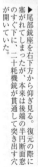

艇体内部

◀十三試大艇の増加試作３号機“敷島”号の艇首銃座。白く光っている部分が窓で、正面の丸い窓が、七粍七機銃の銃架がある回転風防。下写真の一二型と比べると、回転風防はもちろん、左右窓の配置がかなり異なっていることがわかる。

▲一二型426号機の艇首銃座。左上の『敷島』号のそれと比較すれば、その変化がよくわかる。本来ならば、正面の閉塞された丸い銃眼部に、九九式二十粍一号旋回機銃が装備される。この銃眼の左右の縦枠に沿って、銃を上、下に摺動した。

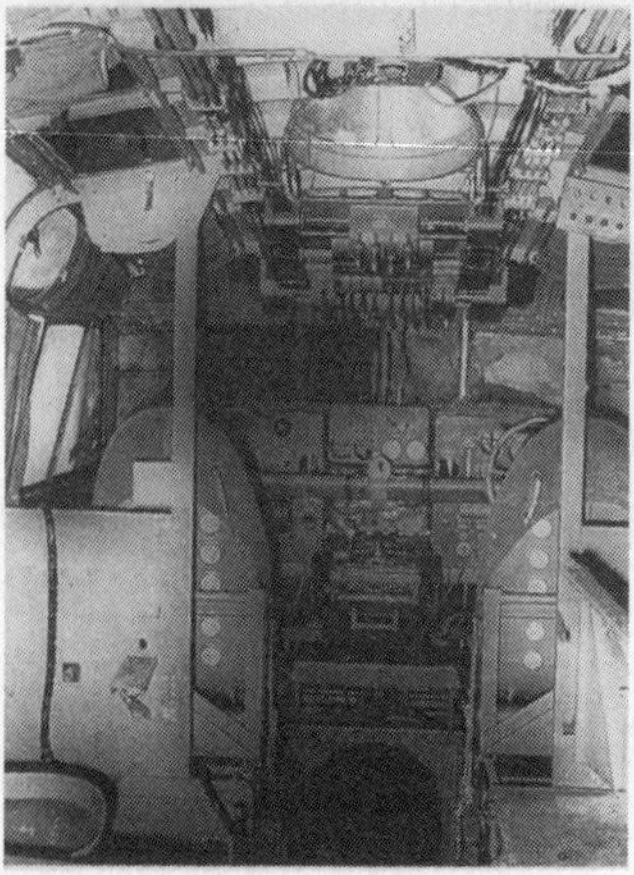

◀第５番肋骨後方の、上下２層に仕切られた艇体内部の上階最前部に位置する操縦席を、後方より見る。正面奥に主計器板があり、その手前右が正操縦士席、左が副操縦士席。両席の間は、艇首室へ降りる階段のために開口しており、画面下にはその出入口が写っている。主計器板の上方には発動機関係操作レバーが並び、その上方に天測ドームがある。

▲正操縦士席の前方。計器板の手前を横切る太い槓桿は昇降舵を操作する操縦桿、これに取り付けられたハンドルは補助翼を操作する。正面の主計器板は、計器類の欠落が多いが、ほとんどオリジナルのまま。

▲副操縦士席の前方。昇降舵操縦桿が邪魔になって、計器が見づらいが、当時のこととて、本艇ほどの大型機を人力操舵するには２人がかりでないと不可能であり、このような大掛かりな操縦桿になるのも止むを得なかった。

◀『敷島』号の乗員室全体を、機関士席付近に立ち、前方に向けて撮ったショット。各乗員すべて〝持ち場〟についており、飛行中の雰囲気がわかる。向かって右手前が機関士、その向こうに右下写真の前方無線士が写っている。正操縦士席直後に位置する指揮官（機長）席は、敷島では、反対側の副操縦士席後方に移っている。

▶『敷島』号の、前方乗員室区画左側に位置する無線/方向探知士席。標準仕様の後部無線士席が、客室に改造された本艇は、ここの機器類を写真の前方無線士席に移したと考えられる。

◢（右下）同じく、“敷島”号の前方乗員室区画右側にある無線士席。画面左寄りの機器が九六式空四号無線機のユニットで、右上方は主配電盤。

◀“敷島”号の機関士席と計器板。計器、操作レバー類の数も相当なもので、ハードワークなポジションであることがうかがえる。

▲一二型426号機の艇尾銃架。本来は、ここに九九式二十粍一号旋回機銃が付く。この銃架は、フランスのドバーソン製をもとに、川西が開発したものだ。後正面窓は、中央から左、右に分かれて開き、76度の射界を得た。画面外右下に射手が座る。

▲一二型の艇尾予備機銃座付近に立ち、後方を見る。中央を通路が通り、画面右上には、二十粍機銃用の弾倉を運搬する布ベルトとチェーンが、その下には空になったドラム式弾倉が９個収納されている。画面左側のパイプは、歩行時の手摺。ハレーションをおこしていてわかりにくいが、奥の銃座に二十粍機銃が写っている。

▶二式飛行艇の艇体内部艤装とは直接関係のない写真だが、基地での運用に欠かせない、諸機器のひとつの例を示しているので、最後に掲載しておきたい。画面の右手前の牽引しているトラクターがそれで、水上から艇体をエプロンに引き揚げるのに使った。水面からなだらかに傾斜したスロープは〝スベリ〟と称した。写真の機体は『敷島』号。

第四章　日本海軍飛行艇の塗装とマーキング／使用部隊概史

●全体塗装

〈木製構造時代〉

海軍最初の実用飛行艇となったF－5号飛行艇は、機体構造全体が木製、外皮は合板と羽布張りであった。

本艇の塗装に関する公式資料などはまったく現存しないので、正確なことはよくわからないが、艇体、および補助浮舟はかなり暗い色に塗ってあった。この色が何色であったのか、推定するしかないが、常識的に考えて、防湿を優先したこげ茶色系であったようだ。もっとも、当時の陸上機、一〇式艦戦、一〇式艦雷に施されていた、暗緑色の可能性もないとは言えないが……。

巻頭のカラー図では、一応こげ茶色系としておいた。主、尾翼の羽布張り部は、写真では白っぽく写っており、一般的にバフと呼ばれた、羽布の生地にワニスなどの透明保護塗料を塗布し、褐色がかった色に仕上がった状態に違いない。

翼間支柱も、艇体と同色、もしくは少し明るいこげ茶色系、または黒色に塗られていた。

▲海軍最初の実用飛行艇、F-5号飛行艇。艇体はこげ茶色系と思われる。主、尾翼の羽布張りは、クリアードープ仕上げのバフ、翼間支柱は艇体と同色、またはやや明るいこげ茶、または黒色系。暗色を背景にする艇体日の丸だけは、目立つように白フチが付いている。方向舵の部隊符号“Y”が示すように、本艇は横須賀空所属機で、機（艇）体番号“63”もふくめて黒で記入している。大正12～13年ごろの撮影。

▲F-5号飛行艇とは打って変わり、大正13年11月に規定された、全面銀色のまばゆい塗装で就役した、一五式飛行艇。写真は横須賀空所属機。各支柱、記号ともに黒で、上翼上面中央、下翼下面左右にも部隊符号/機番号を記入している。艇体下面は黒に塗っていない。

▲海上を低空飛行する、館山空所属の一五式飛行艇“タ-62”号機。上翼上面の日の丸標識、記号の記入位置が把握できる。

▲九一式液冷W型12気筒発動機の爆音が聞こえてきそうな、横須賀空所属九一式一号飛行艇“ヨ-93”号機の秀逸な空撮ショット。単葉主翼の上面中央近くを、ヤグラ式固定のエンジンが占拠しているため、記号は左翼に“ヨ-”右翼に“93”と離れた記入法を採らざるを得なくなっている。

▲横浜空に配属された、九七式飛行艇一一型（旧二号一型）“ヨハ-80”号機。全面銀色で、艇首上面は反射防止用のツヤ消し黒、主翼下面は左右に“ヨハ-8”の記号を記入している（黒）。プロペラは無塗装ジュラルミン地肌。

▲ラバウル湾上に浮かぶ、十四空の二式飛行艇一一型。上側面を緑黒色に塗っているが、撮影時期（昭和17年夏～秋ころ）からして、のちに標準化された迷彩指定に基づいたものではない。艇体日の丸に白フチがなく、プロペラも無塗装であることからも、それがわかる。垂直安定板に記入された部隊符号“W”（白）の一部が確認できる。

〈銀色塗装の時代〉

大正13年11月、海軍は金属製機の出現を考慮に入れ、実用機の外面塗装を全面銀色にすることを規定した。この銀色は、アルミ粉末をワニスで溶いたもので、水上機、陸上機の別なく全機種に適用された。

F-5号の後継機として、昭和4年に制式兵器採用された一五式飛行艇は、当然ながら全面銀色塗装が標準であった。

なお、飛行艇の艇体下面、水上機の主フロート下面を黒色に塗った機体もみられたが、これは防水、防錆を目的としたもので、一応の規定はあったらしいが、すべての機体が適用したというわけではなかったようだ。

翼間支柱は黒、木製プロペラはこげ茶色が標準。

全金属製の八九式飛行艇は、わずか2~3枚の写真しか現存しないので断定はできないが、翼間支柱も銀色になったらしい。しかし、九一式飛行艇になると主、尾翼、補助浮舟の各支柱が再び黒に統一されている。

昭和12年7月に日中戦争が勃発するにおよび、中国大陸に進出した陸上機、水上機の大半が緑黒色と土色の迷彩塗装を施したが、飛行艇はごく少数機しか参加しなかったせいもあり、同戦争中はずっと全面銀色塗装を維持した。

昭和13年から就役した九七式飛行艇も、太平洋戦争勃発直前まで全面銀色のままであった。

〈短命に終わった全面灰色塗装〉

昭和15年に完成した、十三試大艇の1号機は、規定どおり全面銀色に塗られていたが、16年に入って完成した増加試作機以降は、当時の九九式艦爆、零式観測機と同様、全面灰色（色記号J_3）で完成した。

なにぶん、現存する写真が少ないので、全部の機体は確認できないが、ともかく、昭和18年3月に完成した一二型の1号機と思われる機体も、全面灰色に塗っているので、少なくとも17年中に生産された、計12機の生産型一一型の、

▶昭和18年6〜7月頃に制定された、上側面緑黒色（D_2）／下面灰色（J_3）もしくは銀色の標準迷彩を施した、九七式飛行艇二三型。白フチ付きの艇体日の丸、こげ茶色のスピナー、プロペラ、主翼前縁の味方機識別帯に注目。

◀輸送飛行艇『晴空』の原型1号機に改造された、十三試大艇の試作1号機。昭和18年夏の撮影で、上側面緑黒色、下面灰色もしくは銀色の、当時の標準迷彩塗装に衣替えしている。この当時、本機は横須賀鎮守府付属飛行機隊に配備されており、尾翼には〝横鎮71〟（白色）の記号を記入していた。

▶横須賀空所属の一五式飛行艇〝ヨ―64〟号機。全面銀色で、記号〝ヨ―64〟（黒）は、艇体後部両側、方向舵両側、上翼上面中央、左右下翼下面の計7ヵ所に記入されている。

◀千葉県の館山周辺海域上空を飛行する、館山空所属の九〇式二号飛行艇〝タ―3〟号機。館山空には、川西が国産化した計4機のうち2～4号機の3機が配属され、それぞれ〝タ―1〟～〝タ―3〟の記号を割り当てられた。うち、〝タ―1〟号機は昭和8年1月8日に、墜落して失われている。

川西工場における完成時点の状態は全面灰色だったことは間違いない。

ただし、昭和17年2月の段階で、第二次ハワイ空襲参加のため、クェゼリン環礁に進出した、増加試作2、4号機（通算第3、5号機）は、すでに上側面を緑黒色に塗って迷彩化しており、部隊配属後はすべてこれに準じたようなので、全面灰色塗装は結果的に暫定措置のような形に終わった。

なお、二式飛行艇とほぼ同時、17年2月に制式兵器採用となった二式練習飛行艇は、規定にしたがい全面橙黄色で完成した。

〈迷彩塗装の導入〉

前記したように、二式飛行艇の実戦デビューとなった、昭和17年3月4日の第二次ハワイ空襲に参加した、横浜空所属の十三試大艇増加試作2、4号機は、前月の訓練目的のクェゼリン環礁進出時点で、上側面に緑黒色（D_2）ベタ塗りの迷彩を施していた。

同様に、太平洋戦争に備えて、マーシャル諸島、パラオ諸島に展開していた横浜空、東港空の九七式飛行艇も、おそらく同色の迷彩を施していたと考えられる。

日本海軍が、戦況の推移にともない、実用機全機種を対象に、上側面緑黒色（D_2）、下面灰色（J_3）の迷彩塗装を規定したのは、昭和18年6～7月ごろであるが、飛行艇隊にかぎってみれば、太平洋戦争勃発直後に、すでに標準仕様となっていた。以降敗戦まで、海軍機はこの迷彩塗装を適用した。

ちなみに、『船の科学館』に保存・展示されていた、二式飛行艇一二型、製造番号426の、復元作業中に見た、オリジナルの艇体外面の緑黒色はFS595規格チャートに照合してみたところ、部分ごとに劣化、褪色の度合いにバラつきはあったが、色調のみに限れば概ね14077に合致した。本機だけの特徴なのか下面は灰色ではなく銀色であった。

水上機なので当然だが、塗料片を見ると、下塗りに赤茶色のプライマーがしっかり施され、その上に銀色を重ね塗ったあと、上塗りの緑黒色を吹き付けてあった。

九七式、二式飛行艇ともに、迷彩塗装機の日の丸標識は、昭和18年6～7月にこれが制式化されるまでは白フチなしだった。しかし、以後は主翼上面、胴体のそれには白フチが追加され（幅は主翼上面が30㎜、胴体が80㎜）、目立つようにした。

昭和17年10月5日付けの陸海軍中央協定に基づき、練習機を除いた実用機は、主翼前縁の内側約½を黄色に塗り、味方機識別標識としたが、飛行艇も当然これを適用した。P.114に掲載した、全面灰色塗装の二式飛行艇一二型の1号機と思われる機も、この味方機識別帯を記入済みである。

●部隊識別記号／飛行艇使用部隊概史

〈横須賀海軍航空隊〉

Y——大正11年～15年6月

ヨ——大正15年7月～昭和20年8月

〝ヨコクウ〟の略称で親しまれた、海軍最初の航空隊。大正5年4月1日、神奈川県横須賀市の追浜基地で開隊、その性格上、海軍の歴代使用機種のほとんどを保有した。むろん、飛行艇も最初の実用機F－5号から保有し、太平洋戦争以前は、飛行艇は1～99の機（艇）番号を割り当てられていた。

横空は、乗員養成、新型機の実用試験、海軍航空全般に関する研究などを担当した、いわば中枢機関のような存在でもあり、部隊そのものは、太平洋戦争末期を除いて、実戦には参加していない。

昭和18年4月1日現在の実用機保有定数は、艦戦24、艦爆24、艦攻36、陸攻36、水戦4、二座水偵8、三座水偵8、飛行艇6だった。

▲昭和17年８月末〜９月はじめごろ、ソロモン諸島のショートランド島水上機基地に碇泊する、東港空（画面左)、および横浜空（同右）所属の九七式飛行艇二三型。すでにこの時期、横浜空主力はフロリダ島のツラギにおいて壊滅しており、画面右の横浜空機は、ラバウルに残置されて生き残った機と思われる。左の“O-46”号機もふくめて、いずれも上側面に緑黒色の迷彩を施している（下面は銀色のまま？)。艇体後部に記入された細い白帯は、所属航戦を示す標識と思われる。応急迷彩なので、各日の丸は白フチなし、両機ともプロペラは無塗装のままだが、O-46号機のスピナーは緑黒色に塗られている。

横空所属の歴代飛行艇のうち、よく知られる機番号は、Y-63、ヨ-73、——F-5号飛行艇、ヨ-56〜-60、-64、-68——一五式飛行艇、ヨ-50〜-52——八九式飛行艇、ヨ-2——九〇式二号飛行艇、ヨ-93——九一式飛行艇、ヨ-80——九七式飛行艇、ヨ-2——二式飛行艇。

〈佐世保海軍航空隊〉
S——大正11年〜15年6月
サ——大正15年7月〜昭和19年12月

大正9年12月1日、横須賀空につづく2番目の海軍常設航空隊として、長崎県の佐世保基地で開隊した。当初は水上機と飛行艇しか保有しなかったが、日中戦争（志那事変）中に艦戦隊、太平洋戦争中には艦攻隊も追加された。日中戦争～太平洋戦争を通じて、九州周辺海域の哨戒などに従事したが、本務は水上機、飛行艇乗員の錬成であった。

昭和16年12月1日現在の保有機定数は、艦戦16、三座水偵6、飛行艇15であったが、18年4月には飛行艇隊は削除され、19年12月15日付けをもって佐世保空は解隊、24年間の隊史を閉じた。以後、保有機、乗員は九五一空に編入され、その佐世保分遣隊として、敗戦まで哨戒、船団掩護などに従事した。

〈館山海軍航空隊〉

タ——昭和5年6月～19年12月

5番目の海軍常設航空隊として、昭和5年6月1日、千葉県の館山基地で開隊、〝タテクウ〟の略称名で親しまれた。一定数の飛行艇隊を保有した最初の部隊でもある。

艦戦、艦攻、水偵、飛行艇の各機種を保有し、錬成と本州東部海域の哨戒などに従事した。開隊当時の保有定数は、前記機種とも各8機であったが、昭和8年度には、それぞれ18、27、14、20機に増強されている。

しかし、日中戦争の勃発にともない、保有数は減少し、12年12月4日時点では艦攻27は例外として、水偵6、飛行艇6となった。そして、飛行艇隊は16年12月1日時点ではすでに削除されており、19年12月15日付けをもって解隊、保有機材、乗員は九〇三空に編入された。

もっとも、本土決戦が現実味を帯びたため、20年5月15日付けで2代目の館山空が開隊、艦攻、水偵を保有して本土東方海域の哨戒などに従事しつつ、敗戦を迎えている。

〈佐伯海軍航空隊〉

サヘ――昭和9年2月～20年8月

第9番目の海軍常設航空隊として、昭和9年2月15日、大分県の佐伯基地で開隊し、当初は飛行艇7機のみを保有定数にした小世帯であった。

昭和10年以降は艦戦、艦攻も保有したが、太平洋戦争開戦当時は艦爆6機だけの小世帯に縮小され、19年には水偵専門部隊に改編され、20年6月1日現在の保有定数は、三座水偵24であった。

飛行艇は、双発の〝中艇〟しか配備されず、九七式、二式飛行艇は保有していない。

〈横浜海軍航空隊〉

ヨハ――昭和11年10月～15年11月

Y――昭和15年11月～17年10月

昭和11年10月1日、神奈川県の横浜水上機基地で開隊した、海軍最初の四発飛行艇専門部隊である。

15年2月には第四艦隊に編入されて外戦部隊となり、主力は内南洋方面に展開した。

太平洋戦争開戦当時の保有定数は九七式飛行艇24機で、主力はマーシャル諸島方面に展開し、哨戒任務に従事していた。

南東方面戦域の要衝ラバウルが占領できたのにともない、主力はその東北方向に位置するグリーン島に移動、2月2日～3日にかけての深夜、8機の九七式飛行艇をもって、ニューギニア島のポートモレスビーに対して夜間爆撃を実施した。これが、海軍四発大艇にとっての最初の爆撃作戦となった。

しかし、横浜空にとって最大のイベントは、当時、まだ生産機が出廻っていなかった、二式飛行艇の増加試作機2機（2、4号機）を臨時編入して敢行した、3月4日夜の第二次ハワイ空襲だろう。

すなわち、橋爪大尉を指揮官とする1番機（Y-71号）、および笹生中尉を機長とした2番機（Y-72号）は、3月4日の午前0時25分、マーシャル諸島のウォッゼ島を発進、途中ハワイ西南西に位置するフレンチ・フリゲート礁に着水して、持ち合わせた伊号第九潜水艦から燃料を補給、午後3時38分に同礁を離水して、午後8時すぎにハワイのオアフ島上空に進入した。

当夜は雲が厚くて目標が見えず、2機は大まかな予測で爆弾を投下、1番機は翌5日午前9時20分にヤルート島へ、2番機は同9時10分に出発地のウォッゼ島に無事帰還した。足掛け2日間、33時間に達する大飛行作戦で、二式飛行艇の高性能を、はからずも証明する絶好の機会になった。

もっとも、爆撃の実効果はほとんど無かったといってよく、海軍の、大型飛行艇に対する運用方針は、この時点ですでにグラついていた。

なお、1番機は休む間もなく、翌日の6日には、ミッドウェー島の偵察を命じられ、ヤルート島を発進したが、米軍戦闘機の迎撃をうけて撃墜されたらしく、未帰還となった。

その後、横浜空はラバウルに本拠を移して南東方面海域の哨戒などに従事したのち、8月はじめには主力がさらに南方のフロリダ島ツラギ（ガダルカナル島の対岸）に進出したが、8月7日に米軍が大挙してガダルカナル島に上陸を行ない、対岸のツラギにも一部が上陸してきて、防備の手薄な日本側は、あっという間に全滅、横浜空の機材、兵員も運命をともにした。

9月下旬、横浜空は残存機材、兵員をラバウルから引き揚げ、横浜に戻って再編されたが、その際の保有定数は大艇16機であった。

〈東港海軍航空隊〉

○——昭和15年11月～17年10月

四発飛行艇の配備拡張方針に添い、昭和15年11月15日に台湾の東港基地で開隊した、2番目の大艇専用部隊。保有定数は大艇24だった。

編制と同時に連合艦隊に編入され、16年3月には、内南洋に進出して訓練を行ない、太平洋戦争開戦当時は、主力はパラオ島に展開しており、その後の戦いの推移にともない南西方面、アリューシャン列島方面にも兵力を分遣した。

17年8月、ソロモン諸島のツラギで壊滅した横浜空のあとをうけ、東港空の主力も同月下旬にはラバウル、ショートランド島に移動し、周辺海域の哨戒索敵任務などに従事した。

なお、17年4月1日現在では、臨時的に艦戦隊（定数36）が付属し、大艇の保有定数は16機に減じていた。

〈詫間海軍航空隊〉

タク——昭和18年6月～20年3月

T——昭和20年4月～8月

水上機、飛行艇搭乗員の実用機教程を担当する常設航空隊として、昭和18年6月1日、香川県の詫間基地で開隊した。

編制時の保有定数は、三座水偵12、練習飛行艇48で、原則的には二式練習用飛行艇だけ装備することになっていた。

しかし、海軍の四発飛行艇大量配備計画は崩れ、二式練艇の生産数もわずか28機で打ち切られたため、実際の保有数はおそらく数機程度で、九七式、二式飛行艇も1～2機ずつ保有したようだ。

ちなみに、詫間空に配備された二式練艇は、全面を練習機標準色の橙黄色（オレンジ）だった。

しかし、飛行艇そのものの存在価値が低下したため、昭和19年3月には練習用飛行艇は削

▲横浜水上機基地に飛来した、詫間空の二式練艇“タク-24”号機。全面橙黄色の練習機標準塗装に、白フチ付き艇体日の丸がくっきりと目立つ。この橙黄色塗装の二式練艇は、艇首に独特な形の反射除けツヤ消し黒塗装を施していたが、写真のタク-24号ははっきりとはわからない。尾翼記号は黒、水平尾翼下方に白窓にして記入された、型式、製造番号欄が確認できる。

除され、陸・練、水・練だけに縮小された。

そして、水上機乗員の養成もほとんど必要なくなった昭和20年4月25日、詫間空は練習航空隊の指定を解かれて第五航空艦隊に編入され、水上機による特攻隊を編制するいっぽう、解隊した元八〇二、八五一空などの残存飛行艇を集めて、沖縄方面に対する夜間哨戒、索敵に従事する実施部隊になった。

現存する唯一の二式飛行艇一二型、製造番号426も、最後はこの詫間空に所属していた（T-31号）。

〈第十四航空隊〉

W——昭和17年4月〜10月

太平洋戦争勃発後に、飛行艇を専用装備する最初の特設航空隊として、昭和17年4月1日、神奈川県の横浜基地で編制された。保有定数は大艇16。

編制と同時に第十一航空艦隊隷下の第二十四航空戦隊に編入され、マーシャル諸島のヤルート島に進出、同海域周辺の哨戒、索敵に従事し、のちにはソロモン諸島方面にも一部兵力を分遣した。

17年5月30日には、先の横浜空につづいて、第三次ハワイ空襲を実施する予定で準備していたが、中継地のフレンチ・フリゲート礁に米海軍艦船が進出していたため、作戦は中止された。

9月20日には、横須賀で編制された二式水戦隊が十四空に編入され、ソロモン戦域に展開して防空、船団掩護などに従事している。

〈第八〇一海軍航空隊〉

Y——昭和17年〜18年4月

U3——昭和18年5月〜18年末

801——昭和19年〜20年

昭和17年11月1日付けをもって、旧横浜空を改称した大艇隊。18年5月18日には、第十二航空艦隊隷下の第二十七航空戦隊に編入され、一部兵力を北千島方面に派遣し、北太平洋の哨戒、索敵に従事した。当時の保有定数は飛行艇16。

九七式飛行艇二三型 第八〇一海軍航空隊 昭和18年6月 北千島/幌筵島

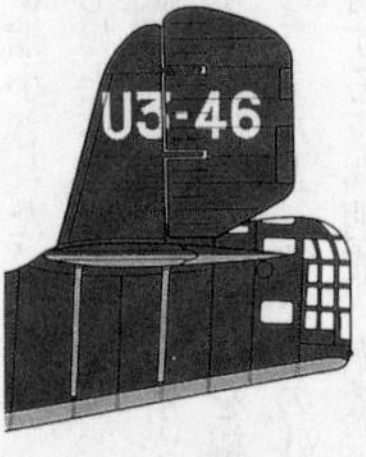

上面D_2／下面J_3。記号は白。

二式飛行艇一一型 第十四海軍航空隊 昭和17年7月 ラバウル

上面D_2／下面J_3。記号は白。

二式飛行艇一二型 詫間海軍航空隊 昭和20年4月 詫間

上面D_2／下面J_3（銀色？）。記号、菊水マークともに黄。

昭和20年3月、八〇一空の二式飛行艇3機は、陸・爆『銀河』で編制された〝梓特別攻撃隊〟のための先行偵察、および誘導任務を命じられ、長駆、九州の鹿児島からウルシー環礁までを往復し、その任務を果たしたが、うち1機の誘導機が失われた。

20年4月、戦況の悪化により飛行艇隊の活動がほとんど不可能になったのをうけ、八〇一空は残存の二式飛行艇を詫間空に転入させ、陸攻隊に改編された。

〈第八〇二海軍航空隊〉

W——昭和17年11月〜18年2月
Y4——昭和18年3月〜18年末
802——昭和19年

昭和17年11月1日、旧十四空を改称した、飛行艇と水戦の混成部隊、保有定数は飛行艇16、水戦12、改称当時、飛行艇隊はマーシャル諸島ヤルート島に、水戦隊はソロモン諸島ショートランド島に展開していたが、18年3月には水戦隊もマーシャル諸島に移った。

二式飛行艇一二型 第八〇二海軍航空隊 昭和18年5月 ショートランド島

上面D_2／下面J_3（銀色？）。記号帯ともに白。

二式飛行艇一二型 第八五一海軍航空隊 昭和19年 南太平洋

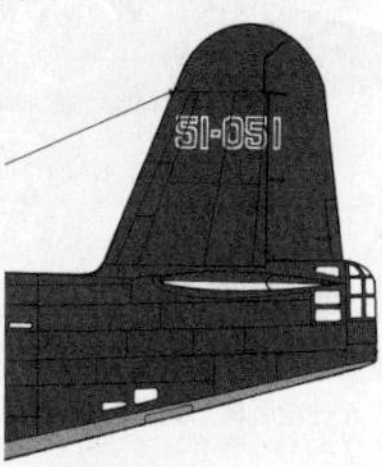

上面D_2／下面J_3（銀色？）。記号は白フチどりの赤。

輸送飛行艇「晴空」三二型 横須賀鎮守府付属飛行機隊 昭和19年夏 横浜

上面D_2／下面J_3（銀色？）。記号は白。操縦室左側の側面窓の下方に、〝秋津〟の固有名称を白で記入。

▲昭和19年末ごろ、桜島を背景に鹿児島湾上を滑水する、八〇一空の二式飛行艇一二型後期生産機“801-77”号機。上側面は標準的なD_2迷彩で、尾翼記号は黄。方向舵が明るく写っているのは、左に転舵して太陽光が多く当たっているため。本艇はH-6電探装備機で、艇首にそのアンテナが見える。のち、この801-77号は哨戒任務中に米海軍PB4Y哨戒機と遭遇して交戦、撃墜されるまでの過程を写真に収められた。

▲太平洋上を哨戒飛行中の、八五一空所属二式飛行艇一二型後期生産機“51-085”号機。主翼上面に記入されたウォークウエイ・ラインまでもが、はっきりと確認できる資料性の高い写真。別の艇では、尾翼記号を白フチどりの赤で記入した例もあったが、写真の085号は単純な白ベタ文字である。

飛行艇隊は、当初九七式飛行艇を装備していたが、18年に入ると二式飛行艇が配備され、同年夏ごろにはほとんど同機で占められた。

18年10月には水戦隊が削除されて飛行艇隊のみとなり、19年1月には主力はマリアナ諸島のサイパン島に移動し、通常の哨戒、索敵任務のほか、マーシャル諸島方面からの人員救出、ルオット島に対する夜間爆撃などにも従事した。

しかし、大型飛行艇の活動は日を追って厳しくなり、19年4月1日付けで八〇二空は解隊。機材、人員は八〇一空に吸収された。


〈第八五一海軍航空隊〉

O──昭和17年11月～18年

51、または851──昭和18年末～19年9月

昭和17年11月1日、旧東港空を改称した飛行艇隊で、保有定数は16機、これらはすべて九七式飛行艇だった。主力はソロモン諸島のショートランド島水上機基地に展開しており、18年に入って二式飛行艇が配備されると、米海軍根拠基地のあるエスピリッサント島に対する夜間爆撃も実施した。

18年2月には原駐地の東港に帰還し、戦力を整えたのち、4月には南西方面艦隊に編入されてジャワ島のスラバヤに移動、哨戒、索敵のほか、オーストラリア西岸要地の爆撃なども実施した。

▲対潜哨戒を専任とした、九〇一空の九七式飛行艇二三型“KEA-59”号機。部隊符号“KEA”のうち、1、2文字はKaijō Escoatの頭文字で海上護衛を示し、Aは、その海上護衛総隊隷下の最初の部隊、つまりは901空を表わす。艇首にはH-6電探アンテナが見え、本来なら尾翼記号に交差して、それを示す赤い斜帯を記入するのだが、写真の-59号機は未記入のように見える。

▲輸送専門部隊の一〇二一空が所有した、輸送飛行艇『晴空』三二型“21-07”号機。標準的なD_2/J_3（銀色？）迷彩塗装で、尾翼記号は黄。

昭和19年3月、パラオ島からフィリピンのミンダナオ島ダバオに移動する、連合艦隊司令部の高官輸送のため、八五一空は2機の二式飛行艇を派遣したが、同月31日、古賀峯一連合艦隊司令長官を乗せた1番機が悪天候のため遭難、乗員もろとも全員が殉職するという、ショッキングな〝事件〟を起こして有名になった。

その後、八五一空主力もダバオに移動し、周辺海域の哨戒などに従事したが、7月にはシンガポールに移り、9月20日付けをもって八五一空は解隊、機材、人員は八〇一空他に吸収された。

〈第九〇一海軍航空隊〉

KEA──昭和18年12月～20年8月

米海軍潜水艦による水上艦船の被害が深刻になったことをうけ、海軍は昭和18年12月、各鎮守府、要港部、海上護衛隊、直属航空隊、陸軍関連航空部隊などを指揮下に置く、大規模な対潜作戦専任組織、『海上護衛総隊』を編制するに至った。

その直属航空隊の最初の一隊として、12月15日に千葉県の館山で編制されたのが九〇一空である。編制時の保有機は九六式陸攻24機、九七式飛行艇12機であったが、逐次増強され、20年3月には各機種計212機の大兵力になっていた。海上護衛任務がいかに重要なものだったかを如実に示す数字だ。

その任務と、九〇一空の配備先は本土内だけにとどまらず、東はマリアナ諸島、西は中国大陸沿岸の上海、アモイ、南はフィリピンのミンダナオ島、北は北海道までの広範囲におよび、使用基地も数十ヵ所にのぼった。

昭和20年3月1日現在でも、各機種に混じって飛行艇12機が保有定数とされ、二式飛行艇も何機かふくまれていたが、6月1日になると残存飛行艇はすべて詫間空に移管されたため、九〇一空の保有機リストから飛行艇は消えた。

以上に述べた各隊の他、九七式輸送飛行艇、および輸送飛行艇『晴空』を保有した部隊として、一〇〇〇番台の隊名を冠した輸送専門部隊一〇〇一、一〇二一、一〇二二、一〇二三、一〇八一海軍航空隊があり、その他、連合艦隊司令部をはじめ、各艦隊司令部、各鎮守府の付属飛行機隊などにも前記輸送飛行艇、通常の九七式、二式飛行艇が少数ずつ配備されたが、個別の説明は割愛させていただく。

単行本　平成十九年九月　光人社刊

NF文庫

刊行のことば

第二次世界大戦の戦火が熄《や》んで五〇年——その間、小社は夥しい数の戦争の記録を渉猟し、発掘し、常に公正なる立場を貫いて書誌とし、大方の絶讃を博して今日に及ぶが、その源は、散華された世代への熱き思い入れであり、同時に、その記録を誌して平和の礎とし、後世に伝えんとするにある。

小社の出版物は、戦記、伝記、文学、エッセイ、写真集、その他、すでに一、〇〇〇点を越え、加えて戦後五〇年になんなんとするを契機として、「光人社NF（ノンフィクション）文庫」を創刊して、読者諸賢の熱烈要望におこたえする次第である。人生のバイブルとして、心弱きときの活性の糧《かて》として、散華の世代からの感動の肉声に、あなたもぜひ、耳を傾けて下さい。

NF文庫

日本の飛行艇

二〇二一年十月二十日　第一刷発行

著　者　野原　茂

発行者　皆川豪志

発行所　株式会社　潮書房光人新社

〒100-8077　東京都千代田区大手町一-七-二

電話／〇三-六二八一-九八九一(代)

印刷・製本　凸版印刷株式会社

定価はカバーに表示してあります
乱丁・落丁のものはお取りかえ
致します。本文は中性紙を使用

ISBN978-4-7698-3233-1　C0195

http://www.kojinsha.co.jp